Oracle查询优化改写2.0

技巧与案例

有教无类 落落 著

電子工業出版社
Publishing House of Electronics Industry
北京•BEIJING

内 容 简 介

本书不讲具体语法，只是以案例的形式介绍各种查询语句的用法。第 1～4 章是基础部分，讲述了常用的各种基础语句，以及常见的错误和正确语句的写法，应熟练掌握这部分内容，因为在日常查询和优化改写中都要用到；第 5～12 章是提高部分，讲解了正则表达式、分析函数、树形查询及汇总函数的用法，这部分内容常用于一些复杂需求的实现及优化改写；最后两章介绍日常的优化改写案例，这部分内容是前面所学知识的扩展应用。

如果您是开发人员，经常与 Oracle 打交道，那么本书可以帮助您处理复杂的需求，写出高性能的语句。如果您是运维人员，则本书可以帮助您更快地完成慢语句的改写优化。

图书在版编目（CIP）数据

Oracle 查询优化改写技巧与案例 2.0 / 有教无类，落落著. —北京：电子工业出版社，2018.6
ISBN 978-7-121-34141-0

Ⅰ. ①O… Ⅱ. ①有… ②落… Ⅲ. ①关系数据库系统 Ⅳ. ①TP311.138

中国版本图书馆 CIP 数据核字（2018）第 088227 号

责任编辑：董 英
印　　刷：北京盛通数码印刷有限公司
装　　订：北京盛通数码印刷有限公司
出版发行：电子工业出版社
　　　　　北京市海淀区万寿路 173 信箱　邮编：100036
开　　本：787×980　1/16　印张：23　字数：488 千字
版　　次：2015 年 1 月第 1 版
　　　　　2018 年 6 月第 2 版
印　　次：2024 年 9 月第 13 次印刷
定　　价：79.00 元

凡所购买电子工业出版社图书有缺损问题，请向购买书店调换。若书店售缺，请与本社发行部联系，联系及邮购电话：（010）88254888，88258888。

质量投诉请发邮件至 zlts@phei.com.cn，盗版侵权举报请发邮件至 dbqq@phei.com.cn。

本书咨询联系方式：（010）51260888-819，faq@phei.com.cn。

序 1

作为一个有二十多年信息系统工作经历的老 DBA，我最近这十多年的主要工作是系统优化，从最初的 Oracle 数据库优化到现在的信息系统整体优化、架构优化，这十多年来已经做过上百个案例。虽然做了十多年的优化，但老实说，SQL 优化一直是我最不擅长、也最不愿意去做的工作，虽然这些年我也被逼着做了不少 SQL 优化的工作，但我认为自己在这方面还存在缺陷。这些年和我搭档做优化的老熊、老储都是 SQL 优化方面的高手，在 SQL 优化方面，他们的能力和经验都远高于我。我也曾和老熊、老储他们针对 SQL 优化工作做过交流，问他们能否写一本这方面的书。他们虽然做过近十年的 SQL 优化，但也仅限于见招拆招，对于写一本这方面的书，他们都觉得难度很大。SQL 优化的难度很大，主要有以下方面原因。

首先是 SQL 优化工作十分繁杂，在一个维护得比较好的系统中，需要优化的 SQL 往往都是业务逻辑十分复杂的 SQL 语句，而不是简单地加一个索引就能解决问题，甚至有些 SQL 语句要打印十多页纸，想要理解这样的 SQL 语句的逻辑含义往往需要花上一段时间。

其次是 SQL 优化的方法与手段十分丰富，分析工具、分析方法及分析路径纷繁复杂，不同的 SQL 可能需要用不同的分析思路进行分析，很难找到一条放之四海而皆准的准则。要想获得这些方法只有两个途径：一个是通过自己的实践不断总结和积累经验；另一个是通过阅读相关的书籍，获得前人总结好的经验。

虽然现在市面上有很多关于 Oracle SQL 优化的书籍，但绝大多数书籍中介绍的 SQL 优化仅仅介绍了 SQL 优化的工具如何使用，执行计划如何解读，以及 SQL 优化从大方向上该如何去做，所举的例子也往往过于经典，不一定适用于我们的生产环境。特别是到目前为止，还没有一本十分系统地介绍 SQL 改写技巧的书籍，而 SQL 改写却又是 SQL 优化中最难的一种工作，也是最实用的一种技术。

第一次看到本书时，其目录让我眼前一亮，这不是一本简单堆砌知识的书籍，而是一本和大家分享工作经验的书。从目录结构就可看出作者对 Oracle SQL 执行内部机理的认知是十分深入的，同时有大量的 SQL 优化的实际工作经验。本书从单表访问路径的基础知识开始讲起，将主要的 SQL 语法中可能的优化点进行一一剖析，总结了大量的优化实战方法。特别值得一提的是，本书最后一章列举了近 60 个实战案例，内容覆盖大多数 DBA 的日常工作场景，具有相当大的实用价值。

本书的写作手法十分朴实，甚至可以说有些章节有点过于简练，但是瑕不掩瑜，书中实用的内容之多是十分值得肯定的。本书可以作为 DBA 的参考书籍，也可以作为开发人员编写 SQL 的指导书籍。作为 DBA 行业的一个老兵，我愿意向大家推荐本书，对优化有兴趣的 DBA，确实有必要读一读本书。

白鳝
国内知名 DBA 专家

序 2

当教主告诉我他准备写一本有关 SQL 编程改写的书时，我非常高兴，感觉到将会有一大批开发人员可以借助这样一本书将自己的 SQL 水平提升一个层次。因为我知道这不会是一本 SQL 入门的书，也不是一本专门讲优化理论的 SQL 优化书籍，而是一本结合常见的开发场景介绍编程技巧的书籍。教主拥有多年的软件开发和 SQL 开发经验，从和他的技术交流中，我也学到了很多 SQL 技巧，更难得的是，他对同一个 SQL 有多种不同的写法，结合一些 SQL 优化的原理，很容易找到非常高效的写法。

教主为人低调，热心帮助他人，并且在博客上经常分享一些 SQL 技巧和相关知识。感谢他的无私奉献，同时期望教主能坚持下去，不断总结他丰富的 SQL 开发经验，并与我们一起沟通交流。

黄超（网名：道道）

道森教育集团负责人，资深 Oracle 培训人员

前　言

因开办了 Oracle 优化改写的在线培训，在教学和答疑的过程中有很多读者希望我能推荐一些相关的学习书籍。说实话，有关 Oracle 的书籍非常多，但在给读者推荐书籍时我发现特意针对优化改写的书籍不好找，因为很多资料注重各种语法的实现，对优化方面的知识考虑得较少，而介绍优化知识的书籍对改写知识涉及得也不多。因此，和落落商量后，尝试编写了本书。

本书共分 14 章，各章的主要内容如下。

◎ 第 1 章介绍初学者在 NULL 上常犯的错误、字符串中单引号的处理方式及模糊查询时对通配符的转义。

◎ 第 2 章讲述了 ORDER BY 的用法及 TRANSLATE 的特殊用法。

◎ 第 3 章是基础知识的重点内容，需要掌握好各种连接的写法及为什么要左联、右联，以及过滤条件错误地放在 WHERE 里会有什么影响；当数据有重复值时要直接关联还是分组汇总后再关联。

◎ 第 4 章介绍了 UPDATE 语句的正确用法，以及什么时候 UPDATE 语句应改写为 MERGE。

◎ 第 5 章以案例的形式讲解了正则表达式的用法，对正则表达式的基础语法不熟悉的读者可以通过官方文档或我的博客来学习，这里面对字符串的拆分方法可以直接套用，而对字符串的分组处理难度稍高，不常处理类似数据的读者可以略过。

◎ 第 6 章介绍了常用分析函数的几个案例，在大部分情况下使用分析函数会让查询速度得到很大提升。所以，如果想熟练地改写，就必须熟悉分析函数的应用。另外，本章还对很多人感到模糊的 max() keep()语句进行了分析。

◎ 第 7、8 章讲了 DATE 类型的常见用法。

◎ 第 9 章仍然介绍分析函数，希望本章内容对范围的处理能给读者一些借鉴。

◎ 第 10 章的重点是结果集的分页，要弄清楚如何分页，为什么 Oracle 的分页会写得那么复杂，等等。

◎ 第 11 章讲述了行列转换函数，并对两个函数进行了剖析，理解了其中的原理就可以用 UNPIVOT 对 UNION ALL 做一定的优化。本章的另一个重点就是分组汇总小计的统计，熟练掌握 ROLLUP 及 CUBE 可以让你少写一些 UNION ALL 语句。

◎ 第 12 章能帮助读者在写树形查询时减少不必要的错误，生成更准确的数据。

◎ 第 13 章选取了部分网友的需求案例，希望读者能通过这些案例的启发找到实现自己需求的思路。

◎ 第 14 章选取了能覆盖目前大部分改写方法的案例。读者需要在对前面内容熟悉的基础上来学习这些案例。各种改写方法能否提高速度都与对应的环境有关，所以掌握更多的优化知识和改写方法对优化有很大的帮助。

在此要特别感谢白鳝老师和我们的同事道道给本书作序，通过白鳝老师写的序可以看到，他认真阅读了本书并给出非常中肯的评价，能在百忙之中花费大量时间耐心地把我写的书看完，确实非常令人感动。另外，还要感谢出版社的各位编辑，有很多地方词不达意，是他们给我指出了错误的地方，并给出了改正意见。

《Oracle 查询优化改写技巧与案例 2.0》在《Oracle 查询优化改写技巧与案例》的基础上进行了如下更新。

◎ 所有代码都重新执行了一遍，以减少谬误。

◎ 为了提高清晰度，尽量删除了图片，改用文本方式展示案例结果。

◎ 为了提高阅读效率，删除了平时较少用到的内容。

◎ 为了提高可读性，大部分案例都改用了 SAMPLE 中的数据，这样读者可以更容易地验证代码及思路。

◎ 删除了实用性不高的实战案例，另增加了部分实战案例（详见最后两章）。

因水平有限，本书在编写过程中难免有错漏之处，恳请读者批评、指正。

作　者

轻松注册成为博文视点社区用户（www.broadview.com.cn），扫码直达本书页面。

◎ **提交勘误**：您对书中内容的修改意见可在 提交勘误 处提交，若被采纳，将获赠博文视点社区积分（在您购买电子书时，积分可用来抵扣相应金额）。

◎ **交流互动**：在页面下方 读者评论 处留下您的疑问或观点，与我们和其他读者一同学习交流。

页面入口：http://www.broadview.com.cn/34141

目　录

第 1 章 单表查询

1.1 查询表中所有的行与列

进行查询操作之前，我们先看一下表结构：

```
SQL> desc emp
Name     Type          Nullable Default Comments
-------- ------------- -------- ------- --------
EMPNO    NUMBER(4)     Y                编码
ENAME    VARCHAR2(10)  Y                名称
JOB      VARCHAR2(9)   Y                工作
MGR      NUMBER(4)     Y                主管
HIREDATE DATE          Y                聘用日期
SAL      NUMBER(7,2)   Y                工资
COMM     NUMBER(7,2)   Y                提成
DEPTNO   NUMBER(2)     Y                部门编码
```

若领导要看员工的所有信息，这个操作很简单，大家应该都会用。只要用 select * 就可以返回目标表中所有的列，查询语句及执行结果如下：

```
SQL> SELECT * FROM emp;

EMPNO ENAME    JOB       MGR  HIREDATE             SAL     COMM   DEPTNO
----- -------- --------- ---- -------------------- ------- ------ ------
7369  SMITH    CLERK     7902 1980-12-17 00:00:00  800            20
7499  ALLEN    SALESMAN  7698 1981-02-20 00:00:00  1600    300    30
7521  WARD     SALESMAN  7698 1981-02-22 00:00:00  1250    500    30
7566  JONES    MANAGER   7839 1981-04-02 00:00:00  2975           20
7654  MARTIN   SALESMAN  7698 1981-09-28 00:00:00  1250    1400   30
7698  BLAKE    MANAGER   7839 1981-05-01 00:00:00  2850           30
7782  CLARK    MANAGER   7839 1981-06-09 00:00:00  2450           10
7788  SCOTT    ANALYST   7566 1982-12-09 00:00:00  3000           20
7839  KING     PRESIDENT      1981-11-17 00:00:00  5000           10
7844  TURNER   SALESMAN  7698 1981-09-08 00:00:00  1500    0      30
7876  ADAMS    CLERK     7788 1983-01-12 00:00:00  1100           20
7900  JAMES    CLERK     7698 1981-12-03 00:00:00  950            30
7902  FORD     ANALYST   7566 1981-12-03 00:00:00  3000           20
7934  MILLER   CLERK     7782 1982-01-23 00:00:00  1300           10

14 rows selected.
```

1.2 从表中检索部分行

若想查看公司有多少销售人员，那么，我们在查询数据时只需加一个过滤条件就可以。职位列是 job，销售人员条件就是 WHERE job = 'SALESMAN'：

```
SQL> SELECT * FROM emp WHERE job = 'SALESMAN';

EMPNO ENAME    JOB       MGR  HIREDATE             SAL     COMM   DEPTNO
----- -------- --------- ---- -------------------- ------- ------ ------
7499  ALLEN    SALESMAN  7698 1981-02-20 00:00:00  1600    300    30
7521  WARD     SALESMAN  7698 1981-02-22 00:00:00  1250    500    30
7654  MARTIN   SALESMAN  7698 1981-09-28 00:00:00  1250    1400   30
7844  TURNER   SALESMAN  7698 1981-09-08 00:00:00  1500    0      30

4 rows selected.
```

1.3 查找空值

如果要查询某一列为空的数据该怎么办呢？比如，返回提成（comm）为空的数据：

```
SQL> SELECT * FROM emp WHERE comm = NULL;

no rows selected
```

通过 1.1 节的查询结果可以看到，明显有提成为空的数据，这里却没查到。

问题出在哪里呢？实际上，NULL 是不能用“=”运算符的，要用 IS NULL 判断，正确的写法如下：

```
SQL> SELECT * FROM emp WHERE comm IS NULL;
EMPNO ENAME      JOB       MGR    HIREDATE     SAL    COMM   DEPTNO
----- ---------- --------- ------ ------------ ------ ------ ------
7369  SMITH      CLERK     7902   1980-12-17   800           20
... ...
7934  MILLER     CLERK     7782   1982-01-23   1300          10
10 rows selected
```

1.4 空值与运算

NULL 不支持加、减、乘、除、大小比较、相等比较，否则只能为空：

```
SQL> SELECT * FROM dept WHERE 1 >= NULL;
no rows selected

SQL> SELECT * FROM dept WHERE 1 <= NULL;
no rows selected

SQL> SELECT * FROM dept WHERE 1 + NULL <= 0;
no rows selected

SQL> SELECT * FROM dept WHERE 1 + NULL >= 0;
no rows selected

SQL> SELECT * FROM dept WHERE 1 * NULL <= 0;
no rows selected
```

```
SQL> SELECT * FROM dept WHERE 1 * NULL >= 0;
no rows selected
```

1.5 处理空值

因为 NULL 不支持加、减、乘、除、大小比较、相等比较，所以需要把空值改为有意义的值：

```
select ename,sal,nvl(comm,0) from scott.emp where deptno = 20 and nvl(comm,0)
>= 0;

ENAME      SAL      NVL(COMM,0)
---------- -------- -----------
SMITH      800      0
JONES      2975     0
SCOTT      3000     0
ADAMS      1100     0
FORD       3000     0

5 rows selected.
```

NVL 只能处理单个参数，如果要处理多个参数，则可以使用 COALESCE。

创建示例数据：

```
CREATE OR REPLACE VIEW v1_5 AS
SELECT NULL AS C1, NULL AS C2,    1 AS C3, NULL AS C4,    2 AS C5, NULL AS
C6 FROM DUAL
UNION ALL
SELECT NULL AS C1, NULL AS C2, NULL AS C3,    3 AS C4, NULL AS C5,    2 AS
C6 FROM DUAL;

SELECT * FROM v1_5 ;

C1   C2           C3         C4         C5         C6
---- ---- ---------- ---------- ---------- ----------
                   1                     2
                              3                     2

2 rows selected.
```

上面示例中 C1～C6 各列均有空值，要求取出第一个不为空的值，如果要用 NVL，则需要嵌套很多层：

```
SELECT nvl(nvl(nvl(nvl(nvl(c1, c2), c3), c4), c5), c6) AS c FROM v1_5;

C
-
1
3

2 rows selected
```

而使用 COALESCE 就简单得多：

```
SELECT COALESCE(C1, C2, C3, C4, C5, C6) AS c FROM V1_5;
```

1.6 空值与函数

函数对空值的处理方式各不一样，有些会返回空值：

```
SQL> select greatest(1,null) from dual;

GREATEST(1,NULL)
----------------
NULL
```

有些会返回期望的结果：

```
SQL> SELECT REPLACE('abcde', 'a', NULL) AS str FROM dual;
STR
----
bcde
```

而在 DECOE 中还可以比较空值：

```
SQL> SELECT deptno, ename, comm, decode(comm, NULL, 0) FROM scott.emp WHERE
deptno = 20;

    DEPTNO ENAME            COMM DECODE(COMM,NULL,0)
---------- ---------- ---------- -------------------
        20 SMITH                  0
        20 JONES                  0
```

```
    20 SCOTT                    0
    20 ADAMS                    0
    20 FORD                     0
```

可以看到，不同的函数对 NULL 的支持也不一样，所以大家遇到 NULL 时最好测试一下结果会受什么影响，不要仅凭想象。

1.7 查找满足多个条件的行

对于简单的查询，操作起来比较容易，那么复杂一点的呢？比如，我们要查询部门 10 中的所有员工、所有得到提成的员工，以及部门 20 中工资不超过 2000 美元的员工。

这是三个条件的组合，符合上述任一条件即可。

我们把这三个条件整理成逻辑表达式的形式：(部门 10 中的员工 OR 所有得到提成的员工 OR (工资<=2000 and 部门号=20))。

> **注意**：对于多个条件的组合，要使用括号，这样在更改维护语句时可以不必再考虑优先级问题，而且可以很容易地借助各种工具找到各组合条件的起止位置。

那么我们可以这样写：

```
SELECT *
  FROM EMP
 WHERE (DEPTNO = 10
       /*所有得到提成的员工，注意千万不要写成 comm <> null*/
       OR COMM IS NOT NULL
       /*部门(20)中工资不超过 2000 美元的员工*/
       OR (SAL <= 2000 AND DEPTNO = 20));
EMPNO ENAME   JOB       MGR   HIREDATE            SAL    COMM    DEPTNO
----- ------- --------- ----- ------------------- ------ ------- -----
 7369 SMITH   CLERK     7902  1980-12-17 00:00:00 800            20
 7499 ALLEN   SALESMAN  7698  1981-02-20 00:00:00 1600   300     30
 7521 WARD    SALESMAN  7698  1981-02-22 00:00:00 1250   500     30
 7654 MARTIN  SALESMAN  7698  1981-09-28 00:00:00 1250   1400    30
 7782 CLARK   MANAGER   7839  1981-06-09 00:00:00 2450           10
 7839 KING    PRESIDENT       1981-11-17 00:00:00 5000           10
 7844 TURNER  SALESMAN  698   1981-09-08 00:00:00 1500   0       30
 7876 ADAMS   CLERK     7788  1983-01-12 00:00:00 1100           20
 7934 MILLER  CLERK     7782  1982-01-23 00:00:00 1300           10
```

```
9 rows selected.
```

如下图所示，该语句的过滤条件加了括号后，可以清楚地看到起止位置。对于复杂的组合条件来说，要方便得多。

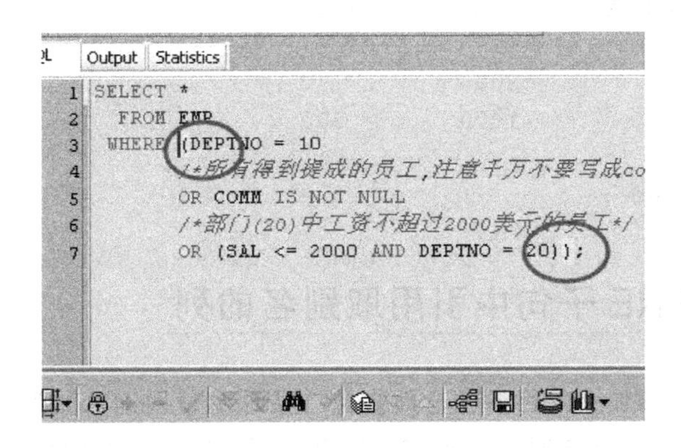

1.8　从表中检索部分列

前面我们都是取表中所有的列，但在实际的场景中，常常只需要返回部分列的数据就可以，比如只需员工编码、员工名称、雇佣日期、工资。所以一般要明确指定查询哪些列，而不是用“*”号来代替。另外，明确要返回的列也会使语句的维护更简单，而不必每次看到语句时都需要查看表结构才知道会返回什么数据。

```
SQL> SELECT empno, ename, hiredate, sal FROM emp WHERE deptno = 10;
     EMPNO ENAME      HIREDATE       SAL
---------- ---------- -------------- ----------
      7782 CLARK      1981-06-09     2450
      7839 KING       1981-11-17     5000
      7934 MILLER     1982-01-23     1300
3 rows selected
```

1.9　为列取有意义的名称

不是每个人都能看懂那些简写的字母是什么意思，所以应该给列取个别名。你可以如下面所示在 as 后面跟别名；也可以不要 as，直接在列名后跟别名即可。

看看下面这个报表数据，就会一目了然。

```
SQL> SELECT ename AS 姓名, deptno AS 部门编号, sal AS 工资, comm AS 提成 FROM emp;

姓名        部门编号      工资        提成
---------- ---------- ---------- ----------
SMITH      20         800
ALLEN      30         1600       300
... ...
14 rows selected
```

1.10 在 WHERE 子句中引用取别名的列

写报表时，经常会加上各种条件，而直接在条件中使用别名比列名（如 B01、B02、B03）要清晰得多，引用别名时千万别忘了嵌套一层，因为这个别名是在 SELECT 之后才有效的。

如下示例是寻找那些拖了国家 GDP 后腿的人：

```
SELECT *
  FROM (SELECT sal AS 工资, comm AS 提成 FROM emp) x
 WHERE 工资 < 1000;
        工资          提成
----------    ----------
        800
        950
2 rows selected
```

否则会提示：

```
SELECT sal AS 工资, comm AS 提成 FROM emp WHERE 工资 < 1000;
ORA-00904: "工资": 标识符无效
```

1.11 拼接列

若有人不喜欢看表格式的数据，希望返回的数据都像“CLARK 的工作是 MANAGER”这样的显示。我们可以用字符串连接符“||”来把各列拼在一起。

```
SQL> SELECT ename || ' 的工作是 ' || job AS msg FROM emp WHERE deptno = 10;
MSG
------------------------------
CLARK 的工作是 MANAGER
KING 的工作是 PRESIDENT
MILLER 的工作是 CLERK
3 rows selected
```

当然，拼接列对我们来说还有其他意义。看看下面的例子。

```
SELECT 'TRUNCATE TABLE ' || owner || '.' || table_name || ';' AS 清空表
  FROM all_tables
 WHERE owner = 'SCOTT';
清空表
---------------------------
TRUNCATE TABLE SCOTT.DEPT;
TRUNCATE TABLE SCOTT.EMP;
TRUNCATE TABLE SCOTT.BONUS;
TRUNCATE TABLE SCOTT.SALGRADE;
4 rows selected
```

没错，这就是用 SQL 来生成 SQL。当你有大量类似的 SQL 需要生成时，可以先写一个语句，然后进行修改，直接用基础数据或数据字典来批量生成。不过不要去执行这个例子生成的 SQL，否则会丢失数据。

提示：作者的博客中就有一个拼接列处理问题的例子“通过对照表快速建 view”，网址为 http://blog.csdn.net/jgmydsai/article/details/25893409。

1.12　在 SELECT 语句中使用条件逻辑

有时为了更清楚地区分返回的信息，需要做如下处理。

例如，当职员工资小于或等于 2000 美元时，就返回消息“过低”，大于或等于 4000 美元时，就返回消息“过高”，如果在这两者之间，就返回“OK”。

类似这种需求也许会经常遇见，处理这样的需求可以用 CASE WHEN 来判断转化。

```
SELECT ename,
       sal,
       CASE
         WHEN sal <= 2000 THEN '过低'
```

```
            WHEN sal >= 4000 THEN '过高'
            ELSE 'OK'
        END AS status
  FROM emp
 WHERE deptno = 10;
ENAME             SAL STATUS
---------- ---------- ------
CLARK            2450 OK
KING             5000 过高
MILLER           1300 过低
3 rows selected
```

这种方式还常用在报表中，比如，要按工资分档次统计人数：

```
SELECT 档次, COUNT(*) AS 人数
  FROM (SELECT (CASE
                 WHEN sal <= 1000 THEN
                  '0000-1000'
                 WHEN sal <= 2000 THEN
                  '1000-2000'
                 WHEN sal <= 3000 THEN
                  '2000-3000'
                 WHEN sal <= 4000 THEN
                  '3000-4000'
                 WHEN sal <= 5000 THEN
                  '4000-5000'
                 ELSE
                  '好高'
               END) AS 档次,
               ename,
               sal
          FROM emp)
 GROUP BY 档次
 ORDER BY 1;

档次              人数
--------- ----------
0000-1000          2
1000-2000          6
2000-3000          5
4000-5000          1
4 rows selected
```

1.13　限制返回的行数

在查询时，并不要求每次都要返回所有的数据，比如，进行抽查的时候会要求只返回两条数据。

我们可以用伪列 rownum 来过滤，rownum 依次对返回的每一条数据做一个标识。

```
SQL> SELECT * FROM emp WHERE rownum <= 2;
EMPNO ENAME      JOB        MGR   HIREDATE     SAL    COMM    DEPTNO
----- ---------- ---------- ----- ------------ ------ ------- ------
 7369 SMITH      CLERK      7902  1980-12-17   800            20
 7499 ALLEN      SALESMAN   7698  1981-02-20   1600   300     30
2 rows selected
```

如果直接用 rownum = 2 来查询会出现什么情况？

```
SQL> SELECT * FROM emp WHERE rownum = 2;
no rows selected
```

因为 rownum 是依次对数据做标识的，就像上学时依据考分排名一样，需要有第一名，后面才会有第二名。所以，要先把所有的数据取出来，才能确认第二名。

正确地取第二行数据的查询应该像下面这样，先生成序号：

```
SELECT *
  FROM (SELECT rownum AS sn, emp.* FROM emp WHERE rownum <= 2)
 WHERE sn = 2;
```

第 2 章 给查询结果排序

2.1 以指定的次序返回查询结果

实际提取数据或生成报表时，一般都要根据一定的顺序查看，比如，想查看单位所雇员工的信息：

```
SQL> SELECT empno, ename, hiredate FROM emp WHERE deptno = 10 ORDER BY hiredate
ASC;
     EMPNO ENAME      HIREDATE
---------- ---------- -----------
      7782 CLARK      1981-06-09
      7839 KING       1981-11-17
      7934 MILLER     1982-01-23
3 rows selected
```

这种语句很多人都会写，但除了“ORDER BY hiredate ASC”这种写法，还可以写成“ORDER BY 3 ASC”，意思是按第三列排序。

```
SQL> SELECT empno, ename, hiredate FROM emp WHERE deptno = 10 ORDER BY 3 ASC;
     EMPNO ENAME      HIREDATE
---------- ---------- -----------
      7782 CLARK      1981-06-09
      7839 KING       1981-11-17
      7934 MILLER     1982-01-23
3 rows selected
```

当取值不定时，用这种方法就很方便，比如，有时取 sal，有时要取 comm 来显示：

```
SQL> SELECT empno, ename, sal FROM emp WHERE deptno = 10 ORDER BY 3 ASC;
     EMPNO ENAME             SAL
---------- ---------- ----------
      7934 MILLER           1300
      7782 CLARK            2450
      7839 KING             5000
3 rows selected
SQL> SELECT empno, ename, comm FROM emp WHERE comm is not null ORDER BY 3
ASC;
     EMPNO ENAME            COMM
---------- ---------- ----------
      7844 TURNER              0
      7499 ALLEN             300
      7521 WARD              500
      7654 MARTIN           1400
4 rows selected
```

对于这种需求，如果在 order by 后使用列名，就需要注意前后保持一致，否则会给开发软件带来“小麻烦”。比如，开发初期的语句如下：

```
str = ""
Str = Str & "select ename,hiredate,sal"
Str = Str & "  from emp"
Str = Str & " order by ename"
```

后来要求增加 empno 的显示，而我们经常要按第一列排序，于是需要改为：

```
str = ""
Str = Str & "select empno,ename,hiredate,sal"
Str = Str & "  from emp"
```

```
Str = Str & " order by empno"
```

如果语句比较复杂，会经常忘记更改后面的 order by，但使用“order by 3”这种方式就没问题。

```
str = ""
Str = Str & "select empno,ename,hiredate,sal"
Str = Str & "  from emp"
Str = Str & " order by 1"
```

需要注意的是，用数据来代替列位置只能用于 order by 子句中，其他地方都不能用。

2.2 按多个字段排序

如果按多列排序且有升有降怎么办？例如，按部门编号升序，并按工资降序排列。

排序时有两个关键字：ASC 表示升序、DESC 表示降序。

所以我们在 order by 后加两列，并分别标明 ASC、DESC。

```
SELECT empno, deptno, sal, ename, job FROM emp ORDER BY 2 ASC, 3 DESC;
```

下面用图的形式进行介绍，如下图所示，按多列排序时，若前面的列有重复值（如 deptno=10 有 3 行数据），后面的排序才有用。相当于是通过前面的列把数据分成了几组，每组的数据再按后面的列进行排序。

EMPNO	DEPTNO	SAL	ENAME	JOB
7839	10	5000	KING	PRESIDENT
7782	10	2450	CLARK	MANAGER
7934	10	1300	MILLER	CLERK
7788	20	3000	SCOTT	ANALYST
7902	20	3000	FORD	ANALYST
7566	20	2975	JONES	MANAGER
7876	20	1100	ADAMS	CLERK
7369	20	800	SMITH	CLERK
7698	30	2850	BLAKE	MANAGER
7499	30	1600	ALLEN	SALESMAN
7844	30	1500	TURNER	SALESMAN
7654	30	1250	MARTIN	SALESMAN
7521	30	1250	WARD	SALESMAN
7900	30	950	JAMES	CLERK

2.3　按子串排序

有一种速查法就是按顾客电话号码尾号的顺序记录，这样在查找的时候就可以快速缩小查询范围，增强顾客的认可度。如果要按这种方法排序，应该怎么做呢？通过函数取出后面几位所需的信息即可。

```
SELECT last_name AS 名称,
       phone_number AS 号码,
       salary AS 工资,
       substr(phone_number, -4) AS 尾号
  FROM hr.employees
 WHERE rownum <= 5
 ORDER BY 4;

名称                  号码                          工资 尾号
------------------- ------------------------- ---------- --------
Whalen              515.123.4444                    4400 4444
Hartstein           515.123.5555                   13000 5555
Fay                 603.123.6666                    6000 6666
OConnell            650.507.9833                    2600 9833
Grant               650.507.9844                    2600 9844

5 rows selected.
```

按子串排序实际就是增加一个计算列，然后用这个计算列来排序。

```
Plan hash value: 1759660325

---------------------------------------------------------------------------------
| Id  | Operation            | Name      | Rows  | Bytes | Cost (%CPU)| Time     |
---------------------------------------------------------------------------------
|   0 | SELECT STATEMENT     |           |       |       |     3 (100)|          |
|   1 |  SORT ORDER BY       |           |     5 |   135 |     3  (34)| 00:00:01 |
|*  2 |   COUNT STOPKEY      |           |       |       |            |          |
|   3 |    TABLE ACCESS FULL| EMPLOYEES |     5 |   135 |     2   (0)| 00:00:01 |
---------------------------------------------------------------------------------

Predicate Information (identified by operation id):
---------------------------------------------------
```

```
   2 - filter(ROWNUM<=5)

Column Projection Information (identified by operation id):
-----------------------------------------------------------

   1 - (#keys=1) SUBSTR("PHONE_NUMBER",-4)[8], "LAST_NAME"[VARCHAR2,25],
       "PHONE_NUMBER"[VARCHAR2,20], "SALARY"[NUMBER,22]
   2 - "LAST_NAME"[VARCHAR2,25], "PHONE_NUMBER"[VARCHAR2,20],
       "SALARY"[NUMBER,22]
   3 - "LAST_NAME"[VARCHAR2,25], "PHONE_NUMBER"[VARCHAR2,20],
       "SALARY"[NUMBER,22]
```

2.4 从表中随机返回 *n* 条记录

为了防止做假，像前面那样抽查数据还不行，还需要随机抽查。

我们可以先用 dbms_random 来对数据进行随机排序，然后取其中三行。

```
SELECT empno, ename
  FROM (SELECT empno, ename FROM emp ORDER BY dbms_random.value())
 WHERE rownum <= 3;
```

有人会问：为什么要嵌套一层呢？直接这样用多好。

```
SELECT empno, ename FROM emp WHERE rownum <= 3 ORDER BY dbms_random.value;
```

你可以运行一下看，为了便于观察，我们对得到的结果进行排序，运行下面的语句就可以。

```
SELECT *
  FROM (SELECT empno, ename
          FROM emp
         WHERE rownum <= 3
         ORDER BY dbms_random.value)
 ORDER BY 1;

     EMPNO ENAME
---------- ----------
      7369 SMITH
      7499 ALLEN
      7521 WARD
```

```
3 rows selected.
```

多运行几次，会发现每次得到的数据都一样，而不是随机的。

为了便于解释，我们先对上面的语句进行等价改写：

```
SELECT empno, ename, dbms_random.value ran
  FROM emp
 WHERE rownum <= 3
 ORDER BY ran;
```

查询语句中这几处的执行顺序为：

① SELECT

② ROWNUM

③ ORDER BY

也就是说，要先取出数据，然后生成序号，最后才是排序。

我们可以通过子查询把排序前后的序号分别取出来对比。

```
SELECT rownum AS 排序后, 排序前, empno AS 编码, ename 姓名, ran AS 随机数
  FROM (SELECT rownum AS 排序前, empno, ename, dbms_random.value ran
          FROM emp
         WHERE rownum <= 3
         ORDER BY ran);

    排序后      排序前       编码 姓名           随机数
---------- ---------- ---------- ---------- ----------
         1          2       7499 ALLEN      .108259005
         2          3       7521 WARD       .326572528
         3          1       7369 SMITH      .729042337

3 rows selected.
```

同样，你可以多运行几次，看是不是与刚才描述的一致。

因此，正确的写法是：先随机排序，再取数据。

```
SELECT empno, ename
  FROM (SELECT empno, ename FROM emp ORDER BY dbms_random.value())
 WHERE rownum <= 3;
```

错误的写法是：先取数据，再随机排序。

```
SELECT empno, ename FROM emp WHERE rownum <= 3 ORDER BY dbms_random.value;
```

2.5 TRANSLATE

语法格式：TRANSLATE(expr, from_string, to_string)

示例如下：

```
SELECT TRANSLATE('ab 你好 bcadefg', 'abcdefg', '1234567') AS NEW_STR FROM
DUAL;
NEW_STR
-------------
12 你好 2314567
```

from_string 与 to_string 以字符为单位，对应字符一一替换。

对应字符

a	1	replace('a','1')	
b	2	replace('b','2')	以字符为单位一一对应替换
c	3	replace('c','3')	
d	4	replace('d','4')	
e	5	replace('e','5')	
f	6	replace('f','6')	
g	7	replace('g','7')	

替换过程

a	1	
b	2	
你	你	不作替换
好	好	
b	2	不管字符在何位置，均替换，如 a、b
c	3	
a	1	
d	4	
E	5	
f	6	
g	7	

如果 to_string 为空，则返回空值。

```
SQL> set null NULL
Cannot SET NULL
SQL> col new_str form a10
SQL> SELECT TRANSLATE('ab 你好 bcadefg', 'abcdefg', '') AS NEW_STR FROM DUAL;
NEW_STR
```

```
-----------
NULL
```

如果 to_string 对应的位置没有字符，则 from_string 中列出的字符将会被消掉。

```
SELECT TRANSLATE('ab 你好 bcadefg', '1abcdefg', '1') AS NEW_STR FROM DUAL;
NEW_STR
--------
你好
```

1	1	replace('1','1')
a	空	replace('a','')
b	空	replace('b','')
c	空	replace('c','')
d	空	replace('d','')
e	空	replace('e','')
f	空	replace('f','')
g	空	replace('g','')

expr 中没有 1	1	没有忽略
a	空	同后面
b	空	
你	你	不作替换
好	好	
b	空	对应位置没有字符，替换为空
c	空	
a	空	
d	空	
e	空	
f	空	
g	空	

2.6　按数字和字母混合字符串中的字母排序

首先创建 VIEW 如下：

```
CREATE OR REPLACE VIEW V2_6
as
SELECT empno || ' ' || ename AS data FROM emp;
SQL> select * from V2_6;
DATA
---------------
7369 SMITH
7499 ALLEN
```

```
... ...
7900 JAMES
7902 FORD
7934 MILLER
14 rows selected
```

这个需求就难一点了，看到里面的字母（也就是原来的列 ename）了吗？要求按其中的字母（列 ename）排序。

那么就要先取出其中的字母才行，我们可以用 translate 的替换功能，把数字与空格都替换为空：

```
SQL> SELECT data, translate(data, '- 0123456789', '-') AS ename
  2    FROM v2_6
  3   ORDER BY 2;
DATA             ENAME
---------------- ----------
7876 ADAMS       ADAMS
7499 ALLEN       ALLEN
7698 BLAKE       BLAKE
... ...
7369 SMITH       SMITH
7844 TURNER      TURNER
7521 WARD        WARD
14 rows selected
```

2.7 处理排序空值

Oracle 默认升序默认空值在后，降序空值在前。

```
SQL> SELECT ename, mgr FROM emp WHERE deptno = 10 ORDER BY mgr ASC;

ENAME             MGR
---------- ----------
MILLER           7782
CLARK            7839
KING


SQL> SELECT ename, mgr FROM emp WHERE deptno = 10 ORDER BY mgr DESC;
```

```
ENAME       MGR
---------- ----------
KING
CLARK       7839
MILLER      7782
```

如果想更改空值顺序，则可以用关键字 NULLS FIRST 和 NULLS LAST。

```
SQL> SELECT ename, mgr FROM emp WHERE deptno = 10 ORDER BY mgr ASC NULLS FIRST;

ENAME       MGR
---------- ----------
KING
MILLER      7782
CLARK       7839

SQL> SELECT ename, mgr FROM emp WHERE deptno = 10 ORDER BY mgr DESC NULLS
LAST;

ENAME       MGR
---------- ----------
CLARK       7839
MILLER      7782
KING
```

2.8　根据条件取不同列中的值来排序

有时排序的要求会比较复杂，比如，领导对工资在 1000 到 2000 元之间的员工更感兴趣，于是要求工资在这个范围的员工要排在前面，以便优先查看。

对于这种需求，我们可以在查询中新生成一列，用多列排序的方法处理：

```
SELECT empno AS 编码,
       ename AS 姓名,
       CASE WHEN sal >= 1000 AND sal < 2000 THEN 1 ELSE 2 END AS 级别,
       sal AS 工资
  FROM emp
 WHERE deptno = 30
 ORDER BY 3, 4;
```

编　码	姓　名	级　别	工　资
7654	MARTIN	1	1250
7521	WARD	1	1250
7844	TURNER	1	1500
7499	ALLEN	1	1600
7900	JAMES	2	950
7698	BLAKE	2	2850

可以看到，950 与 2850 都排在了后面，也可以不显示级别，直接把 case when 放在 order by 中：

```
SELECT empno AS 编码,
       ename AS 姓名,
       sal AS 工资
  FROM emp
 WHERE deptno = 30
 ORDER BY CASE WHEN sal >= 1000 AND sal < 2000 THEN 1 ELSE 2 END, 3;
```

编　码	姓　名	工　资
7654	MARTIN	1250
7521	WARD	1250
7844	TURNER	1500
7499	ALLEN	1600
7900	JAMES	950
7698	BLAKE	2850

第 3 章 操作多个表

3.1 UNION ALL 与空字符串

在第 1 章中我们多次使用了 UNION ALL。UNION ALL 通常用于合并多个数据集。

```
SELECT empno AS 编码, ename AS 名称, nvl(mgr, deptno) AS 上级编码
  FROM emp
 WHERE empno = 7788
UNION ALL
SELECT deptno AS 编码, dname AS 名称, NULL AS 上级编码
  FROM dept
 WHERE deptno = 10;

        编码 名称                           上级编码
---------- -------------- ----------
```

```
     7788 SCOTT                      7566
       10 ACCOUNTING

2 rows selected.
```

Oracle 中常常把空字符串当作 NULL 处理：

```
SQL> SELECT SYSDATE FROM dual WHERE '' IS NULL;

SYSDATE
-------------------
2018-01-16 14:41:14
```

但空字符串与 NULL 并不等价。

```
SELECT 1 AS id FROM dual UNION ALL SELECT '' FROM dual;
ORA-01790：表达式必须具有与对应表达式相同的数据类型
```

空字符串本身是 varchar2 类型，这与 NULL 可以是任何类型不同，它们不等价。

```
SQL> SELECT '1' AS id FROM dual UNION ALL SELECT '' FROM dual;

    ID N
------ -
     1 a
     2

2 rows selected.
```

3.2　UNION 与 OR

当在条件里有 or 时，经常会改写为 UNION，例如，我们在表 emp 中建立下面两个索引：

```
create index idx_emp_empno on emp(empno);
create index idx_emp_ename on emp(ename);
```

然后执行下面的查询：

```
SELECT empno, ename FROM emp WHERE empno = 7788 OR ename = 'SCOTT';
EMPNO ENAME
----- ------
 7788 SCOTT
1 row selected
```

如果改写为 UNION ALL，则结果是错的：

```
SELECT empno, ename FROM emp WHERE empno = 7788
UNION ALL
SELECT empno, ename FROM emp WHERE ename = 'SCOTT';
    EMPNO ENAME
--------- ----------
     7788 SCOTT
     7788 SCOTT
2 rows selected
```

因为原语句中用的条件是 or，是两个结果的合集而非并集，所以一般改写时需要改为 UNION 来去掉重复的数据。

```
SELECT empno, ename FROM emp WHERE empno = 7788
UNION
SELECT empno, ename FROM emp WHERE ename = 'SCOTT';
    EMPNO ENAME
--------- ----------
     7788 SCOTT
1 row selected
```

这样两个语句分别可以用 empno 及 ename 上的索引。

我们对比一下 PLAN。

更改前（为了消除 bitmap convert 的影响，先设置参数）：

```
alter session set "_b_tree_bitmap_plans" = false;

explain plan for SELECT empno, ename FROM emp WHERE empno = 7788 OR
ename = 'SCOTT';
select * from table(dbms_xplan.display);

PLAN_TABLE_OUTPUT
---------------------------------------------------------------------------
Plan hash value: 3956160932
--------------------------------------------------------------------------
| Id | Operation          | Name | Rows  | Bytes | Cost (%CPU)|  Time    |
--------------------------------------------------------------------------
|  0 | SELECT STATEMENT   |      |     1 |    20 |      3   (0)|00:00:01 |
|* 1 |  TABLE ACCESS FULL| EMP  |     1 |    20 |      3   (0)|00:00:01 |
--------------------------------------------------------------------------
```

```
Predicate Information (identified by operation id):
---------------------------------------------------

   1 - filter("EMPNO"=7788 OR "ENAME"='SCOTT')
Note
-----
   - dynamic sampling used for this statement (level=2)
17 rows selected
```

这时是 FULL TABLE。

更改后的 PLAN：

```
SELECT empno, ename FROM emp WHERE empno = 7788
UNION
SELECT empno, ename FROM emp WHERE ename = 'SCOTT';

------------------------------------------------------------------------------------
| Id | Operation                  | Name         | Rows  | Bytes | Cost (%CPU)| Time     |
------------------------------------------------------------------------------------
|  0 | SELECT STATEMENT           |              |     2 |    40 |     5  (40)| 00:00:01 |
|  1 | SORT UNIQUE                |              |     2 |    40 |     5  (40)| 00:00:01 |
|  2 | UNION-ALL                  |              |       |       |            |          |
|  3 | TABLE ACCESS BY INDEX ROWID| EMP          |     1 |    20 |     1   (0)| 00:00:01 |
|* 4 | INDEX UNIQUE SCAN          | PK_EMP       |     1 |       |     0   (0)| 00:00:01 |
|  5 | TABLE ACCESS BY INDEX ROWID| EMP          |     1 |    20 |     2   (0)| 00:00:01 |
|* 6 | INDEX RANGE SCAN           | IDX_EMP_ENAME |    1 |       |     1   (0)| 00:00:01 |
------------------------------------------------------------------------------------

Predicate Information (identified by operation id):
---------------------------------------------------

   4 - access("EMPNO"=7788)
   6 - access("ENAME"='SCOTT')
```

可以看到，更改后分别用了两列中的索引。

3.3 UNION 与去重

UNION 与 UNION ALL 的区别就是一个去重，一个不去重：

```
SELECT empno, ename FROM emp a WHERE empno = 7788
```

```
UNION ALL
SELECT empno, ename FROM emp b WHERE ename = 'SCOTT';

    EMPNO ENAME
--------- ----------
     7788 SCOTT
     7788 SCOTT

2 rows selected.

SELECT empno, ename FROM emp a WHERE empno = 7788
UNION
SELECT empno, ename FROM emp b WHERE ename = 'SCOTT';
    EMPNO ENAME
--------- ----------
     7788 SCOTT

1 row selected.
```

而 UNION 的执行计划如下：

```
Plan Hash Value  : 1027572458

-----------------------------------------------------------------------
| Id  | Operation                   | Name | Rows | Bytes | Cost | Time     |
-----------------------------------------------------------------------
|   0 | SELECT STATEMENT            |      |    2 |    40 |    7 | 00:00:01 |
|   1 | SORT UNIQUE                 |      |    2 |    40 |    7 | 00:00:01 |
|   2 | UNION-ALL                   |      |      |       |      |          |
|   3 | TABLE ACCESS BY INDEX ROWID | EMP  | 1 |    20 |  2    00:00:01 |
| * 4 | INDEX UNIQUE SCAN     | PK_EMP |    1 |       |    1 | 00:00:01 |
| * 5 | TABLE ACCESS FULL     | EMP    |    1 |    20 |    3 | 00:00:01 |
-----------------------------------------------------------------------

Predicate Information (identified by operation id):
------------------------------------------
* 4 - access("EMPNO"=7788)
* 5 - filter("ENAME"='SCOTT')


SELECT empno, deptno FROM emp WHERE mgr = 7698 ORDER BY 1;
    EMPNO     DEPTNO
```

```
---------- ----------
      7499        30
      7521        30
      7654        30
      7844        30
      7900        30
5 rows selected
```

通过执行计划可以看出 UNION 就是在 UNION ALL 的结果上再进行去重，模拟语句如下：

```
SELECT DISTINCT * FROM
(
SELECT empno, ename FROM emp a WHERE empno = 7788
UNION ALL
SELECT empno, ename FROM emp b WHERE ename = 'SCOTT'
);
```

这种去重方式一般都不会有问题，但也有少数例外。例如下面的语句：

```
SELECT deptno FROM emp WHERE mgr = 7698 OR job = 'SALESMAN' ORDER BY 1;
    DEPTNO
----------
        30
        30
        30
        30
        30
5 rows selected
```

改用 UNION 后：

```
SELECT deptno FROM emp WHERE mgr = 7698
UNION
SELECT deptno FROM emp WHERE job = 'SALESMAN';
    DEPTNO
----------
        30
1 row selected
```

只剩下了一行数据，结果显然不对。

从以上实验可以看出：

① 不仅两个数据集间重复的数据会被去重，而且单个数据集里重复的数据也会被去重。

② 有重复数据的数据集用 UNION 后得到的数据与预期会不一致。

那像这种数据如何用 UNION 改写？我们只需在去重前加入一个可以**唯一标识**各行的列即可。

例如，在这里可以加入“empno”，再利用 UNION，效果如下：

```
SELECT empno,deptno FROM emp WHERE mgr = 7788
UNION
SELECT empno,deptno FROM emp WHERE job = 'SALESMAN';
    EMPNO     DEPTNO
---------- ----------
     7499         30
     7521         30
     7654         30
     7844         30
     7876         20
5 rows selected
```

加入唯一列 empno 后，既保证了正确的去重，又防止了不该发生的去重。在此基础上，再嵌套一层就是想要的结果。

```
SELECT deptno
FROM
(
SELECT empno,deptno FROM emp WHERE mgr = 7698
UNION
SELECT empno,deptno FROM emp WHERE job = 'SALESMAN'
)
ORDER BY 1;
   DEPTNO
----------
        30
        30
        30
        30
        30
5 rows selected
```

3.4 组合相关的行

相对于查询单表中的数据来说，平时更常见的需求是要在多个表中返回数据。比如，显示部门 10 的员工编码、姓名及所在部门名称和工作地址：

```
SQL> SELECT e.empno, e.ename, d.dname, d.loc
     FROM emp e
    INNER JOIN dept d ON (e.deptno = d.deptno)
    WHERE e.deptno = 10;
EMPNO ENAME      DNAME          LOC
----- ---------- -------------- -------------
 7782 CLARK      ACCOUNTING     NEW YORK
 7839 KING       ACCOUNTING     NEW YORK
 7934 MILLER     ACCOUNTING     NEW YORK
3 row selected
```

另有写法如下：

```
SQL> SELECT e.empno, e.ename, d.dname, d.loc
     FROM emp e, dept d
    WHERE e.deptno = d.deptno
      AND e.deptno = 10;
```

其中，JOIN 的写法是 SQL-92 的标准，当有多个表关联时，JOIN 方式的写法能更清楚地看清各表之间的关系，因此，个人建议大家写查询语句时优先使用 JOIN 的写法。

3.5 IN、EXISTS 和 INNER JOIN

下面先创建一个表 emp2。

```
DROP TABLE emp2 PURGE;
CREATE TABLE emp2 AS
SELECT ename, job, sal, comm FROM emp WHERE job = 'CLERK';
```

要求返回与表 emp2(empno, job, sal)中数据相匹配的 emp(empno, ename, job, sal, deptno)信息。

有 IN、EXISTS、INNER JOIN 三种写法。为了加强理解，请大家看一下三种写法及其 PLAN（此处用的是 Oracle 11g）。

IN 写法：

```
SQL>EXPLAIN PLAN FOR SELECT empno, ename, job, sal, deptno
     FROM emp
    WHERE (ename, job, sal) IN (SELECT ename, job, sal FROM emp2);
Explained
SQL> select * from table(dbms_xplan.display());
PLAN_TABLE_OUTPUT
--------------------------------------------------------------------------
Plan hash value: 4039873364
--------------------------------------------------------------------------
| Id  | Operation          | Name | Rows | Bytes | Cost (%CPU)| Time     |
--------------------------------------------------------------------------
|   0 | SELECT STATEMENT   |      |    4 |  320 |     6   (0)| 00:00:01 |
|*  1 |  HASH JOIN SEMI    |      |    4 |  320 |     6   (0)| 00:00:01 |
|   2 |   TABLE ACCESS FULL| EMP  |   14 |  742 |     3   (0)| 00:00:01 |
|   3 |   TABLE ACCESS FULL| EMP2 |    4 |  108 |     3   (0)| 00:00:01 |
--------------------------------------------------------------------------
Predicate Information (identified by operation id):
---------------------------------------------------
   1 - access("ENAME"="ENAME" AND "JOB"="JOB" AND "SAL"="SAL")
```

EXISTS 写法：

```
SQL> EXPLAIN PLAN FOR SELECT empno, ename, job, sal, deptno
     FROM emp a
    WHERE EXISTS (SELECT NULL
           FROM emp2 b
          WHERE b.ename = a.ename
            AND b.job = a.job
            AND b.sal = a.sal);
Explained
SQL> select * from table(dbms_xplan.display());
PLAN_TABLE_OUTPUT
--------------------------------------------------------------------------
Plan hash value: 4039873364
--------------------------------------------------------------------------
| Id  | Operation          | Name | Rows | Bytes | Cost (%CPU)| Time     |
--------------------------------------------------------------------------
|   0 | SELECT STATEMENT   |      |    4 |  320 |     6   (0)| 00:00:01 |
```

```
|* 1 |  HASH JOIN SEMI    |      |    4 |   320 |   6   (0)| 00:00:01 |
|  2 |   TABLE ACCESS FULL| EMP  |   14 |   742 |   3   (0)| 00:00:01 |
|  3 |   TABLE ACCESS FULL| EMP2 |    4 |   108 |   3   (0)| 00:00:01 |
--------------------------------------------------------------------------
Predicate Information (identified by operation id):
---------------------------------------------------
   1 - access("B"."ENAME"="A"."ENAME" AND "B"."JOB"="A"."JOB" AND
              "B"."SAL"="A"."SAL")
```

因为子查询的 JOIN 列(emp2.ename,emp2.job,emp2.sal)没有重复行，所以这个查询可以直接改为 INNER JOIN：

```
SQL> EXPLAIN PLAN FOR SELECT a.empno, a.ename, a.job, a.sal, a.deptno
       FROM emp a
      INNER JOIN emp2 b ON (b.ename = a.ename AND b.job = a.job AND b.sal =
a.sal);
Explained
SQL> select * from table(dbms_xplan.display());
PLAN_TABLE_OUTPUT
-------------------------------------------------------------------------
Plan hash value: 166525280
-------------------------------------------------------------------------
| Id  | Operation          | Name | Rows | Bytes | Cost (%CPU)|  Time    |
-------------------------------------------------------------------------
|   0 | SELECT STATEMENT   |      |    4 |   320 |   6   (0)| 00:00:01 |
|*  1 |  HASH JOIN         |      |    4 |   320 |   6   (0)| 00:00:01 |
|   2 |   TABLE ACCESS FULL| EMP2 |    4 |   108 |   3   (0)| 00:00:01 |
|   3 |   TABLE ACCESS FULL| EMP  |   14 |   742 |   3   (0)| 00:00:01 |
-------------------------------------------------------------------------
Predicate Information (identified by operation id):
---------------------------------------------------
   1 - access("B"."ENAME"="A"."ENAME" AND "B"."JOB"="A"."JOB" AND
              "B"."SAL"="A"."SAL")
```

或许与大家想象的不一样，以上三个 PLAN 中 JOIN 写法利用了 HASH JOIN（哈希连接），其他两种运用的都是 HASH JOIN SEMI（哈希半连接），说明在这个语句中的 IN 与 EXISTS 效率是一样的。所以，在不知哪种写法高效时应查看 PLAN，而不是去记固定的结论。

3.6 INNER JOIN、LEFT JOIN、RIGHT JOIN 和 FULL JOIN 解析

有很多人对这几种连接方式，特别是 LEFT JOIN 与 RIGHT JOIN 分不清，下面通过

案例来解析一下。

首先建立两个测试用表。

```
DROP TABLE L PURGE;
DROP TABLE R PURGE;
/*左表*/
CREATE TABLE L AS
SELECT 'left_1' AS str,'1' AS val FROM dual UNION ALL
SELECT 'left_2','2' AS val FROM dual UNION ALL
SELECT 'left_3','3' AS val FROM dual UNION ALL
SELECT 'left_4','4' AS val FROM dual;
/*右表*/
CREATE TABLE R AS
SELECT 'right_3' AS str,'3' AS val,1 AS status FROM dual UNION ALL
SELECT 'right_4' AS str,'4' AS val,0 AS status FROM dual UNION ALL
SELECT 'right_5' AS str,'5' AS val,0 AS status FROM dual UNION ALL
SELECT 'right_6' AS str,'6' AS val,0 AS status FROM dual;
```

1. INNER JOIN 的特点

该方式返回两表相匹配的数据，左表的“1、2”，以及右表的“5、6”都没有显示。

JOIN 写法：

```
SELECT l.str AS left_str, r.str AS right_str
  FROM l
 INNER JOIN r ON l.val = r.val
 ORDER BY 1, 2;

LEFT_S RIGHT_S
------ -------
left_3 right_3
left_4 right_4

2 rows selected.
```

加 WHERE 条件后的写法：

```
SELECT l.str AS left_str, r.str AS right_str
  FROM l, r
 WHERE l.val = r.val
 ORDER BY 1, 2;
```

2. LEFT JOIN 的特点

该方式的左表为主表，左表返回所有的数据，右表中只返回与左表匹配的数据，“5、6”都没有显示。

JOIN 写法：

```
SELECT l.str AS left_str, r.str AS right_str
  FROM l
  LEFT JOIN r ON l.val = r.val
 ORDER BY 1, 2;

LEFT_S RIGHT_S
------ -------
left_1
left_2
left_3 right_3
left_4 right_4

4 rows selected.
```

加(+)后的写法：

```
SELECT l.str AS left_str, r.str AS right_str
  FROM l, r
 WHERE l.val = r.val(+)
 ORDER BY 1, 2;
```

3. RIGHT JOIN 的特点

该方式的右表为主表，左表中只返回与右表匹配的数据“3、4”，而“1、2”都没有显示，右表返回所有的数据。

JOIN 写法：

```
SELECT l.str AS left_str, r.str AS right_str
  FROM l
 RIGHT JOIN r ON l.val = r.val
 ORDER BY 1, 2;

LEFT_S RIGHT_S
------ -------
```

```
left_3 right_3
left_4 right_4
       right_5
       right_6

4 rows selected.
```

加(+)后的写法：

```
SELECT l.str AS left_str, r.str AS right_str
  FROM l, r
 WHERE l.val(+) = r.val
 ORDER BY 1, 2;
```

4．FULL JOIN 的特点

该方式的左右表均返回所有的数据，但只有相匹配的数据显示在同一行，非匹配的行只显示一个表的数据。

JOIN 写法：

```
SELECT l.str AS left_str, r.str AS right_str
  FROM l
  FULL JOIN r ON r.val = l.val
 ORDER BY 1, 2;

LEFT_S RIGHT_S
------ -------
left_1
left_2
left_3 right_3
left_4 right_4
       right_5
       right_6

6 rows selected.
```

注意：FULL JOIN 无(+)的写法。

3.7 外连接与过滤条件

对于前面介绍的左联语句，见下面的数据。

```
SELECT l.str AS left_str, r.str AS right_str, r.status
  FROM l
  LEFT JOIN r ON l.val = r.val
 ORDER BY 1, 2;

LEFT_S RIGHT_S     STATUS
------ ------- ----------
left_1
left_2
left_3 right_3          1
left_4 right_4          0

4 rows selected.
```

对于其中的 L 表，四条数据都返回了。而对于 R 表，我们需要只显示其中的 status = 1，也就是 r.val=4 的部分。

结果应为：

```
LEFT_STR RIGHT_STR
-------- ---------
left_1
left_2
left_3   right_3
left_4
4 row selected
```

对于这种需求，会有人直接在上面的语句中加入条件 status = 1，写出如下语句。

LEFT JOIN 用法：

```
SELECT l.str AS left_str, r.str AS right_str, r.status
  FROM l
  LEFT JOIN r ON l.val = r.val
 WHERE r.status = 1
 ORDER BY 1, 2;
```

(+)用法：

```
SELECT l.str AS left_str, r.str AS right_str, r.status
  FROM l, r
 WHERE l.val = r.val(+)
   AND r.status = 1
 ORDER BY 1, 2;
```

这样查询的结果为：

```
LEFT_STR RIGHT_STR     STATUS
-------- --------- ----------
left_3   right_3          1
1 row selected
```

而此时的 PLAN 为：

```
Plan hash value: 688663707

-----------------------------------------------------------------------------
| Id  | Operation            | Name | Rows | Bytes | Cost (%CPU)| Time     |
-----------------------------------------------------------------------------
|   0 | SELECT STATEMENT     |      |      |       |    7 (100)|          |
|   1 |  SORT ORDER BY       |      |    1 |    36 |    7  (15)| 00:00:01 |
|*  2 |   HASH JOIN          |      |    1 |    36 |    6   (0)| 00:00:01 |
|*  3 |    TABLE ACCESS FULL| R    |    1 |    25 |    3   (0)| 00:00:01 |
|   4 |    TABLE ACCESS FULL| L    |    4 |    44 |    3   (0)| 00:00:01 |
-----------------------------------------------------------------------------

Predicate Information (identified by operation id):
---------------------------------------------------

   2 - access("L"."VAL"="R"."VAL")
   3 - filter("R"."STATUS"=1)
```

很明显，与我们期望得到的结果不一致，这是很多人在写查询或更改查询时常遇到的一种错误。问题就在于所加条件的位置及写法，正确的写法分别如下。

LEFT JOIN 用法：

```
SELECT l.str AS left_str, r.str AS right_str, r.status
  FROM l
  LEFT JOIN r ON (l.val = r.val AND r.status = 1)
```

```
 ORDER BY 1, 2;
```

(+)用法：

```
SELECT l.str AS left_str, r.str AS right_str, r.status
  FROM l, r
 WHERE l.val = r.val(+)
   AND r.status(+) = 1
 ORDER BY 1, 2;
```

在以上两种写法中，JOIN 的方式明显更容易辨别，这也是本书反复建议使用 JOIN 的原因。

语句也可以像下面这样写，先过滤，再用 JOIN，这样会更加清晰。

```
SELECT l.str AS left_str, r.str AS right_str, r.status
  FROM l
  LEFT JOIN (SELECT * FROM r WHERE r.status = 1)r ON (l.val = r.val)
 ORDER BY 1, 2;
```

看一下现在的 PLAN：

```
Plan hash value: 2310059642

--------------------------------------------------------------------------------
| Id  | Operation            | Name | Rows  | Bytes | Cost (%CPU)| Time     |

|   0 | SELECT STATEMENT     |      |       |       |     7 (100)|          |
|   1 |  SORT ORDER BY       |      |     4 |   144 |     7  (15)| 00:00:01 |
|*  2 |   HASH JOIN OUTER    |      |     4 |   144 |     6   (0)| 00:00:01 |
|   3 |    TABLE ACCESS FULL| L    |     4 |    44 |     3   (0)| 00:00:01 |
|*  4 |    TABLE ACCESS FULL| R    |     1 |    25 |     3   (0)| 00:00:01 |
--------------------------------------------------------------------------------

Predicate Information (identified by operation id):
---------------------------------------------------

   2 - access("L"."VAL"="R"."VAL")
   4 - filter("R"."STATUS"=1)
```

发现多了一个“OUTER”关键字，这表示前面已经不是 LEFT JOIN 了，现在这个才是。

3.8 自关联

在表 emp 中有一个字段 mgr，是主管的编码（对应于 emp.empno），如：（EMPNO：7698，ENAME：BLAKE）-->(MGR：7839)-->（EMPNO：7839，ENAME：KING），说明 BLAKE 的主管就是 KING。

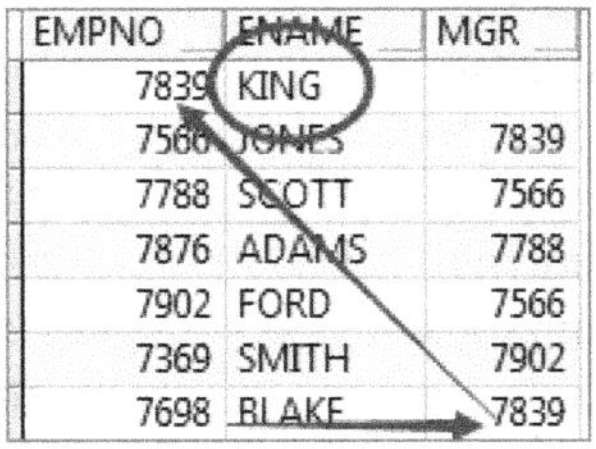

EMPNO	ENAME	MGR
7839	KING	
7566	JONES	7839
7788	SCOTT	7566
7876	ADAMS	7788
7902	FORD	7566
7369	SMITH	7902
7698	BLAKE	7839

如何根据这个信息返回主管的姓名呢？这里用到的就是自关联。也就是两次查询表 emp，分别取不同的别名，这样就可以当作两个表，后面的任务就是将这两个表和 JOIN 连接起来。

为了便于理解，这里用汉字作为别名，并把相关列一起返回。

```
SELECT 员工.empno AS 职工编码,
       员工.ename AS 职工姓名,
       员工.job   AS 工作,
       员工.mgr   AS 员工表_主管编码,
       主管.empno AS 主管表_主管编码,
       主管.ename AS 主管姓名
  FROM emp 员工
  LEFT JOIN emp 主管 ON (员工.mgr = 主管.empno)
 ORDER BY 1;
```

可以理解为我们是在两个不同的数据集中取数据。

```
CREATE OR REPLACE VIEW 员工 AS SELECT * FROM emp;
CREATE OR REPLACE VIEW 主管 AS SELECT * FROM emp;
SELECT 员工.empno AS 职工编码,
       员工.ename AS 职工姓名,
       员工.job   AS 工作,
       员工.mgr   AS 员工表_主管编码,
       主管.empno AS 主管表_主管编码,
       主管.ename AS 主管姓名
  FROM 员工
```

```
  LEFT JOIN 主管 ON (员工.mgr = 主管.empno)
 ORDER BY 1;

    职工编码 职工姓名       工作           员工表_主管编码   主管表_主管编码 主管姓名
---------- ---------- ---------- -------------- --------------- --------
      7369 SMITH      CLERK                7902            7902 FORD
      7499 ALLEN      SALESMAN             7698            7698 BLAKE
      7521 WARD       SALESMAN             7698            7698 BLAKE
      7566 JONES      MANAGER              7839            7839 KING
      7654 MARTIN     SALESMAN             7698            7698 BLAKE
      7698 BLAKE      MANAGER              7839            7839 KING
      7782 CLARK      MANAGER              7839            7839 KING
      7788 SCOTT      ANALYST              7566            7566 JONES
      7839 KING       PRESIDENT
      7844 TURNER     SALESMAN             7698            7698 BLAKE
      7876 ADAMS      CLERK                7788            7788 SCOTT
      7900 JAMES      CLERK                7698            7698 BLAKE
      7902 FORD       ANALYST              7566            7566 JONES
      7934 MILLER     CLERK                7782            7782 CLARK

14 rows selected.
```

3.9 NOT IN、NOT EXISTS 和 LEFT JOIN

有些单位的部门（如 40）中一个员工也没有，只是设了一个部门名字，如下列语句：

```
select count(*) from emp where deptno = 40;
  COUNT(*)
----------
         0
1 row selected
```

如何通过关联查询把这些信息查出来？同样有三种写法：NOT IN、NOT EXISTS 和 LEFT JOIN。

语句及 PLAN 如下（版本为 11.2.0.4.0）。

环境：

```
alter table dept add constraints pk_dept primary key (deptno);
```

NOT IN 用法：

```
EXPLAIN PLAN FOR
SELECT *
  FROM dept
 WHERE deptno NOT IN (SELECT emp.deptno FROM emp WHERE emp.deptno IS NOT NULL);
SELECT * FROM TABLE(dbms_xplan.display());

Plan hash value: 1353548327

--------------------------------------------------------------------------------
| Id  | Operation                    | Name    | Rows | Bytes | Cost (%CPU)| Time |
--------------------------------------------------------------------------------
|   0 | SELECT STATEMENT             |         |   4  |  172  |  6   (17)| 00:00:01 |
|   1 |  MERGE JOIN ANTI             |         |   4  |  172  |  6   (17)| 00:00:01 |
|   2 |   TABLE ACCESS BY INDEX ROWID| DEPT    |   4  |  120  |  2    (0)| 00:00:01 |
|   3 |    INDEX FULL SCAN           | PK_DEPT |   4  |       |  1    (0)| 00:00:01 |
|*  4 |   SORT UNIQUE                |         |  14  |  182  |  4   (25)| 00:00:01 |
|*  5 |    TABLE ACCESS FULL         | EMP     |  14  |  182  |  3    (0)| 00:00:01 |
--------------------------------------------------------------------------------

Predicate Information (identified by operation id):
---------------------------------------------------


   4 - access("DEPTNO"="EMP"."DEPTNO")
       filter("DEPTNO"="EMP"."DEPTNO")
   5 - filter("EMP"."DEPTNO" IS NOT NULL)
```

NOT EXISTS 用法：

```
EXPLAIN PLAN FOR
SELECT *
  FROM dept
 WHERE NOT EXISTS (SELECT NULL FROM emp WHERE emp.deptno = dept.deptno);

select * from table(dbms_xplan.display());

--------------------------------------------------------------------------------
| Id  | Operation                    | Name    | Rows | Bytes | Cost (%CPU)| Time     |
--------------------------------------------------------------------------------
|   0 | SELECT STATEMENT             |         |    4 |   172 |    6  (17)| 00:00:01 |
|   1 |  MERGE JOIN ANTI             |         |    4 |   172 |    6  (17)| 00:00:01 |
```

```
|   2 |   TABLE ACCESS BY INDEX ROWID| DEPT |    4 |   120 |    2   (0)| 00:00:01 |
|   3 |    INDEX FULL SCAN           | PK_DEPT|  4 |       |    1   (0)| 00:00:01 |
|*  4 |   SORT UNIQUE                |      |   14 |   182 |    4  (25)| 00:00:01 |
|   5 |    TABLE ACCESS FULL         | EMP  |   14 |   182 |    3   (0)| 00:00:01 |
-----------------------------------------------------------------------------------

Predicate Information (identified by operation id):
---------------------------------------------------

   4 - access("EMP"."DEPTNO"="DEPT"."DEPTNO")
       filter("EMP"."DEPTNO"="DEPT"."DEPTNO")
```

根据前面介绍过的左联知识，LEFT JOIN 取出的是左表中所有的数据，其中与右表不匹配的就表示左表 NOT IN 右表。

	LEFT_STR	RIGHT_STR
1	left_1	
2	left_2	
3	left_3	right_3
4	left_4	right_4

所以在本节中 LEFT JOIN 加上条件 IS NULL，就是 LEFT JOIN 的写法：

```
EXPLAIN PLAN FOR
SELECT dept.*
  FROM dept
  LEFT JOIN emp ON emp.deptno = dept.deptno
 WHERE emp.deptno IS NULL;

select * from table(dbms_xplan.display());

Plan hash value: 1353548327

-----------------------------------------------------------------------------------
| Id  | Operation                    | Name   | Rows | Bytes | Cost (%CPU)| Time  |
-----------------------------------------------------------------------------------
|   0 | SELECT STATEMENT             |        |    4 |   172 |    6  (17)| 00:00:01 |
|   1 |  MERGE JOIN ANTI             |        |    4 |   172 |    6  (17)| 00:00:01 |
|   2 |   TABLE ACCESS BY INDEX ROWID| DEPT   |    4 |   120 |    2   (0)| 00:00:01 |
|   3 |    INDEX FULL SCAN           | PK_DEPT|    4 |       |    1   (0)| 00:00:01 |
|*  4 |   SORT UNIQUE                |        |   14 |   182 |    4  (25)| 00:00:01 |
|   5 |    TABLE ACCESS FULL         | EMP    |   14 |   182 |    3   (0)| 00:00:01 |
```

```
--------------------------------------------------------------------------------

Predicate Information (identified by operation id):
---------------------------------------------------

   4 - access("EMP"."DEPTNO"="DEPT"."DEPTNO")
       filter("EMP"."DEPTNO"="DEPT"."DEPTNO")
```

三个 PLAN 应用的都是 MERGE JOIN ANTI，说明这三种方法的效率一样。

如果想改写，就要对比改写前后的 PLAN，根据 PLAN 来判断并测试哪种方法的效率高，而不能凭借某些结论来碰运气。

3.10　检测两个表中的数据及对应数据的条数是否相同

我们首先建立视图如下：

```
CREATE OR REPLACE VIEW v3_10 AS
SELECT * FROM emp WHERE deptno != 10
UNION ALL
SELECT * FROM emp WHERE ename = 'SCOTT';
```

要求用查询找出视图 V 与表 emp 中不同的数据。

> 注意：视图 V 中员工“WARD”有两行数据，而 emp 表中只有一条数据。

```
SQL> SELECT rownum,empno,ename FROM v3_10 WHERE ename = 'SCOTT';
    ROWNUM      EMPNO ENAME
---------- ---------- ----------
         1       7788 SCOTT
         2       7788 SCOTT
2 rows selected
SQL> SELECT rownum,empno,ename FROM EMP WHERE ename = 'SCOTT';
    ROWNUM      EMPNO ENAME
---------- ---------- ----------
         1       7788 SCOTT
1 row selected
```

比较两个数据集的不同时，通常用类似下面的 FULL JOIN 语句：

```
SELECT v.empno, v.ename, b.empno, b.ename
  FROM v3_10 v
```

```
  FULL JOIN emp b ON (b.empno = v.empno)
 WHERE (v.empno IS NULL OR b.empno IS NULL);
```

但是这种语句在这个案例中查不到 SCOTT 的区别。

```
     EMPNO ENAME                EMPNO ENAME
---------- ---------- ---------- ----------
                            7782 CLARK
                            7839 KING
                            7934 MILLER
3 rows selected
```

这时我们就要对数据进行处理，增加一列显示相同数据的条数，再进行比较。

```
SELECT v.empno, v.ename, v.cnt, emp.empno, emp.ename, emp.cnt
  FROM (SELECT empno, ename, COUNT(*) AS cnt FROM v3_10 GROUP BY empno, ename)
v
  FULL JOIN (SELECT empno, ename, COUNT(*) AS cnt FROM emp GROUP BY empno,
ename) emp
    ON (emp.empno = v.empno AND emp.cnt = v.cnt)
 WHERE (v.empno IS NULL OR emp.empno IS NULL);
```

正确结果如下：

```
     EMPNO ENAME             CNT      EMPNO ENAME             CNT
---------- ---------- ---------- ---------- ---------- ----------
                                       7782 CLARK               1
                                       7839 KING                1
                                       7788 SCOTT               1
                                       7934 MILLER              1
      7788 SCOTT               2
5 rows selected
```

3.11 聚集与内连接

首先建立案例用表如下：

```
CREATE TABLE emp_bonus (empno INT , received DATE , TYPE INT);
INSERT  INTO emp_bonus VALUES( 7934, DATE '2005-5-17', 1 );
INSERT  INTO emp_bonus VALUES( 7934, DATE '2005-2-15', 2 );
INSERT  INTO emp_bonus VALUES( 7839, DATE '2005-2-15', 3 );
INSERT  INTO emp_bonus VALUES( 7782, DATE '2005-2-15', 1 );
```

员工的奖金根据 TYPE 计算，TYPE=1 的奖金为员工工资的 10%，TYPE=2 的奖金为员工工资的 20%，TYPE=3 的奖金为员工工资的 30%。

现要求返回上述员工（也就是部门 10 的所有员工）的工资及奖金。

读者或许会马上想到前面讲到的 JOIN 语句，先关联，然后对结果做聚集。

那么在做聚集之前，我们先看一下关联后的结果。

```
SELECT e.deptno,
       e.empno,
       e.ename,
       e.sal,
       (e.sal * CASE
         WHEN eb.type = 1 THEN
          0.1
         WHEN eb.type = 2 THEN
          0.2
         WHEN eb.type = 3 THEN
          0.3
       END) AS bonus
  FROM emp e
 INNER JOIN emp_bonus eb ON (e.empno = eb.empno)
 WHERE e.deptno = 10
 ORDER BY 1, 2;

  DEPTNO    EMPNO ENAME          SAL      BONUS
-------- ------- -------- ------- ----------
      10    7782 CLARK        2450        245
      10    7839 KING         5000       1500
      10    7934 MILLER       1300        130
      10    7934 MILLER       1300        260

4 rows selected.
```

对这样的关联结果进行聚集后的数据如下：

```
SELECT e.deptno,
       SUM(e.sal) AS total_sal,
       SUM(e.sal * CASE
             WHEN eb.type = 1 THEN
              0.1
             WHEN eb.type = 2 THEN
```

```
              0.2
             WHEN eb.type = 3 THEN
              0.3
           END) AS total_bonus
  FROM emp e
 INNER JOIN emp_bonus eb ON (e.empno = eb.empno)
 WHERE e.deptno = 10
 GROUP BY e.deptno;

DEPTNO  TOTAL_SAL TOTAL_BONUS
------ ---------- -----------
    10      10050        2135
1 row selected
```

这里出现的奖金总额没错，工资总额为 10050，而实际工资总额应为 8750：

```
SQL> SELECT SUM(sal) AS total_sal FROM emp WHERE deptno = 10;
 TOTAL_SAL
----------
      8750
1 row selected
```

关联后返回的结果多了 10050−8750=1300，原因正如前面显示的一样，员工的 MILLER 工资重复计算了两次。

对于这种问题，我们应该先对 emp_bonus 做聚集操作，然后关联 emp 表。

下面分步演示一下。

未汇总前，有两条 7934：

```
SELECT eb.empno,
       (CASE
         WHEN eb.type = 1 THEN
          0.1
         WHEN eb.type = 2 THEN
          0.2
         WHEN eb.type = 3 THEN
          0.3
       END) AS rate
  FROM emp_bonus eb
 ORDER BY 1, 2;
 EMPNO       RATE
```

```
------ ----------
  7782        0.1
  7839        0.3
  7934        0.1
  7934        0.2
4 row selected
```

把 emp_bonus 按 empno 分类汇总，汇总后会只有一条 7934，再与 emp 关联就没问题了。

```
SELECT eb.empno,
      SUM(CASE
            WHEN eb.type = 1 THEN
             0.1
            WHEN eb.type = 2 THEN
             0.2
            WHEN eb.type = 3 THEN
             0.3
          END) AS rate
  FROM emp_bonus eb
 GROUP BY empno
 ORDER BY 1, 2;
 EMPNO      RATE
------ ----------
  7782        0.1
  7839        0.3
  7934        0.3
```

这是最终的正确语句，先把奖金按员工（empno）汇总，再与员工表关联。

```
SELECT e.deptno,
      SUM(e.sal) AS total_sal,
      SUM(e.sal * eb2.rate) AS total_bonus
  FROM emp e
 INNER JOIN (SELECT eb.empno,
                   SUM(CASE
                         WHEN eb.type = 1 THEN
                          0.1
                         WHEN eb.type = 2 THEN
                          0.2
                         WHEN eb.type = 3 THEN
                          0.3
```

```
                      END) AS rate
               FROM emp_bonus eb
              GROUP BY eb.empno) eb2 ON eb2.empno = e.empno
 WHERE e.deptno = 10
 GROUP BY e.deptno;
DEPTNO  TOTAL_SAL TOTAL_BONUS
------ ---------- -----------
    10       8750        2135
1 row selected
```

这样结果就对了。

第 4 章 插入、更新与删除

4.1 插入新记录

我们先建立测试表，各列都有默认值。

```
CREATE TABLE T4_1(
c1 VARCHAR2(10) DEFAULT '默认 1',
c2 VARCHAR2(10) DEFAULT '默认 2',
c3 VARCHAR2(10) DEFAULT '默认 3',
c4 DATE DEFAULT SYSDATE
);
```

新增数据如下：

```
INSERT INTO t4_1(c1,c2,c3) VALUES(DEFAULT,NULL,'手输值');
SQL> SELECT * FROM t4_1;
```

```
C1         C2         C3         C4
---------- ---------- ---------- -----------
默认 1                手输值     2013-11-22

1 row selected
```

请大家注意以下几点。

① 如果 INSERT 语句中没有含默认值的列，则会添加默认值，如 C4 列。

② 如果包含有默认值的列，需要用 DEFAULT 关键字，才会添加默认值，如 C1 列。

③ 如果已显示设定了 NULL 或其他值，则不会再生成默认值，如 C2、C3 列。

建立表时，有时明明设定了默认值，可生成的数据还是 NULL，原因在于我们在代码中不知不觉地加入了 NULL。

4.2 阻止对某几列插入

或许有读者已注意到，我们建立的表中 C4 列默认值为 SYSDATE，这种列一般是为了记录数据生成的时间，不允许手动录入。那么系统控制不到位，或因管理不到位，经常会有手动录入的情况发生，怎么办？

我们可以建立一个不包括 C4 列的 VIEW，新增数据时通过这个 VIEW 就可以了。

```
CREATE OR REPLACE VIEW v4_1 AS SELECT c1,c2,c3 FROM T4_1;
INSERT INTO v4_1(c1,c2,c3) VALUES('手输 c1',NULL,'不能改 c4');

SQL> SELECT * FROM t4_1;
C1         C2         C3         C4
---------- ---------- ---------- -----------
默认 1                手输值     2013-11-22
手输 c1               不能改 c4  2013-11-22

2 row selected
```

注意，通过 VIEW 新增数据，不能再使用关键字 DEFAULT。

```
INSERT INTO v4_1(c1,c2,c3) VALUES(default,NULL,'不能改 c4')
ORA-32575: 对于正在修改的视图，不支持显式列默认设置
```

4.3　复制表的定义及数据

我们可以用以下语句复制表 T4_1：

```
CREATE TABLE t4_2 AS SELECT * FROM t4_1;
```

也可以先复制表的定义，再新增数据：

```
CREATE TABLE t4_2 AS SELECT * FROM t4_1 WHERE 1=2;
```

> **注意：**复制的表不包含默认值等约束信息，使用这种方式复制表后，需要重建默认值及索引和约束等信息。

```
SQL> DESC t4_2;

Name Type         Nullable Default Comments
---- ------------ -------- ------- --------
C1   VARCHAR2(10) Y
C2   VARCHAR2(10) Y
C3   VARCHAR2(10) Y
C4   DATE         Y
```

复制表定义后就可以新增数据了：

```
INSERT INTO t4_2 SELECT * FROM t4_1;
SQL> SELECT * FROM t4_2;

C1         C2         C3         C4
---------- ---------- ---------- -----------
默认 1                手输值     2013-11-22
手输 c1               不能改 c4  2013-11-22

2 row selected
```

4.4　用 WITH CHECK OPTION 限制数据录入

当约束条件比较简单时，可以直接加在表中，如工资必须大于 0：

```
SQL> alter table emp add constraints ch_sal check(sal > 0);
Table altered
```

但有些复杂或特殊的约束条件是不能这样放在表里的，如雇佣日期大于当前日期：

```
alter table emp add constraints ch_hiredate check(hiredate >= sysdate)
ORA-02436: 日期或系统变量在 CHECK 约束条件中指定错误
```

这时我们可以使用加了 WITH CHECK OPTION 关键字的 VIEW 来达到目的。

下面的示例中，我们限制了不符合内联视图条件的数据（SYSDATE + 1）：

```
SQL> INSERT INTO
       (SELECT empno, ename, hiredate
          FROM emp
         WHERE hiredate <= SYSDATE WITH CHECK OPTION)
     VALUES
       (9999, 'test', SYSDATE + 1);
INSERT INTO
  (SELECT empno, ename, hiredate
     FROM emp
    WHERE hiredate <= SYSDATE WITH CHECK OPTION)
VALUES
  (9999, 'test', SYSDATE + 1)
ORA-01402: 视图 WITH CHECK OPTION where 子句违规
```

语句(SELECT empno, ename, hiredate FROM emp WHERE hiredate <= SYSDATE WITH CHECK OPTION)被当作一个视图处理。

因为里面有关键字“WITH CHECK OPTION”，所以 INSERT 的数据不符合其中的条件（hiredate <= SYSDATE）时，就不允许利用 INSERT。

当规则较复杂，无法用约束实现时，这种限制方式就比较有用。

4.5 多表插入语句

多表插入语句分为以下四种。

① 无条件 INSERT。

② 有条件 INSERT ALL。

③ 转置 INSERT。

④ 有条件 INSERT FIRST。

首先建立两个测试用表：

```
CREATE TABLE emp1 AS SELECT empno,ename,job FROM emp WHERE 1=2;
CREATE TABLE emp2 AS SELECT empno,ename,deptno FROM emp WHERE 1=2;
```

无条件 INSERT：

```
INSERT ALL
  INTO emp1(empno, ename, job) VALUES (empno, ename, job)
  INTO emp2(empno, ename, deptno) VALUES (empno, ename, deptno)
SELECT empno, ename, job, deptno FROM emp WHERE deptno IN (10, 20);
SQL> select * from emp1;
     EMPNO ENAME      JOB
---------- ---------- ----------
      7369 SMITH      CLERK
      7566 JONES      MANAGER
      7782 CLARK      MANAGER
      7788 SCOTT      ANALYST
      7839 KING       PRESIDENT
      7876 ADAMS      CLERK
      7902 FORD       ANALYST
      7934 MILLER     CLERK
8 rows selected

SQL> select * from emp2;
     EMPNO ENAME          DEPTNO
---------- ---------- ----------
      7369 SMITH              20
      7566 JONES              20
      7782 CLARK              10
      7788 SCOTT              20
      7839 KING               10
      7876 ADAMS              20
      7902 FORD               20
      7934 MILLER             10
8 rows selected
```

因为没有加条件，所以会同时向两个表中插入数据，且两个表中插入的条数一样。

有条件 INSERT ALL：

```
delete emp1;
delete emp2;
```

```
INSERT ALL
  WHEN job IN ('SALESMAN','MANAGER') THEN
  INTO emp1(empno, ename, job) VALUES (empno, ename, job)
  WHEN deptno IN ('20','30') THEN
  INTO emp2(empno, ename, deptno) VALUES (empno, ename, deptno)
SELECT empno, ename, job, deptno FROM emp;

SQL> select * from emp1;
EMPNO ENAME      JOB
----- ---------- ---------
 7499 ALLEN      SALESMAN
 7521 WARD       SALESMAN
 7566 JONES      MANAGER
 7654 MARTIN     SALESMAN
 7698 BLAKE      MANAGER
 7782 CLARK      MANAGER
 7844 TURNER     SALESMAN
7 rows selected

SQL> select * from emp2;
EMPNO ENAME      DEPTNO
----- ---------- ------
 7369 SMITH          20
 7499 ALLEN          30
 7521 WARD           30
 7566 JONES          20
 7654 MARTIN         30
 7698 BLAKE          30
 7788 SCOTT          20
 7844 TURNER         30
 7876 ADAMS          20
 7900 JAMES          30
 7902 FORD           20
11 rows selected
```

当增加条件后，就会按条件插入。如 EMPNO=7654 等数据在两个表中都有。

INSERT FIRST 就不一样：

```
delete emp1;
delete emp2;
/*有条件 INSERT FIRST*/
```

```
INSERT FIRST
  WHEN job IN ('SALESMAN','MANAGER') THEN
  INTO emp1(empno, ename, job) VALUES (empno, ename, job)
  WHEN deptno IN ('20','30') THEN
  INTO emp2(empno, ename, deptno) VALUES (empno, ename, deptno)
SELECT empno, ename, job, deptno FROM emp;

SQL> select * from emp1;
EMPNO ENAME      JOB
----- ---------- ---------
 7499 ALLEN      SALESMAN
 7521 WARD       SALESMAN
 7566 JONES      MANAGER
 7654 MARTIN     SALESMAN
 7698 BLAKE      MANAGER
 7782 CLARK      MANAGER
 7844 TURNER     SALESMAN
7 rows selected

SQL> select * from emp2;
EMPNO ENAME      DEPTNO
----- ---------- ------
 7369 SMITH          20
 7788 SCOTT          20
 7876 ADAMS          20
 7900 JAMES          30
 7902 FORD           20
5 row selected
```

在 INSERT FIRST 语句中，当第一个表符合条件后，第二个表将不再插入对应的行，表 emp2 中不再有与表 emp1 相同的数据“EMPNO=7654”，这就是 INSERT FIRST 与 INSERT ALL 的不同之处。

转置 INSERT 与其说是一个分类，不如算作“INSERT ALL”的一个用法。

```
DROP TABLE T1;
DROP TABLE t2;
CREATE TABLE t2 (d VARCHAR2(10),des VARCHAR2(50));
CREATE TABLE t1 AS
SELECT '熊样，精神不佳' AS d1,
       '猫样，温驯听话' AS d2,
       '狗样，神气活现' AS d3,
```

```
       '鸟样，向往明天' AS d4,
       '花样，愿你快乐像花儿一样' AS d5
  FROM dual;
/*转置 INSERT */
INSERT ALL
  INTO t2(d,des) VALUES('周一',d1)
  INTO t2(d,des) VALUES('周二',d2)
  INTO t2(d,des) VALUES('周三',d3)
  INTO t2(d,des) VALUES('周四',d4)
  INTO t2(d,des) VALUES('周五',d5)
SELECT d1,d2,d3,d4,d5 FROM t1;

SELECT * FROM t2;
D          DES
---------- ----
周一        熊样，精神不佳
周二        猫样，温驯听话
周三        狗样，神气活现
周四        鸟样，向往明天
周五        花样，愿你快乐像花儿一样
5 rows selected
```

可以看到，转置 INSERT 的实质就是把不同列的数据插入到同一表的不同行中。

转置 INSERT 的等价语句如下：

```
INSERT INTO t2(d,des)
SELECT '周一',d1 FROM t1 UNION ALL
SELECT '周二',d2 FROM t1 UNION ALL
SELECT '周三',d3 FROM t1 UNION ALL
SELECT '周四',d4 FROM t1 UNION ALL
SELECT '周五',d5 FROM t1;
```

4.6 用其他表中的值更新

我们对表 emp 新增字段 dname，然后把 dept.dname 更新至 emp 中：

```
ALTER TABLE emp ADD dname VARCHAR2(50) default 'noname';
```

为了便于讲解，在此只更新部门(10:ACCOUNTING, 20:RESEARCH)的数据。其他未更新的部门（如 30:SALES）名称应该保持为'noname'不变。

初学 Oracle 的人常把语句直接写为：

```
UPDATE emp
   SET emp.dname =
       (SELECT dept.dname
          FROM dept
         WHERE dept.deptno = emp.deptno
           AND dept.dname IN ('ACCOUNTING', 'RESEARCH'));

SELECT empno, ename, deptno, dname FROM emp;

  EMPNO ENAME        DEPTNO DNAME
------- -------- -------- --------------------
   7369 SMITH            20 RESEARCH
   7499 ALLEN            30
   7521 WARD             30
   7566 JONES            20 RESEARCH
   7654 MARTIN           30
   7698 BLAKE            30
   7782 CLARK            10 ACCOUNTING
   7788 SCOTT            20 RESEARCH
   7839 KING             10 ACCOUNTING
   7844 TURNER           30
   7876 ADAMS            20 RESEARCH
   7900 JAMES            30
   7902 FORD             20 RESEARCH
   7934 MILLER           10 ACCOUNTING

14 rows selected.

SQL> rollback;
Rollback complete
```

可以看到，这个语句是对全表做更新，而不是需求所说的部门（10:ACCOUNTING, 20:RESEARCH），而且因为部门（30:SALES）没有匹配到的数据，dname 均被更新为 NULL 值。

可以想象，在生产环境中，大量的数据被清空或改错是多严重的行为！原因在于该语句中少了必要的过滤条件。

以上 UPDATE 语句的结果及错误用查询语句描述如下：

```
SELECT deptno,
       dname AS old_dname,
       (SELECT dept.dname
          FROM dept
         WHERE dept.deptno = emp.deptno
           AND dept.dname IN ('ACCOUNTING', 'RESEARCH')) AS new_dname,
       CASE
         WHEN emp.deptno NOT IN (10, 20) THEN
          '不该被更新的行'
       END AS des
  FROM emp;

 DEPTNO OLD_DNAME            NEW_DNAME      DES
-------- -------------------- -------------- --------------
      20 RESEARCH             RESEARCH
      30                                     不该被更新的行
      30                                     不该被更新的行
      20 RESEARCH             RESEARCH
      30                                     不该被更新的行
      30                                     不该被更新的行
      10 ACCOUNTING           ACCOUNTING
      20 RESEARCH             RESEARCH
      10 ACCOUNTING           ACCOUNTING
      30                                     不该被更新的行
      20 RESEARCH             RESEARCH
      30                                     不该被更新的行
      20 RESEARCH             RESEARCH
      10 ACCOUNTING           ACCOUNTING

14 rows selected.
```

正确的思路是要加上限定条件：

```
SELECT deptno,
       dname AS old_dname,
       (SELECT dept.dname
          FROM dept
         WHERE dept.deptno = emp.deptno
           AND dept.dname IN ('ACCOUNTING', 'RESEARCH')) AS new_dname,
       CASE
         WHEN emp.deptno NOT IN (10, 20) THEN
          '不该被更新的行'
```

```
     END AS des
  FROM emp
 WHERE EXISTS (SELECT dept.dname
          FROM dept
         WHERE dept.deptno = emp.deptno
           AND dept.dname IN ('ACCOUNTING', 'RESEARCH'));
  DEPTNO OLD_DNAME            NEW_DNAME      DES
-------- -------------------- -------------- --------------
      10 ACCOUNTING             ACCOUNTING
      10 ACCOUNTING             ACCOUNTING
      10 ACCOUNTING             ACCOUNTING
      20 RESEARCH               RESEARCH
      20 RESEARCH               RESEARCH
      20 RESEARCH               RESEARCH
      20 RESEARCH               RESEARCH
      20 RESEARCH               RESEARCH

8 rows selected.
```

同样，正确的 UPDATE 语句应如下：

```
UPDATE emp
   SET emp.dname =
       (SELECT dept.dname
          FROM dept
         WHERE dept.deptno = emp.deptno
           AND dept.dname IN ('ACCOUNTING', 'RESEARCH'))
 WHERE EXISTS (SELECT dept.dname
          FROM dept
         WHERE dept.deptno = emp.deptno
           AND dept.dname IN ('ACCOUNTING', 'RESEARCH'));

select empno,ename,deptno,dname from emp;

  EMPNO ENAME       DEPTNO DNAME
------- -------- -------- --------------
   7369 SMITH          20 RESEARCH
   7499 ALLEN          30 noname
   7521 WARD           30 noname
   7566 JONES          20 RESEARCH
   7654 MARTIN         30 noname
   7698 BLAKE          30 noname
```

```
    7782 CLARK          10 ACCOUNTING
    7788 SCOTT          20 RESEARCH
    7839 KING           10 ACCOUNTING
    7844 TURNER         30 noname
    7876 ADAMS          20 RESEARCH
    7900 JAMES          30 noname
    7902 FORD           20 RESEARCH
    7934 MILLER         10 ACCOUNTING

14 rows selected.

SQL> rollback;
Rollback complete
```

除 10、20 两个部门之外，其他 dname 均应保持原值“noname”。

更新数据除了上述方法，还可以使用可更新 VIEW：

```
UPDATE (SELECT emp.dname, dept.dname AS new_dname
          FROM emp
         INNER JOIN dept ON dept.deptno = emp.deptno
         WHERE dept.dname IN ('ACCOUNTING', 'RESEARCH'))
   SET dname = new_dname;
```

使用这个语句或许会遇到下面这个错误：

```
ORA-01779: 无法修改与非键值保存表对应的列
```

这时在表 dept 中增加唯一索引或主键，再执行上述语句即可。

```
SQL> alter table dept add constraints pk_dept primary key (deptno);
Table altered
```

第三种方法是用 MERGE 改写：

```
MERGE INTO emp
USING (SELECT dname, deptno FROM dept WHERE dept.dname IN ('ACCOUNTING',
'RESEARCH')) dept
ON (dept.deptno = emp.deptno)
WHEN MATCHED THEN
  UPDATE SET emp.dname = dept.dname;
```

在此建议大家在做多表关联更新时使用或更改为这种方式，因为 MERGE INTO 语句只访问了一次 DEPT。

```
Plan hash value: 1879570650

-------------------------------------------------------------------------------
| Id  | Operation              | Name    | Rows | Bytes | Cost (%CPU)| Time     |
-------------------------------------------------------------------------------
|   0 | MERGE STATEMENT        |         |      |       |    6 (100)|          |
|   1 |  MERGE                 | EMP     |      |       |           |          |
|   2 | VIEW                   |         |      |       |           |          |
|   3 | MERGE JOIN             |         |    9 |  1341 |    6  (17)| 00:00:01 |
|*  4 | TABLE ACCESS BY INDEX ROWID| DEPT | 2 | 44 |    2   (0)| 00:00:01 |
|   5 | INDEX FULL SCAN        | PK_DEPT|    4 |       |    1   (0)| 00:00:01 |
|*  6 | SORT JOIN              |         |   14 |  1778 |    4  (25)| 00:00:01 |
|   7 | TABLE ACCESS FULL      | EMP     |   14 |  1778 |    3   (0)| 00:00:01 |
-------------------------------------------------------------------------------

Predicate Information (identified by operation id):
---------------------------------------------------

   4 - filter(("DEPT"."DNAME"='ACCOUNTING' OR "DEPT"."DNAME"='RESEARCH'))
   6 - access("DEPTNO"="EMP"."DEPTNO")
       filter("DEPTNO"="EMP"."DEPTNO")
```

而 UPDATE..WHERE..语句则访问了两次 DEPT。

```
Plan hash value: 1458235467

-------------------------------------------------------------------------------
| Id  | Operation              | Name  | Rows | Bytes | Cost (%CPU)|  Time    |
-------------------------------------------------------------------------------
|   0 | UPDATE STATEMENT       |       |      |       |   24 (100)|          |
|   1 | UPDATE                 | EMP   |      |       |           |          |
|   2 | MERGE JOIN             |       |    9 |  558  |    6  (17)| 00:00:01 |
|   3 | SORT UNIQUE            |       |    2 |   44  |    2   (0)| 00:00:01 |
|*  4 | TABLE ACCESS BY INDEX ROWID| DEPT | 2 | 44 |    2   (0)| 00:00:01 |
|   5 | INDEX FULL SCAN        | PK_DEPT|   4 |       |    1   (0)| 00:00:01 |
|*  6 | SORT JOIN              |       |   14 |  560  |    4  (25)| 00:00:01 |
|   7 | TABLE ACCESS FULL      | EMP   |   14 |  560  |    3   (0)| 00:00:01 |
|*  8 | TABLE ACCESS BY INDEX ROWID |DEPT| 1 | 22 |    1   (0)| 00:00:01 |
|*  9 | INDEX UNIQUE SCAN      | PK_DEPT | 1 |     |    0   (0)|          |
-------------------------------------------------------------------------------

Predicate Information (identified by operation id):
```

```
---------------------------------------------------

   4 - filter(("DEPT"."DNAME"='ACCOUNTING' OR "DEPT"."DNAME"='RESEARCH'))
   6 - access("DEPT"."DEPTNO"="EMP"."DEPTNO")
       filter("DEPT"."DEPTNO"="EMP"."DEPTNO")
   8 - filter(("DEPT"."DNAME"='ACCOUNTING' OR "DEPT"."DNAME"='RESEARCH'))
   9 - access("DEPT"."DEPTNO"=:B1)
```

4.7 合并记录

前面介绍了 MERGE INTO 的好处，那么怎么使用 MERGE INTO 呢？下面简单介绍一下。

首先建立测试用表：

```
DROP TABLE bonuses;
CREATE TABLE bonuses (employee_id NUMBER, bonus NUMBER DEFAULT 100);
INSERT INTO bonuses
  (employee_id)
  (SELECT e.employee_id
     FROM hr.employees e, oe.orders o
    WHERE e.employee_id = o.sales_rep_id
    GROUP BY e.employee_id);
SELECT * FROM bonuses ORDER BY employee_id;
commit;
```

语句及解释如下：

```
MERGE INTO bonuses d
USING (SELECT employee_id, salary, department_id
         FROM hr.employees
        WHERE department_id = 80) s
ON (d.employee_id = s.employee_id)
WHEN MATCHED THEN
  UPDATE
    SET d.bonus = d.bonus + s.salary * 0.01
WHEN NOT MATCHED THEN
  INSERT
    (d.employee_id, d.bonus)
  VALUES
    (s.employee_id, s.salary * 0.01);
```

这里有以下几个要点：

① 语句是 MERGE INTO bonuses，所以在这个语句里只能更改 bonuses 的数据，不能改 USING 后面那些表的数据。

② 更新、插入两个操作是同时进行的，不分先后。

③ 在 MERGE INTO 语句里不能更新 JOIN 列。

④ ON 后面的条件一定要放在括号里，否则报错。

```
MERGE INTO bonuses d
USING (SELECT employee_id, salary, department_id
         FROM hr.employees
        WHERE department_id = 80) s
ON d.employee_id = s.employee_id
WHEN MATCHED THEN
  UPDATE
     SET d.bonus = d.bonus + s.salary * 0.01

ORA-00969: missing ON keyword
```

该 MERGE 语句就相当于同时执行以下两条 DML 语句：

```
UPDATE bonuses d
   SET d.bonus =
       (SELECT d.bonus + s.salary * .01
          FROM hr.employees s
         WHERE s.department_id = 80
           AND d.employee_id = s.employee_id)
 WHERE EXISTS (SELECT d.bonus + s.salary * .01
          FROM hr.employees s
         WHERE s.department_id = 80
           AND d.employee_id = s.employee_id) ;

INSERT INTO bonuses d
  (d.employee_id, d.bonus)
  SELECT s.employee_id, s.salary * .01
    FROM hr.employees s
   WHERE s.department_id = 80
     AND NOT EXISTS
   (SELECT NULL FROM bonuses d WHERE d.employee_id = s.employee_id);
```

4.8 删除违反参照完整性的记录

首先建立测试环境。注意，如果前面未创建 dept 的主键，则需要先创建。

```
alter table dept add constraints pk_dept primary key (deptno);
```

在 emp 表中增加一条数据（要另外复制一张 emp 表，不要直接用 SCOTT.EMP）：

```
INSERT INTO emp(empno,ename,job,mgr,hiredate,sal,comm,deptno)
SELECT 9999 AS empno,ename,job,mgr,hiredate,sal,comm,99 AS deptno FROM emp
WHERE ROWNUM <=1;
```

当我们增加如下外键时，会因数据违反完整性而报错：

```
ALTER TABLE emp ADD CONSTRAINT fk_emp_dept FOREIGN KEY (deptno) REFERENCES
dept(deptno);
ORA-02298: 无法验证 (TEST.FK_EMP_DEPT) - 未找到父项关键字
```

这种提示在处理业务时会经常遇到，是因为子表中的数据（DEPTNO:99）与主表不一致（主表中没有 DEPTNO:99）引起的。

这时就要处理违反完整性的数据，要根据情况选择在主表中加入数据，或删除子表中的数据。下面选择删除子表中的数据（注意，删除前后要核对数据后再提交，严格地说，应该要先备份表中的数据，再做删除操作）：

```
delete from emp
 where not exists (
   select null from dept
    where dept.deptno = emp.deptno);
1 row deleted
```

删除子表行或新增主表行后数据就一致了，重新执行上面的外键语句即可：

```
ALTER TABLE emp ADD CONSTRAINT fk_emp_dept FOREIGN KEY (deptno) REFERENCES
dept(deptno);
Table altered
```

4.9 删除名称重复的记录

因是手动录入程序，所以经常会产生重复的数据，这时就需要删除多余的数据，示例如下：

```
create table dupes (id integer, name varchar(10));
INSERT INTO dupes VALUES (1, 'NAPOLEON');
INSERT INTO dupes VALUES (2, 'DYNAMITE');
INSERT INTO dupes VALUES (3, 'DYNAMITE');
INSERT INTO dupes VALUES (4, 'SHE SELLS');
INSERT INTO dupes VALUES (5, 'SEA SHELLS');
INSERT INTO dupes VALUES (6, 'SEA SHELLS');
INSERT INTO dupes VALUES (7, 'SEA SHELLS');
```

可以看到，（'DYNAMITE'、'SEA SHELLS'）中这两个人的数据重复，现在要求表中 name 重复的数据只保留一行，其他的删除。

删除数据有好几种方法，下面只介绍三种方法（处理数据需谨慎，要确认更改结果后再提交）。

方法一：通过 name 相同、id 不同的方式来判断。

```
DELETE
  FROM dupes a
 WHERE EXISTS (SELECT NULL FROM dupes b WHERE b.name = a.name AND b.id > a.id);
```

利用这种方式删除数据时需要建组合索引：

```
create index idx_name_id on dupes(name,id);
```

方法二：用 ROWID 来代替其中的 id。

```
DELETE
  FROM dupes a
 WHERE EXISTS (SELECT /*+ hash_sj */ NULL FROM dupes b WHERE b.name = a.name
AND b.rowid > a.rowid);
```

因为不需要关联 id 列，我们只需要建立单列索引：

```
create index idx_name on dupes(name);
```

方法三：通过分析函数根据 name 分组生成序号，然后删除序号大于 1 的数据。

我们也可以用分析函数取出重复的数据后删除。下面先看生成的序号：

```
SQL> SELECT ROWID AS rid,
  2         NAME,
  3         row_number() over(PARTITION BY NAME ORDER BY id) AS seq
```

```
  4    FROM dupes
  5   ORDER BY 2, 3;
RID                   NAME             SEQ
-------------------- ---------- --------
AAAVojAAEAAAH/UAAB   DYNAMITE            1
AAAVojAAEAAAH/UAAC   DYNAMITE            2
AAAVojAAEAAAH/UAAA   NAPOLEON            1
AAAVojAAEAAAH/UAAE   SEA SHELLS          1
AAAVojAAEAAAH/UAAF   SEA SHELLS          2
AAAVojAAEAAAH/UAAG   SEA SHELLS          3
AAAVojAAEAAAH/UAAD   SHE SELLS           1
7 rows selected
```

取出序号后，再删除 seq>1 的语句就可以了：

```
DELETE
  FROM dupes
 WHERE ROWID IN (SELECT rid
                   FROM (SELECT ROWID AS rid,
                        row_number() over(PARTITION BY NAME ORDER BY id) AS seq
                          FROM dupes)
                  WHERE seq > 1);
```

当然，还有其他写法，读者可继续研究。

第 5 章 使用字符串

5.1 生成连续数值

日常工作中常需要使用连续值来处理问题，我们可以使用任意表或 VIEW 来提取：

```
SQL> SELECT rownum AS rn FROM emp WHERE rownum <= 3;

    RN
----------
     1
     2
     3

3 rows selected.
```

```
SQL> SELECT rownum AS rn FROM all_objects WHERE rownum <= 3;

        RN
----------
         1
         2
         3

3 rows selected.
```

还可以通过树形查询的子句来提取：

```
SQL> SELECT LEVEL AS rn FROM dual CONNECT BY LEVEL <= 3;

        RN
----------
         1
         2
         3

3 rows selected.
```

5.2 遍历字符串

有时会要求把字符串拆分为单个字符，如：

```
CREATE OR REPLACE VIEW v5_2 AS
SELECT '天天向上' AS 汉字, 'TTXS' AS 首拼 FROM dual;
```

为了核对表中保存的“首拼”是否正确，需要把字符串拆分为下面的样式：

汉　字	首　拼
天	T
天	T
向	X
上	S

使用 5.1 节的技巧就可以把 1 行改为 4 行：

```
SQL> SELECT 汉字, 首拼,LEVEL FROM v5_2 CONNECT BY LEVEL <= length(汉字);
```

```
汉字      首拼      LEVEL
-------- ---- ----------
天天向上  TTXS          1
天天向上  TTXS          2
天天向上  TTXS          3
天天向上  TTXS          4

4 rows selected
```

然后通过函数 substr(汉字, level, ?)得到需要的结果：

```
SELECT 汉字,
       首拼,
       LEVEL,
       substr(汉字, LEVEL, 1) AS 汉字拆分,
       substr(首拼, LEVEL, 1) AS 首拼拆分,
       'substr(''' || 汉字 || ''', ' || LEVEL || ', 1)' AS fun
  FROM v5_2
CONNECT BY LEVEL <= length(汉字);

汉字      首拼      LEVEL 汉  首 FUN
-------- ---- ---------- -- -- ------------------------------
天天向上  TTXS          1 天  T  substr('天天向上', 1, 1)
天天向上  TTXS          2 天  T  substr('天天向上', 2, 1)
天天向上  TTXS          3 向  X  substr('天天向上', 3, 1)
天天向上  TTXS          4 上  S  substr('天天向上', 4, 1)

4 rows selected.
```

为了方便理解，我们同时显示了 LEVEL 的值及每一行实际执行的 substr 语句。

5.3　计算字符在字符串中出现的次数

字符串'CLARK,KING,MILLER'被逗号分隔成了三个子串，现要求用 SQL 计算其中的子串个数，对于这种问题，我们一般计算其中的逗号个数后加 1 就可以了。

下面来看怎么计算逗号的个数。

为了方便引用，首先建立一个 VIEW：

```
CREATE OR REPLACE VIEW v5_3 AS
```

```
SELECT 'CLARK,KING,MILLER' AS str FROM dual;
```

Oracle 11g 给出了新函数 REGEXP_COUNT，我们可以直接引用：

```
SELECT regexp_count(str, ',') + 1 AS cnt FROM v5_3;

       CNT
----------
         3
```

若没有 REGEXP_COUNT 的版本怎么办？我们用 REGEXP_REPLACE 迂回求值即可：

```
SELECT length(regexp_replace(str, '[^,]')) + 1 AS cnt FROM v5_3;
```

还可以使用前面介绍的 translate：

```
SELECT length(translate(str, ',' || str, ',')) + 1 AS cnt FROM v5_3;
```

如果分隔符有一个以上，那就要把计算出来的长度再除以分隔符长度。

```
CREATE OR REPLACE VIEW v5_3_2 AS
SELECT '10$#CLARK$#MANAGER' AS str FROM dual;
```

错误的写法：

```
SELECT length(translate(str, '$#' || str, '$#')) + 1 AS cnt FROM v5_3_2;

       CNT
----------
         5
```

正确的写法：

```
SELECT length(translate(str, '$#' || str, '$#')) / length('$#') + 1 AS cnt
FROM v5_3_2;

       CNT
----------
         3
```

用 regexp_count 就可以不用考虑长度：

```
SELECT regexp_count(str, '\$#') + 1 AS cnt FROM v5_3_2;

       CNT
----------
         3
```

可能有人注意到，第二个参数里多了一个“\”。这是因为“$”是通配符，需要用“\”转义。

5.4　从字符串中删除不需要的字符

若员工姓名中有元音字母（AEIOU），现在要求把这些元音字母都去掉，很多人都用如下语句：

```
SELECT ename,
       REPLACE(translate(ename, 'AEIOU', 'aaaaa'), 'a', '') stripped1
  FROM emp
 WHERE deptno = 10;

ENAME      STRIPPED1
---------- --------------------
CLARK      CLRK
KING       KNG
MILLER     MLLR

3 rows selected
```

这里面先把元音字母替换成'a'，然后把'a'去掉。

其实用前面介绍的 TRANSLATE 的一个用法就可以，根本不需要嵌套：

```
SELECT ename, translate(ename, '1AEIOU', '1') stripped1
  FROM emp
 WHERE deptno = 10;
```

是不是要方便得多？

当然，也可以用更简便的正则函数 REGEXP_REPLACE，直接把[]内列举的字符替换为空：

```
SELECT ename,
       regexp_replace(ename, '[AEIOU]') AS stripped1
  FROM emp;
```

正则表达式 regexp_replace 与 replace 对应，regexp_replace(ename, '[AEIOU]')相当于同时执行了多个 replace()函数：

```
replace(replace(replace(replace(replace(ename,'A'),'E'),'I'),'O'),'U')
```

5.5 将字符和数字数据分离

建立测试用表如下：

```
drop table t5_5 purge;
create table t5_5 as
select dname || deptno as data from dept;

SQL> select data from t5_5;

DATA
--------------------
ACCOUNTING10
RESEARCH20
SALES30
OPERATIONS40

4 rows selected
```

从上面可知，dname 中只有字母，而 deptno 中只有数字，你能从 data 中还原出 dname 与 deptno 吗？答案是肯定的，可以使用如下正则表达式：

```
SELECT regexp_replace(data, '[0-9]', '') dname,
       regexp_replace(data, '[^0-9]', '') deptno
  FROM t5_5;

DNAME                DEPTNO
-------------------- ----------
ACCOUNTING           10
RESEARCH             20
SALES                30
OPERATIONS           40

4 rows selected
```

我们前面讲过 regexp_replace(data, '[0-9]', '')就是多次的 replace，[0-9]是一种表示方式，代表[0123456789]，还可以表示为[[:digit:]]。那么把这些数据替换之后剩下的就是那些字母了，得到的结果就是 ename。

第二个表达式 regexp_replace(data, '[^0-9]', '')中多了一个符号“^”，这个符号表示否定的意思，代表[0-9]的外集，也就是除[0123456789]外的所有字符，在本节案例中就是那些字母。把字母都替换掉之后，剩下就是 sal 了。

要注意“^”的位置：在方括号内，所有的字符之前。

如果不是在方括号内（如直接写为'^hell'），则表示字符串的开始位置。

如果还不习惯使用正则表达式，则可以使用第 2 章介绍的 translate：

```
SELECT translate(data, 'a0123456789', 'a') dname,
     translate(data, '0123456789' || data, '0123456789') deptno
  FROM t5_5;

DNAME                DEPTNO
-------------------- ----------
ACCOUNTING           10
RESEARCH             20
SALES                30
OPERATIONS           40

4 rows selected
```

5.6　查询只包含字母或数字型的数据

示例数据如下：

```
CREATE OR REPLACE VIEW v5_6 AS
SELECT '123' as data FROM dual UNION ALL
SELECT 'abc' FROM dual UNION ALL
SELECT '123abc' FROM dual UNION ALL
SELECT 'abc123' FROM dual UNION ALL
SELECT 'a1b2c3' FROM dual UNION ALL
SELECT 'a1b2c3#' FROM dual UNION ALL
SELECT '3$' FROM dual UNION ALL
SELECT 'a 2' FROM dual;
```

上述语句中，有些数据包含了空格、逗号、$等字符。现在要求返回其中只有字母及数据的行（见粗体部分）。

如果直接按需求字面意思来写，可以用正则表达式。

```
SQL> SELECT data FROM v5_6 WHERE regexp_like(data, '^[0-9a-zA-Z]+$');

DATA
--------------------
123
abc
123abc
abc123
a1b2c3

5 rows selected
```

首先和前面的对应方式一样，regexp_like 对应普通的 like。

regexp_like(data, '[ABC]')就相当于(like '%A%' or like '%B%' or like '%C%')；而 regexp_like(data, '[0-9a-zA-Z]+')就相当于(like '%数字%' or like '%小写字母%' or like '%大写字母%')。

> **注意：**是前后都有“%”的模糊查询。

我们知道，“^”不在方括号里时表示字符串开始，这里还有一个“$”，该符号在方括号外面，表示字符串的结束。

我们通过具体查询来对比说明：

```
CREATE OR REPLACE VIEW v5_6_2 AS
SELECT 'A' as data FROM dual UNION ALL
SELECT 'AB' FROM dual UNION ALL
SELECT 'BA' FROM dual UNION ALL
SELECT 'BAC' FROM dual;
```

用 regexp_like 对应普通的 like 来对比如下所示。

① regexp_like(data, 'A')对应普通的 like '%A%'。

```
SQL> select * from v5_6_2 where regexp_like(data, 'A');

DATA
--------------------
A
AB
BA
BAC
```

```
4 rows selected
```

② 前面加“^”regexp_like(data, '^A')对应普通的 like 'A%'，没有了前模糊查询。

```
SQL> select * from v5_6_2 where regexp_like(data, '^A');

DATA
--------------------
A
AB

2 rows selected
```

③ 后面加“$”regexp_like(data, 'A$')对应普通的 like '%A'，没有了后模糊查询。

```
SQL> select * from v5_6_2 where regexp_like(data, 'A$');

DATA
--------------------
A
BA

2 rows selected
```

④ 前后各加上“^$”regexp_like(data, '^A$')对应普通的 like 'A'，变成了精确查询。

```
SQL> select * from v5_6_2 where regexp_like(data, '^A$');

DATA
--------------------
A

1 row selected
```

另一个概念是“+”与“*”。'+'表示匹配前面的子表达式一次或多次；'*'表示匹配前面的子表达式零次或多次。

我们用另一个例子来理清这几个关系。

```
CREATE OR REPLACE VIEW v5_6_3 AS
SELECT '167' AS str FROM dual union all
SELECT '1234567' AS str FROM dual;
```

```
SQL> select * from v5_6_3;

STR
-------
167
1234567

2 rows selected
```

regexp_like(str,'16+') 加号前的子表达式是“6”，至少匹配 6 一次，也就相当于（like '16%' or like '166%' or ..），等价于 like '16%'。

regexp_like(str,'16+') 加号前的子表达式也是“6”，至少匹配 6 零次，也就相当于（like '1%' or like '16%' or ..），等价于 like '1%'。

所以这两个条件的结果分别为：

```
SQL> SELECT * FROM v5_6_3 WHERE regexp_like(str,'16+');

STR
-------
167

1 row selected

SQL> SELECT * FROM v5_6_3 WHERE regexp_like(str,'16*');

STR
-------
167
1234567

2 rows selected
```

那么当“+”“*”“^$”组合之后呢？我们再来看一个例子：

```
DROP TABLE T5_6 PURGE;
CREATE TABLE T5_6 AS
SELECT *
  FROM (WITH x0 AS (SELECT LEVEL AS lv FROM dual CONNECT BY LEVEL <= 3)
          SELECT REPLACE(sys_connect_by_path(lv, ','), ',') AS s
            FROM x0
          CONNECT BY nocycle PRIOR lv <> lv)
```

```
where length(s) <= 2;
insert into t5_6 values(null);

SQL> select * from t5_6;

s
-----
1
12
13
2
21
23
3
31
32
null

10 rows selected
```

看了刚刚讲述的“+”“*”的区别，那么下面这两句结果有没有区别呢？

```
SELECT * FROM t5_6 WHERE regexp_like(s,'^[12]+$');
SELECT * FROM t5_6 WHERE regexp_like(s,'^[12]*$');
```

可能很多人都认为这两句的结果应该不一样，我们来运行一下：

```
SQL> SELECT * FROM t5_6 WHERE regexp_like(s,'^[12]+$');

s
-----
1
12
2
21

4 rows selected

SQL> SELECT * FROM t5_6 WHERE regexp_like(s,'^[12]*$');

s
-----
1
```

```
12
2
21

4 rows selected
```

是否有些意外？我们来看两个表达式对应的 like 应该是什么。

regexp_like(s,'^[12]+$')对应的是：

(s LIKE '1' OR s LIKE '2' OR s LIKE '11' OR s LIKE '22' OR s LIKE '12' OR s LIKE '21')
而 regexp_like(s,'^[12]*$')对应的是：

(s LIKE '1' OR s LIKE '2' OR s LIKE '11' OR s LIKE '22' OR s LIKE '12' OR s LIKE '21' OR s LIKE '')

因为“*”可以匹配零次，所以多了一个条件 OR s LIKE ''，但我们在前面讲过，在这种条件里，空字符串等价于 NULL。而 NULL 是不能用 LIKE 来比较的，所以这个条件不会返回值。

```
SQL> SELECT count(*) FROM t5_6 WHERE s LIKE '';

  COUNT(*)
----------
         0

1 row selected
```

那么最终结果就是这两个语句返回的结果一样。

5.7 提取姓名的大写首字母缩写

本例要求返回下面 VIEW 中的大写字母，中间加“.”，显示为“M.H”：

```
CREATE OR REPLACE VIEW v5_7 AS
SELECT 'Michael Hartstein' AS a1 FROM dual;
```

我们可以利用 regexp_replace 的分组替换功能：

```
SQL>   SELECT   regexp_replace(a1,   '([A-Z])([^A-Z]*)([A-Z])([^A-Z,]*)',
'\1.\3') AS sx FROM v5_7;
```

```
SX
---
M.H

1 row selected
```

括号( )将子表达式分组为一个替换单元、量词单元或后向引用单元。

在这个查询中，我们用()把对应的字符串分成了四组，各组说明如下。

([A-Z])	第一组，匹配一个大写字母	Michael Hartstein	M
([^A-Z]*)	第二组，匹配零个以上的不是大写字母的字符	Michael Hartstein	ichael
([A-Z])	第三组，匹配一个大写字母	Michael Hartstein	H
([^A-Z,]*)	第四组，匹配零个以上的不是大写字母且不是逗号的字符	Michael Hartstein	artstein

取第一组(\1)与第三组(\3)，中间加上“.”就是我们需要的结果。

我们可以更改数据，包含多个人名，中间用逗号分隔：

```
CREATE OR REPLACE VIEW v5_7_2 AS
SELECT 'Michael Hartstein,Douglas Grant' AS a1 FROM dual;

SQL>  SELECT  regexp_replace(a1,  '([A-Z])([^A-Z]*)([A-Z])([^A-Z,]*)',
'\1.\3') AS sx FROM v5_7_2;

SX
--------
M.H,D.G

1 row selected.
```

因为第四组正则不匹配逗号，所以该语句实际是把上面的每个人名都按四组来处理。

5.8　根据表中的行创建一个分隔列表

本例要求将 emp 表中的 ename 用逗号间隔合并在一起显示。如：CLARK,KING,MILLER。

可能很多人已使用过 wmsys.wm_concat 函数，但 wmsys.wm_concat 是一个非公开函数，具有不确定性（10G 中返回类型是 varchar，11.2 中返回类型是 clob）。从 Oracle 11.2

开始就有了分析函数 listagg。为了便于理解，下面将它与普通函数做一个类比：

```
SELECT deptno,
       SUM(sal) AS total_sal,
       listagg(ename, ',') within GROUP(ORDER BY ename) AS totoal_ename
  FROM emp
 GROUP BY deptno;

   DEPTNO TOTAL_SAL TOTOAL_ENAME
--------- --------- ----------------------------------------
       10      8750 CLARK,KING,MILLER
       20     10875 ADAMS,FORD,JONES,SCOTT,SMITH
       30      9400 ALLEN,BLAKE,JAMES,MARTIN,TURNER,WARD

3 rows selected.
```

如上结果所示，同 sum 一样，listagg 在这里起汇总的作用。sum 数值结果加在一起，而 listagg 是把字符串结果连在一起。

5.9 提取第 *n* 个分隔的子串

首先建立如下视图：

```
CREATE OR REPLACE VIEW v5_9 AS
SELECT listagg(ename, ',') within GROUP(ORDER BY ename) AS NAME
  FROM emp
 WHERE deptno IN (10, 20)
 GROUP BY deptno;

SQL> select * from v5_9;

NAME
------------------------------
CLARK,KING,MILLER
ADAMS,FORD,JONES,SCOTT,SMITH

2 rows selected
```

上面各行中的字符串用逗号分隔，现要求将其中的第二个子串 larry 与 gina 取出来。

没有正则表达式之前需要找到逗号的对应位置，然后对字符串进行截取：

```
SELECT NAME,
       第二个逗号后的位置,
       第三个逗号的位置,
       长度,
       substr(NAME, 第二个逗号后的位置, 长度) AS 子串
  FROM (SELECT NAME,
               instr(src.name, ',', 1, 2) + 1 AS 第二个逗号后的位置,
               instr(src.name, ',', 1, (2 + 1)) AS 第三个逗号的位置,
               instr(src.name, ',', 1, (2 + 1)) - instr(src.name, ',', 1, 2)
- 1 AS 长度
          FROM (SELECT ',' || NAME || ',' AS NAME FROM v5_9) src) x;

NAME                           第二个逗号后的位置  第三个逗号的位置    长度   子串
------------------------ --------------- -------------- ------- -------
,CLARK,KING,MILLER,                      8             12       4 KING
,ADAMS,FORD,JONES,SCOTT,SMITH,           8             12       4 FORD

2 rows selected.
```

如果上面的语句不易理解，那么与下面各字符的位置对比一下就清楚了。

,	C	L	A	R	K	,	K	I	N	G	,	M	I	L	L	E	R	,
1	2	3	4	5	6	7	8	9	10	11	12	13	14	15	16	17	18	19

而用正则函数 regexp_substr 就要简单得多：

```
SELECT regexp_substr(name, '[^,]+', 1, 2) AS 子串 FROM v5_9;

子串
----------
KING
FORD

2 rows selected
```

参数 2：“^”在方括号里表示否的意思，+表示匹配 1 次以上，'[^,]+'表示匹配不包含逗号的多个字符，也就是本节 VIEW 中的各个子串。

参数 3：1 表示从第一个字符开始。

参数 4：2 表示第二个能匹配'[^,]+'的字符串，也就是 KING 与 FORD。

5.10 分解 IP 地址

本例要求把 IP 地址“192.168.1.118”中的各段取出来，用前面学到的方法，参数 4 分别取 1、2、3、4 即可：

```
SELECT regexp_substr(ip, '[^.]+', 1, 1) a,
       regexp_substr(ip, '[^.]+', 1, 2) b,
       regexp_substr(ip, '[^.]+', 1, 3) c,
       regexp_substr(ip, '[^.]+', 1, 4) d
  FROM (SELECT '192.168.1.118' AS ip FROM dual);

A     B     C     D
----- ----- ----- -----
192   168   1     118
```

这是分拆字符常用的语句。

5.11 将分隔数据转换为多值 IN 列表

假设前端传入了一个字符串列表（如：CLARK,KING,MILLER），要求根据这个串查询数据：

```
SELECT * FROM emp WHERE ename IN (...);
```

直接把' CLARK,KING,MILLER'代入肯定是查询不到数据的。

```
SQL> SELECT * FROM emp WHERE ename IN ('CLARK,KING,MILLER');
```

未选定行

我们需要做转换。这是正则表达式的优势。

为了便于调用，我们先建一个视图：

```
CREATE OR REPLACE VIEW v5_11 AS
SELECT 'CLARK,KING,MILLER' AS emps FROM dual;
```

结合前面所讲的知识，正则表达式如下：

```
SELECT regexp_substr(emps, '[^,]+', 1, LEVEL) AS ename,
```

```
        LEVEL,
        'regexp_substr(''' || emps || ''', ''[^,]+'', 1, ' || to_char(LEVEL)
|| ')' AS reg
    FROM v5_11
  CONNECT BY LEVEL <= (length(translate(emps, ',' || emps, ',')) + 1);

  ENAME          LEVEL REG
  -------- ---------- ----------------------------------------------------
  CLARK              1 regexp_substr('CLARK,KING,MILLER', '[^,]+', 1, 1)
  KING               2 regexp_substr('CLARK,KING,MILLER', '[^,]+', 1, 2)
  MILLER             3 regexp_substr('CLARK,KING,MILLER', '[^,]+', 1, 3)

  3 rows selected.
```

为了便于理解，我们多显示了伪列 level，及每行对应的正则表达式 [^,]+，表示对应一个不包含逗号的字符串，最后一个参数表示分别取第 1、2、3 三个串。

那么结合这个语句就可以达到本例的需求。

```
  var v_emps varchar2(50);
  exec :v_emps := 'CLARK,KING,MILLER';
  SELECT deptno, ename, empno FROM emp WHERE ename IN
   (
   SELECT regexp_substr(:v_emps, '[^,]+', 1, LEVEL) AS ename
     FROM dual
   CONNECT BY LEVEL <= (length(translate(:v_emps, ',' || :v_emps, ',')) + 1)
   );

     DEPTNO ENAME        EMPNO
  --------- -------- -------
         10 CLARK         7782
         10 MILLER        7934
         10 KING          7839

  3 rows selected.
```

5.12　组合去重

我们有时会看到对组合进行去重的需求，如下面数据：

```
CREATE OR REPLACE VIEW v5_12 AS
SELECT '白菜,猪肉' AS c1 FROM dual
UNION ALL
SELECT '土豆,牛肉' AS c1 FROM dual
UNION ALL
SELECT '牛肉,土豆' AS c1 FROM dual;
```

牛肉与土豆的组合有两条，而我们只需要一条，我们用上节的技巧来处理。

1. 拆分出各成员

```
var v_c1 varchar2;
exec :v_c1 := '土豆,牛肉';
SELECT regexp_substr(:v_c1, '[^,]+', 1, LEVEL) AS c1
  FROM dual
CONNECT BY LEVEL <= regexp_count(:v_c1, ',') + 1;

C1
------------
土豆
牛肉
```

2. 按顺序合并成员

```
SELECT  listagg(regexp_substr(:v_c1,  '[^,]+',  1,  LEVEL),  ',')  within
GROUP(ORDER BY regexp_substr(:v_c1, '[^,]+', 1, LEVEL))
  FROM dual
CONNECT BY LEVEL <= regexp_count(:v_c1, ',') + 1;

LISTAGG(REGEXP_SUBSTR(:V_C1,'[
--------------------------------------------------------------------------------
牛肉,土豆
```

3. 处理全表数据

```
SELECT c1,
       (SELECT listagg(regexp_substr(c1, '[^,]+', 1, LEVEL), ',') within
GROUP(ORDER BY regexp_substr(c1, '[^,]+', 1, LEVEL))
          FROM dual
        CONNECT BY LEVEL <= regexp_count(c1, ',') + 1) AS c2
```

```
  FROM v5_12;

C1        C2
--------- ---------------
白菜,猪肉  白菜,猪肉
土豆,牛肉  牛肉,土豆
牛肉,土豆  牛肉,土豆
3 rows selected
```

可以看到 C2 已是整理后的数据，可以愉快地去重了。

第 6 章 使用数字

6.1 常用聚集函数

```
SELECT deptno,
       AVG(sal) AS 平均值,
       MIN(sal) AS 最小值,
       MAX(sal) AS 最大值,
       SUM(sal) 工资合计,
       COUNT(*) 总行数,
       COUNT(comm) 获得提成的人数,
       AVG(comm) 错误的人均提成算法,
       AVG(coalesce(comm, 0)) 正确的人均提成 /*需要把空值转换为 0*/
  FROM emp
 GROUP BY deptno;
```

```
DEPTNO     平均值  最小值  最大值  工资合计  总行数 获得提成的人数 错误的人均提成算法 正确的人均提成
------ --------- ------ ----- -------- ------ ----------- ---------------- ----------
    30 1566.66667    950  2850     9400      6           4             550 366.666667
    20       2175    800  3000    10875      5           0                          0
    10 2916.66667   1300  5000     8750      3           0                          0

3 rows selected.
```

聚集函数需要注意的一点就是：聚集函数会忽略空值，当数据不全为空时对 sum 等来说没什么影响，但对 avg、count 来说就可能会出现预料之外的结果。所以要根据需求决定是否把空值转为零。

注意，当表中没有数据时，不加 group by 会返回一行数据，但加了 group by 会没有数据返回。

建立空表：

```
SQL> create table emp2 as select * from scott.emp where 1=2;

表已创建。
```

没有 group by：

```
SQL> select count(*) as cnt,sum(sal) as sum_sal from emp2 where deptno = 10;

       CNT    SUM_SAL
---------- ----------
         0 null

1 rows selected
```

有 group by：

```
SQL> select count(*) as cnt,sum(sal) as sum_sal from emp2 where deptno = 10
group by deptno;

未选定行
```

因此，当你在错误的地点错误地增加了 group by，Oracle 就会报错：

```
SQL> DECLARE
  2    v_sal emp2.sal%TYPE;
  3  BEGIN
  4    SELECT SUM(sal) INTO v_sal FROM emp2 WHERE deptno = 10 GROUP BY deptno;
```

```
  5    dbms_output.put_line('v_sal=' || v_sal);
  6  END;
  7  /
DECLARE
  v_sal emp2.sal%TYPE;
BEGIN
  SELECT SUM(sal) INTO v_sal FROM emp2 WHERE deptno = 10 GROUP BY deptno;
  dbms_output.put_line('v_sal=' || v_sal);
END;
ORA-01403: 未找到任何数据
ORA-06512: 在 line 4
```

这个地方并不需要有 group by:

```
SQL> DECLARE
  2    v_sal emp2.sal%TYPE;
  3  BEGIN
  4    SELECT SUM(sal) INTO v_sal FROM emp2 WHERE deptno = 10;
  5    dbms_output.put_line('v_sal=' || v_sal);
  6  END;
  7  /
v_sal=
PL/SQL procedure successfully completed
```

6.2 列转行

UNION ALL 可以把同表或不同表的数据通过两个或两个以上的语句上下拼在一起:

```
SELECT ename,
       empno,
       sal,
       deptno
  FROM emp
 WHERE deptno = 10
UNION ALL
SELECT first_name || ' ' || last_name AS ename,
       employee_id AS empno,
       salary,
       department_id AS sal
  FROM hr.employees
 WHERE department_id = 20;
```

```
ENAME                  EMPNO     SAL
-------------------- ------- -------
CLARK                   7782    2450
KING                    7839    5000
MILLER                  7934    1300
Michael Hartstein        201   13000
Pat Fay                  202    6000

5 rows selected.
```

而当我们把同一个表中的不同列使用 UNION ALL 拼在一起时，就是我们常说的列转行：

```
SELECT employee_id,
       'first_name' AS col,
       first_name
  FROM hr.employees
 WHERE department_id = 20
UNION ALL
SELECT employee_id,
       'last_name',
       last_name
  FROM hr.employees
 WHERE department_id = 20
 ORDER BY 1, 2;

EMPLOYEE_ID COL        FIRST_NAME
----------- ---------- -------------------------
        201 first_name Michael
        201 last_name  Hartstein
        202 first_name Pat
        202 last_name  Fay

4 rows selected.
```

6.3　行转列

行转列是一个常用的功能，在处理数据或配置报表时会经常用到，如下图所示。

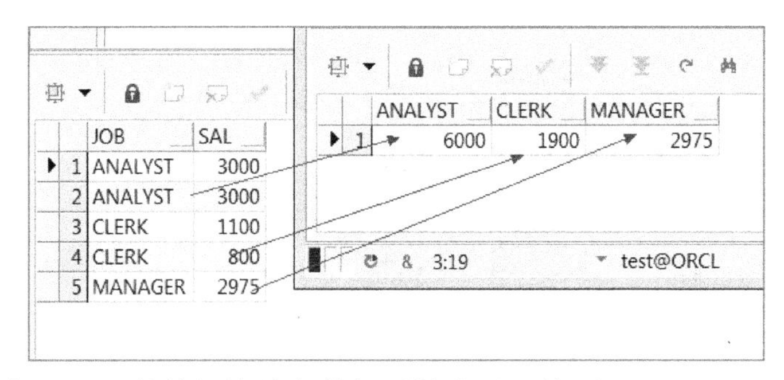

行转列是指把不同行的数据按给定的规则转为不同的列。

我们通过分拆的方式来学习行转列，看下原数据：

```
SELECT job, sal FROM emp WHERE deptno = 20 ORDER BY job;

JOB              SAL
----------- -------
ANALYST         3000
ANALYST         3000
CLERK           1100
CLERK            800
MANAGER         2975

5 rows selected.
```

首先需要使用条件表达式增加需要的数据列：

```
SELECT CASE job WHEN 'ANALYST' THEN sal END AS analyst,
       CASE job WHEN 'CLERK'   THEN sal END AS clerk,
       CASE job WHEN 'MANAGER' THEN sal END AS manager
  FROM emp
 WHERE deptno = 20
 ORDER BY job;

   ANALYST      CLERK    MANAGER
---------- ---------- ----------
      3000
      3000
                 1100
                  800
                            2975

5 rows selected.
```

然后把数据汇总：

```
SELECT SUM(CASE job WHEN 'ANALYST' THEN sal END) AS analyst,
       SUM(CASE job WHEN 'CLERK'   THEN sal END) AS clerk,
       SUM(CASE job WHEN 'MANAGER' THEN sal END) AS manager
  FROM emp
 WHERE deptno = 20;

   ANALYST      CLERK    MANAGER
---------- ---------- ----------
      6000       1900       2975
```

特别注意上面语句 SUM 的位置，我们应对条件表达式的结果求和，所以应把条件表达式放在 SUM 里面，而不仅仅是 SUM(SAL)：

```
SELECT CASE job WHEN 'ANALYST' THEN SUM(sal) END AS analyst,
       CASE job WHEN 'CLERK'   THEN SUM(sal) END AS clerk,
       CASE job WHEN 'MANAGER' THEN SUM(sal) END AS manager
  FROM emp
  5   WHERE deptno = 20;
SELECT CASE job WHEN 'ANALYST' THEN SUM(sal) END AS analyst,
            *
ERROR at line 1:
ORA-00937: not a single-group group function
```

这种简单的条件表达式也可以直接使用 DECODE 函数：

```
SELECT SUM(DECODE(job,'ANALYST',sal)) AS analyst,
       SUM(DECODE(job,'CLERK'  ,sal)) AS clerk,
       SUM(DECODE(job,'MANAGER',sal)) AS manager
  FROM emp
 WHERE deptno = 20;
```

6.4　生成累计和

假设公司就是按 EMP 表中的信息来发工资的，那么 HIREDATE 对应的时点应该发多少工资？

```
SELECT empno    AS 编号,
       ename    AS 姓名,
       sal      AS 工资,
       hiredate AS 聘用日期
  FROM emp
```

```
 WHERE deptno = 30
 ORDER BY 聘用日期;

  编号 姓名              工资       聘用日期
----- -------- -------- -----------
 7499 ALLEN          1600  1981-02-20
 7521 WARD           1250  1981-02-22
 7698 BLAKE          2850  1981-05-01
 7844 TURNER         1500  1981-09-08
 7654 MARTIN         1250  1981-09-28
 7900 JAMES           950  1981-12-03

6 rows selected
```

第二行应该是 1600+1250，第三行是 1600+1250+2850，依此类推。我们可以这样写语句：

```
SELECT empno AS 编号,
       ename AS 姓名,
       sal AS 工资,
       hiredate AS 聘用日期,
       (SELECT SUM(b.sal)
          FROM emp b
         WHERE b.deptno = 30
           AND b.hiredate <= a.hiredate) AS 合计工资
  FROM emp a
 WHERE deptno = 30
 ORDER BY 聘用日期;

 编号  姓名              工资        聘用日期         合计工资
----- ---------- ------- ----------- -----------
 7499 ALLEN          1600   1981-02-20         1600
 7521 WARD           1250   1981-02-22         2850
 7698 BLAKE          2850   1981-05-01         5700
 7844 TURNER         1500   1981-09-08         7200
 7654 MARTIN         1250   1981-09-28         8450
 7900 JAMES           950   1981-12-03         9400

6 rows selected
```

或者：

```
SELECT a.empno AS 编号,
       a.ename AS 姓名,
```

```
       a.sal AS 工资,
       a.hiredate AS 聘用日期,
       SUM(b.sal) AS 合计工资
  FROM emp a,
       emp b
 WHERE a.deptno = 30
   AND b.hiredate >= a.hiredate
   AND b.deptno = 30
 GROUP BY a.empno, a.ename, a.sal, a.hiredate
 ORDER BY 聘用日期;
```

两种方式都有点麻烦，而且很多人也会认为第二种方式易读性不好。在 Oracle 及很多数据库中都支持**分析函数**，可以在对 EMP 只读取一遍的情况下通过分析计算得到需要的数据。

```
SELECT empno AS 编号,
       ename AS 姓名,
       sal AS 工资,
       hiredate AS 聘用日期,
       SUM(sal) over(ORDER BY hiredate) AS 合计工资
  FROM emp
 WHERE deptno = 30
 ORDER BY 聘用日期;
```

里面的分析函数是指“SUM(sal) over(ORDER BY hiredate)”这个组合。让我们通过 PLAN 来看下它干了什么：

```
SELECT * FROM TABLE(dbms_xplan.display_cursor(NULL, 0, 'ALL-NOTE-ALIAS'));

Plan hash value: 3145491563

----------------------------------------------------------------------------
| Id  | Operation          | Name | Rows  | Bytes | Cost (%CPU)| Time     |
----------------------------------------------------------------------------
|   0 | SELECT STATEMENT   |      |       |       |     3 (100)|          |
|   1 |  WINDOW SORT       |      |     6 |   330 |     3   (0)| 00:00:01 |
|*  2 |   TABLE ACCESS FULL| EMP  |     6 |   330 |     3   (0)| 00:00:01 |
----------------------------------------------------------------------------

Predicate Information (identified by operation id):
---------------------------------------------------
```

```
   2 - filter("DEPTNO"=30)

Column Projection Information (identified by operation id):
-----------------------------------------------------------

   1 - (#keys=1) "HIREDATE"[DATE,7], "EMPNO"[NUMBER,22],
       "ENAME"[VARCHAR2,10],     "DEPTNO"[NUMBER,22],     "SAL"[NUMBER,22],
SUM("SAL")
       OVER ( ORDER BY "HIREDATE" RANGE  BETWEEN  UNBOUNDED  PRECEDING  AND
       CURRENT ROW )[22]
   2 - "EMPNO"[NUMBER,22], "ENAME"[VARCHAR2,10], "HIREDATE"[DATE,7],
       "SAL"[NUMBER,22], "DEPTNO"[NUMBER,22]

31 rows selected.
```

我们的原始语句：

```
SUM(sal) over(ORDER BY hiredate)
```

转换成了：

```
SUM("SAL") OVER (ORDER BY "HIREDATE" RANGE  BETWEEN  UNBOUNDED  PRECEDING
AND  CURRENT ROW )
```

这个语句前面的 SUM("SAL")容易理解，就是对 sal 求和。后面分为以下三部分。

① ORDER BY "EMPNO"：按 EMPNO 排序。

② RANGE：指按数值范围分析。

③ BETWEEN UNBOUNDED PRECEDING AND CURRENT ROW：BETWEEN…AND…子句，表示区间从 UNBOUNDED PRECEDING（第一行）到 CURRENT ROW（当前行）。

以分析到第三行时为例，上面三处的意思加在一起就是：

```
SELECT  SUM(sal)  FROM  emp  WHERE  hiredate  <=  to_date('1981-05-01',
'YYYY-MM-DD');
```

有时我们需要对数据分组处理，比如 EMP 的三个部门分别累计。可以加入参数 PARTITION BY：

```
SELECT deptno AS 部门编码,
```

```
       empno AS 编号,
       ename AS 姓名,
       sal AS 工资,
       hiredate AS 聘用日期,
       SUM(sal) over(PARTITION BY deptno ORDER BY hiredate) AS 合计工资
  FROM emp;
 部门编码       编号 姓名                 工资 聘用日期              合计工资
--------- --------- ---------- -------- ------------------- ----------
       10      7782 CLARK          2450 1981-06-09 00:00:00       2450
       10      7839 KING           5000 1981-11-17 00:00:00       7450
       10      7934 MILLER         1300 1982-01-23 00:00:00       8750
       20      7369 SMITH           800 1980-12-17 00:00:00        800
       20      7566 JONES          2975 1981-04-02 00:00:00       3775
       20      7902 FORD           3000 1981-12-03 00:00:00       6775
       20      7788 SCOTT          3000 1982-12-09 00:00:00       9775
       20      7876 ADAMS          1100 1983-01-12 00:00:00      10875
       30      7499 ALLEN          1600 1981-02-20 00:00:00       1600
       30      7521 WARD           1250 1981-02-22 00:00:00       2850
       30      7698 BLAKE          2850 1981-05-01 00:00:00       5700
       30      7844 TURNER         1500 1981-09-08 00:00:00       7200
       30      7654 MARTIN         1250 1981-09-28 00:00:00       8450
       30      7900 JAMES           950 1981-12-03 00:00:00       9400

14 rows selected.
```

6.5 累计与重复值

当分析函数的 ORDER BY 后面的列有重复数据时，可能得到的结果与期望的不一致，比如我想用 5000 来雇佣员工，看最多能雇佣几个人。为了把问题一起显示出来，我们直接用条件<=6000：

```
SELECT *
  FROM (SELECT ename,
               empno,
               sal,
               SUM(sal) over(ORDER BY sal) AS add_sal
          FROM emp)
 WHERE add_sal <= 6000;
```

```
ENAME            EMPNO        SAL    ADD_SAL
---------- ---------- ---------- ----------
SMITH             7369        800        800
JAMES             7900        950       1750
ADAMS             7876       1100       2850
WARD              7521       1250       5350
MARTIN            7654       1250       5350

5 rows selected.
```

可以看到，如果我们按 5000 算，就会少一名工资 1250 的员工。原因是分析函数用 <=1250 计算时会查询到两条数据。这时我们可以用增加排序列**使排序数据不重复**的方式解决：

```
SELECT *
  FROM (SELECT ename,
               empno,
               sal,
               SUM(sal) over(ORDER BY sal, ename) AS add_sal
          FROM emp)
 WHERE add_sal <= 6000;

ENAME            EMPNO        SAL    ADD_SAL
---------- ---------- ---------- ----------
SMITH             7369        800        800
JAMES             7900        950       1750
ADAMS             7876       1100       2850
MARTIN            7654       1250       4100
WARD              7521       1250       5350

5 rows selected.
```

也可以更改默认的关键字“RANGE”为“ROWS”：

```
SELECT *
  FROM (SELECT ename,
               empno,
               sal,
               SUM(sal) over(ORDER BY sal rows between unbounded preceding and
current row) AS add_sal
          FROM emp)
 WHERE add_sal <= 6000;
```

结果会同上面一样。

6.6　生成排名

配制报表时可能会遇到生成排名的需求，比如查看员工的工资排名。排名时需要注意的是重复数据，对于重复数据有三种排名方式：

```
SELECT deptno,
       empno,
       sal,
       row_number() over(PARTITION BY deptno ORDER BY sal DESC) AS row_number,
       rank() over(PARTITION BY deptno ORDER BY sal DESC) AS rank,
       dense_rank() over(PARTITION BY deptno ORDER BY sal DESC) AS dense_rank
  FROM emp
 WHERE deptno = 20;

    DEPTNO      EMPNO        SAL ROW_NUMBER       RANK DENSE_RANK
---------- ---------- ---------- ---------- ---------- ----------
        20       7788       3000          1          1          1
        20       7902       3000          2          1          1
        20       7566       2975          3          3          2
        20       7876       1100          4          4          3
        20       7369        800          5          5          4

5 rows selected.
```

因为工资为 3000 的员工有两个，所以排序有三种方式：顺序、同名跳号、同名不跳号。

查询中分别用了分析函数 ROW_NUMBER、RANK、DENSE_RANK 来分组(PARTITION BY deptno）生成排名。

ROW_NUMBER 会生成序号 1、2、3。

RANK 相同的工资会生成同样的序号，而且其后的序号与 ROW_NUMBER 相同（empno=7566，生成的序号是 3）。

DENSE_RANK 相同的工资会生成同样的序号，而且其后的序号递增（empno=7566，生成的序号是 2）。

实际查询时使用哪一个函数，要确认好需求再定。

6.7 返回最值对应信息

有时我们需要的不是最大最小值，而是要求返回其对应的信息，如返回各部门工资最高的员工姓名。

我们可以按上节的方法取排名第一的数据：

```
SELECT deptno, ename, empno, sal
  FROM (SELECT deptno,
               ename,
               empno,
               sal,
               rank() over(PARTITION BY deptno ORDER BY sal DESC) AS rank
          FROM emp)
 WHERE rank = 1;

    DEPTNO ENAME           EMPNO     SAL
---------- ---------- ---------- -------
        10 KING             7839    5000
        20 SCOTT            7788    3000
        20 FORD             7902    3000
        30 BLAKE            7698    2850

4 rows selected.
```

部门 20 最高工资对应的有两个人，我们这里通过函数 RANK 返回了两条。

如果我们的需求是只显示一条，可以使用另一个函数：

```
SELECT deptno,
       MAX(sal) AS max_sal,
       MAX(ename) keep(dense_rank LAST ORDER BY sal) AS max_name,
       MIN(ename) keep(dense_rank LAST ORDER BY sal) AS min_name,
       to_char(wm_concat(ename) keep(dense_rank LAST ORDER BY sal)) AS
all_name
  FROM emp
 GROUP BY deptno;

    DEPTNO    MAX_SAL MAX_NAME   MIN_NAME   ALL_NAME
---------- ---------- ---------- ---------- ---------------
```

```
        10        5000 KING          KING          KING
        20        3000 SCOTT         FORD          SCOTT,FORD
        30        2850 BLAKE         BLAKE         BLAKE

3 rows selected.
```

这个函数可以分两部分来理解，KEEP()返回对应 DENSE_RANK 函数取值为 1 的数据，而前面的聚合函数在 KEEP()的基础上进一步处理。

这个函数可以把得到的数据与明细一起显示：

```
SELECT deptno,
       ename,
       empno,
       sal,
       MAX(ename) keep(dense_rank LAST ORDER BY sal) over(PARTITION BY deptno)
AS name_of_max_sal
  FROM emp
 WHERE deptno = 10;

    DEPTNO ENAME           EMPNO        SAL NAME_OF_MAX_SAL
---------- ---------- ---------- ---------- --------------------
        10 CLARK            7782       2450 KING
        10 KING             7839       5000 KING
        10 MILLER           7934       1300 KING

3 rows selected.
```

6.8　求总和的百分比

如下面的表格所示，要求计算各部门的工资合计，以及该合计工资占总工资的比例。

部　门	工资合计	工资比例
10	8750	8750/(8750+10875+8400)=30.15
20	10875	10845/(8750+10875+8400)=37.47
30	9400	9400/(8750+10875+8400)=32.39

其中的工资合计很简单，直接用 group by 语句就可以得到。要点在于总工资合计，需要用到分析函数：sum()和 over ()。

当 over()后不加任何内容时，就是对所有的数据进行汇总，步骤如下。

1．分组汇总

```
SQL> SELECT deptno, SUM(sal) 工资合计 FROM emp GROUP BY deptno;

DEPTNO       工资合计
------   -------------
    30            9400
    20           10875
    10            8750

3 rows selected
```

2．通过分析函数获取总合计

```
SELECT deptno, 工资合计, SUM(工资合计) over() AS 总合计
  FROM (SELECT deptno, SUM(sal) 工资合计 FROM emp GROUP BY deptno) x;

    DEPTNO       工资合计      总合计
---------- ---------- ----------
        30       9400      29025
        20      10875      29025
        10       8750      29025

3 rows selected.
```

3．得到总合计后就可以计算比例

```
SELECT deptno AS 部门,
       工资合计,
       总合计,
       round((工资合计 / 总合计) * 100, 2) AS 工资比例
  FROM (SELECT deptno, 工资合计, SUM(工资合计) over() AS 总合计
          FROM (SELECT deptno, SUM(sal) 工资合计 FROM emp GROUP BY deptno) x) y
 ORDER BY 1;

        部门       工资合计         总合计       工资比例
---------- ---------- ---------- ----------
        10       8750      29025      30.15
        20      10875      29025      37.47
```

```
       30       9400       29025       32.39

3 rows selected.
```

另外，我们也可以用专用的比例函数“ratio_to_report”来直接计算。

```
SQL> SELECT deptno, round(ratio_to_report(工资合计) over() * 100, 2) AS 工
资比例
  2   FROM (SELECT deptno, SUM(sal) 工资合计 FROM emp GROUP BY deptno)
  3  ORDER BY 1;

DEPTNO      工资比例
------ ----------
    10       30.15
    20       37.47
    30       32.39

3 rows selected
```

同其他分析函数一样，可以使用 PARTITION BY 分组计算，如查询各员工占本部门的工资比例：

```
SELECT deptno,
       empno,
       ename,
       sal,
       round(ratio_to_report(sal) over(PARTITION BY deptno) * 100, 2) AS 工
资比例
  FROM emp
 ORDER BY 1, 2;

    DEPTNO      EMPNO ENAME             SAL      工资比例
---------- ---------- ---------- ---------- ----------
        10       7782 CLARK            2450         28
        10       7839 KING             5000      57.14
        10       7934 MILLER           1300      14.86
        20       7369 SMITH             800       7.36
        20       7566 JONES            2975      27.36
        20       7788 SCOTT            3000      27.59
        20       7876 ADAMS            1100      10.11
        20       7902 FORD             3000      27.59
        30       7499 ALLEN            1600      17.02
```

```
        30       7521 WARD                1250       13.3
        30       7654 MARTIN              1250       13.3
        30       7698 BLAKE               2850      30.32
        30       7844 TURNER              1500      15.96
        30       7900 JAMES                950      10.11

14 rows selected.
```

第 7 章 日期运算

7.1 日期类型

Oracle 中常用的时间类型有两个：DATE 和 TIMESTAMP。

DATE 精度到秒，TIMESTAMP 可以保存秒的小数：

```
SQL> select current_date,current_timestamp from dual;

CURRENT_DATE        CURRENT_TIMESTAMP
------------------- ------------------------------
2018-01-27 11:34:16 2018-01-27 11:34:16.089563
```

DATE 类型相减得到的结果为整型，单位是天。

TIMESTAMP 类型相减或 TIMESTAMP 与 DATE 相减得到的结果类型是 INTERVAL。

```
create view v7_1(diff1, diff2, diff3) as
SELECT SYSDATE - to_date('2018-01-24 05:30:11', 'yyyy-mm-dd hh24:mi:ss'),
       systimestamp - to_timestamp('2018-01-25 11:30:11.66', 'yyyy-mm-dd
hh24:mi:ssxff'),
       systimestamp - to_date('2018-01-24 05:30:11', 'yyyy-mm-dd hh24:mi:ss')
  FROM dual;

SQL> desc v7_1;
Name  Type                            Nullable Default Comments
----- ------------------------------- -------- ------- --------
DIFF1 INTEGER                         Y
DIFF2 INTERVAL DAY(9) TO SECOND(9) Y
DIFF3 INTERVAL DAY(9) TO SECOND(6) Y

select * from v7_1;

     DIFF1 DIFF2                         DIFF3
---------- ------------------------------ ------------------------------
3.25916667 +000000002 00:13:12.171730000  +000000003 06:13:12.831730
```

DATE 和 TIMESTAMP 两种类型加减一个数值得到的结果类型都是 DATE:

```
create view v7_2 as
SELECT SYSDATE + 1 as d1,
       systimestamp + 1 as d2
  FROM dual;

SQL> desc v7_2;
Name Type Nullable Default Comments
---- ---- -------- ------- --------
D1   DATE Y
D2   DATE Y

select * from v7_2;

D1                   D2
-------------------- --------------------
2018-01-28 12:05:25 2018-01-28 12:05:25
```

7.2 日期计算

如上节所述，Oracle 中日期可以直接进行计算，加 1 就是 1 天，那么 1/24 就是 1 小时，分与秒的加减类似：

```
SELECT hiredate,
       hiredate + 1 AS next_day,
       hiredate + 1 / 24 AS next_hour,
       hiredate + 5 / 24 / 60 / 60 AS next_second
  FROM emp
 WHERE rownum <= 1;

HIREDATE             NEXT_DAY             NEXT_HOUR            NEXT_SECOND
-------------------- -------------------- -------------------- ----------
1980-12-17 00:00:00  1980-12-18 00:00:00  1980-12-17 01:00:00 1980-12-17
00:00:05
```

7.3 时间间隔类型

如上节所述，TIMESTAMP 与数值加减后得到的是 DATE 类型，损失了精度。如果要保留精度可以改用时间间隔类型（INTERVAL）处理，我们可以通过函数 INTERVAL 来得到间隔值：

```
select INTERVAL '2' year as "year",
       INTERVAL '50' month as "month",
       INTERVAL '99' day as "day",/*最大只能用 99*/
       INTERVAL '80' hour as "hour",
       INTERVAL '90' minute as "minute",
       INTERVAL '3.15' second as "second",
       INTERVAL '2 12:30:59' DAY to second as "DAY to second",
       INTERVAL '13-3' year to month as "Year to month"
  from dual;
```

year	+02-00
month	+04-02
day	+99 00:00:00

hour	+03 08:00:00
minute	+00 01:30:00
second	+00 00:00:03.150000
DAY to second	+02 12:30:59.000000
Year to month	+13-03

则当前时间加一天可写为：

```
SELECT systimestamp + INTERVAL '1' DAY FROM dual;

SYSTIMESTAMP+INTERVAL'1'DAY
---------------------------------------
28-JAN-18 05.09.23.131911000 PM +08:00
```

当然，DATE 类型也可以通过 INTERVAL 进行计算，结果类型仍为 DATE：

```
SQL> SELECT sysdate + INTERVAL '1' DAY FROM dual;

SYSDATE+INTERVAL'1'
-------------------
2018-01-28 18:12:08

SQL> SELECT SYSDATE + INTERVAL '1.50' SECOND FROM dual;

SYSDATE+INTERVAL'1.
-------------------
2018-01-27 18:12:18
```

7.4 日期计算函数

在 Oracle 中，DATE 类型可以直接加减天数，而加减月份要用 add_months 函数：

```
SELECT hiredate,
       add_months(hiredate, -1) AS last_month,
       add_months(hiredate, 1 * 12) AS next_year
  FROM emp
 WHERE rownum <= 1;

HIREDATE            LAST_MONTH          NEXT_YEAR
------------------- ------------------- -------------------
```

```
1980-12-17 00:00:00 1980-11-17 00:00:00 1981-12-17 00:00:00
```

月份加减需要注意的问题：

```
SELECT d, add_months(d, -1) AS last_month
  FROM (SELECT DATE '2017-03-27' + LEVEL AS d
          FROM dual
        CONNECT BY LEVEL <= 4);

D                   LAST_MONTH
------------------- -------------------
2017-03-28 00:00:00 2017-02-28 00:00:00
2017-03-29 00:00:00 2017-02-28 00:00:00
2017-03-30 00:00:00 2017-02-28 00:00:00
2017-03-31 00:00:00 2017-02-28 00:00:00
```

如上所示，当计算上月同期时可能会重复计算 28 号的数据。

同理，计算去年同期时也会发生重复计算的现象，而且因四年一遇更难发现：

```
SELECT add_months(DATE '2016-02-28', 12) AS last_month FROM dual
UNION ALL
SELECT add_months(DATE '2016-02-29', 12) AS last_month FROM dual;

LAST_MONTH
-------------------
2017-02-28 00:00:00
2017-02-28 00:00:00
```

月份加减不能使用 INTERVAL 类型：

```
SELECT DATE '2018-01-01' + INTERVAL '1' MONTH FROM dual;

DATE'2018-01-01'+IN
-------------------
2018-02-01 00:00:00

SQL> SELECT DATE '2018-01-29' + INTERVAL '1' MONTH FROM dual;
SELECT DATE '2018-01-29' + INTERVAL '1' MONTH FROM dual
                                *
ERROR at line 1:
ORA-01839: date not valid for month specified
```

因为没有 2018-02-29，所以此时报错。

7.5 间隔月份

Oracle 两个 DATE 相减的结果以天为单位，如果想得到间隔的月份需要使用函数：

```
SQL> SELECT months_between(DATE '2018-03-01', DATE '2018-01-01') FROM dual;

MONTHS_BETWEEN(DATE'2018-03-01',DATE'2018-01-01')
--------------------------------------------------
                                                2
```

该函数同样有前面提到过的计算问题，使用的时候需要注意是否影响需求：

```
SELECT months_between(DATE '2018-03-31', DATE '2018-02-28') FROM dual
UNION ALL
SELECT months_between(DATE '2018-03-30', DATE '2018-02-28') FROM dual
UNION ALL
SELECT months_between(DATE '2018-03-29', DATE '2018-02-28') FROM dual
UNION ALL
SELECT months_between(DATE '2018-03-28', DATE '2018-02-28') FROM dual;

MONTHS_BETWEEN(DATE'2018-03-31',DATE'2018-02-28')
--------------------------------------------------
                                                1
                                       1.06451613
                                       1.03225806
                                                1

4 rows selected.
```

7.6 获取记录间的间隔时间

我们经常需要取记录间的间隔时间，比如公司想知道部门 20 招聘员工的间隔时间。JOINE 与 SMITH 之间的间隔就是 1981.04.02-1980.12.17。

我们可以通过生成的序号来关联取值：

```
/*取得序号*/
WITH v1 AS
 (SELECT rownum AS rn, ename, empno, hiredate
```

```
   FROM (SELECT ename,
               empno,
               hiredate
          FROM emp
         WHERE deptno = 20
         ORDER BY hiredate))
SELECT * FROM v1;

        RN ENAME           EMPNO HIREDATE
---------- ---------- ---------- ----------
         1 SMITH            7369 1980-12-17
         2 JONES            7566 1981-04-02
         3 FORD             7902 1981-12-03
         4 SCOTT            7788 1982-12-09
         5 ADAMS            7876 1983-01-12

5 rows selected.

/*通过序号关联取值*/
WITH v1 AS
 (SELECT rownum AS rn, ename, empno, hiredate
   FROM (SELECT ename,
               empno,
               hiredate
          FROM emp
         WHERE deptno = 20
         ORDER BY hiredate))
SELECT a.rn,
      a.ename,
      a.empno,
      a.hiredate,
      b.hiredate AS last_hiredate,
      a.hiredate - b.hiredate AS interval_day
  FROM v1 a,
      v1 b
 WHERE b.rn = a.rn - 1;

        RN ENAME           EMPNO HIREDATE   LAST_HIRED INTERVAL_DAY
---------- ---------- ---------- ---------- ---------- ------------
         2 JONES            7566 1981-04-02 1980-12-17          106
         3 FORD             7902 1981-12-03 1981-04-02          245
```

```
         4 SCOTT          7788 1982-12-09 1981-12-03          371
         5 ADAMS          7876 1983-01-12 1982-12-09           34

4 rows selected.
```

也可以通过 lag 分析函数直接取得上一个记录的信息：

```
SELECT deptno,
       ename,
       hiredate,
       lag(hiredate) over(ORDER BY hiredate) last_hd
  FROM emp
 WHERE deptno = 20;

    DEPTNO ENAME      HIREDATE   LAST_HD
---------- ---------- ---------- ----------
        20 SMITH      1980-12-17
        20 JONES      1981-04-02 1980-12-17
        20 FORD       1981-12-03 1981-04-02
        20 SCOTT      1982-12-09 1981-12-03
        20 ADAMS      1983-01-12 1982-12-09

5 rows selected.

SELECT ename,
       hiredate,
       last_hd,
       hiredate - last_hd AS interval_day
  FROM (SELECT deptno,
               ename,
               hiredate,
               lag(hiredate) over(ORDER BY hiredate) last_hd
          FROM emp
         WHERE deptno = 20);

ENAME      HIREDATE   LAST_HD    INTERVAL_DAY
---------- ---------- ---------- ------------
SMITH      1980-12-17
JONES      1981-04-02 1980-12-17          106
FORD       1981-12-03 1981-04-02          245
SCOTT      1982-12-09 1981-12-03          371
ADAMS      1983-01-12 1982-12-09           34
```

```
5 rows selected.
```

lag 和 lead 分别取前后的数据，如果记不住可以先看执行结果再决定用哪一个：

```
SELECT deptno,
       ename,
       lead(hiredate) over(ORDER BY hiredate) lead_hd,
       hiredate,
       lag(hiredate) over(ORDER BY hiredate) lag_hd
  FROM emp
 WHERE deptno = 20;

    DEPTNO ENAME      LEAD_HD    HIREDATE   LAG_HD
---------- ---------- ---------- ---------- ----------
        20 SMITH      1981-04-02 1980-12-17
        20 JONES      1981-12-03 1981-04-02 1980-12-17
        20 FORD       1982-12-09 1981-12-03 1981-04-02
        20 SCOTT      1983-01-12 1982-12-09 1981-12-03
        20 ADAMS                 1983-01-12 1982-12-09
```

第 8 章 日期操作

8.1 提取日期中的信息

经常看到有人因为不熟悉日期操作，获取相应信息的时候，要写很复杂的语句。下面举一个简单的例子。

```
SELECT hiredate,
       to_date(to_char(hiredate, 'yyyy-mm') || '-1', 'yyyy-mm-dd') AS
month_begin
  FROM emp
 WHERE rownum <= 1;

HIREDATE   MONTH_BEGIN
---------- ------------
1980-12-17 1980-12-01
```

其实在 Oracle 中要获取这个数据，只需要一个简单的函数就可以做到，而根本不需要多次转换：

```
SELECT hiredate, trunc(hiredate, 'mm') AS month_begin
 FROM emp
WHERE rownum <= 1;
```

下面列举几个常用的取值方式，希望对大家有用。

```
SELECT hiredate,
       to_number(to_char(hiredate, 'hh24')) 时,
       to_number(to_char(hiredate, 'mi')) 分,
       to_number(to_char(hiredate, 'ss')) 秒,
       to_number(to_char(hiredate, 'dd')) 日,
       to_number(to_char(hiredate, 'mm')) 月,
       to_number(to_char(hiredate, 'yyyy')) 年,
       to_number(to_char(hiredate, 'ddd')) 年内第几天,
       trunc(hiredate, 'dd') 一天之始,
       trunc(hiredate, 'day') 周初,
       trunc(hiredate, 'mm') 月初,
       last_day(hiredate) 月末,
       add_months(trunc(hiredate, 'mm'),1) 下月初,
       trunc(hiredate, 'yy') 年初,
       to_char(hiredate, 'day') 周几,
       to_char(hiredate, 'month') 月份
  FROM (SELECT hiredate + 30/24/60/60 + 20/24/60 + 5/24 AS hiredate FROM emp
WHERE ROWNUM <=1);
```

HIREDATE	1980-12-17 05:20:30
时	5
分	20
秒	30
日	17
月	12
年	1980
年内第几天	352
一天之始	1980-12-17
周初	1980-12-14

续表

HIREDATE	1980-12-17 05:20:30
月初	1980-12-01
月末	1980-12-31 05:20:30
下月初	1981-01-01
年初	1980-01-01
周几	星期三
月份	12 月

需要注意的是上面 last_day 的函数，该函数返回的值时、分、秒不变，如果用该函数返回值作为区间条件，会发生下面的情况。

```
SELECT last_day(d)
  FROM (SELECT to_date('1980-12-15 00:00:00', 'yyyy-mm-dd hh24:mi:ss') AS d
          FROM dual
        UNION ALL
        SELECT to_date('1980-12-15 05:20:30', 'yyyy-mm-dd hh24:mi:ss') AS d
          FROM dual);

LAST_DAY(D)
-------------------
1980-12-31 00:00:00
1980-12-31 05:20:30


WITH v1 AS
 (SELECT to_date('1980-12-15 05:20:30', 'yyyy-mm-dd hh24:mi:ss') AS d1
    FROM dual),
v2 AS
 (SELECT to_date('1980-12-31 00:00:00', 'yyyy-mm-dd hh24:mi:ss') AS d2
    FROM dual
  UNION ALL
  SELECT to_date('1980-12-31 06:20:30', 'yyyy-mm-dd hh24:mi:ss') AS d2
    FROM dual)
SELECT v2.*
  FROM v1,
       v2
 WHERE v2.d2 BETWEEN trunc(d1, 'mm') AND last_day(d1);

D2
```

```
--------------------
1980-12-31 00:00:00

1 row selected.
```

若要正确取一个月的数据，应该用下面的方式。

```
WITH v1 AS
 (SELECT to_date('1980-12-15 05:20:30', 'yyyy-mm-dd hh24:mi:ss') AS d1
   FROM dual),
v2 AS
 (SELECT to_date('1980-12-31 00:00:00', 'yyyy-mm-dd hh24:mi:ss') AS d2
   FROM dual
  UNION ALL
  SELECT to_date('1980-12-31 06:20:30', 'yyyy-mm-dd hh24:mi:ss') AS d2
   FROM dual)
SELECT v2.*
  FROM v1,
       v2
 WHERE v2.d2 >= trunc(v1.d1, 'mm')
   AND v2.d2 < add_months(trunc(v1.d1, 'mm'), 1);

D2
--------------------
1980-12-31 00:00:00
1980-12-31 06:20:30

2 rows selected.
```

8.2　提取间隔类型中的信息

我们在上一章中讲到两个 DATE 类型相减，结果是数值，单位是天。而两个 TIMESTAMP 类型相减结果是 INTERVAL 类型，那么如何得到其中的信息呢？

```
WITH v1 AS
 (SELECT TIMESTAMP '1981-01-02 11:02:33.55' AS t1,
         TIMESTAMP '1981-01-01 16:30:00.30' AS t2
   FROM dual)
SELECT t1 - t2,
       to_char(t1 - t2, 'hh') AS hh
  FROM v1;
```

```
T1-T2                              HH
---------------------------------- ----------------------------------
+000000000 18:32:33.250000000      +000000000 18:32:33.250000000
```

可以看到，我们使用函数 TO_CHAR 无法提取预期的值，这时可以使用另一个函数：

```
drop table T8_2;
create table T8_2 as
select EXTRACT(YEAR from systimestamp) as "YEAR",
       EXTRACT(MONTH from systimestamp) as "MONTH",
       EXTRACT(DAY from systimestamp) as "DAY",
       EXTRACT(HOUR from systimestamp) as "HOUR",
       EXTRACT(MINUTE from systimestamp) as "MINUTE",
       EXTRACT(SECOND from systimestamp) as "SECOND"
  from dual;

SQL> desc T8_2;
Name   Type   Nullable Default Comments
------ ------ -------- ------- --------
YEAR   NUMBER Y
MONTH  NUMBER Y
DAY    NUMBER Y
HOUR   NUMBER Y
MINUTE NUMBER Y
SECOND NUMBER Y

select * from t8_2;

      YEAR      MONTH        DAY       HOUR     MINUTE     SECOND
---------- ---------- ---------- ---------- ---------- ----------
      2018          1         28          7         20   1.851359
```

上述问题处理方式为：

```
WITH v1 AS
 (SELECT TIMESTAMP '1981-01-02 11:02:33.55' AS t1,
         TIMESTAMP '1981-01-01 16:30:00.30' AS t2
    FROM dual)
SELECT extract(DAY FROM t1 - t2) * 24 * 60 +
       extract(hour FROM t1 - t2) * 60 + extract(minute FROM t1 - t2) AS minutes
  FROM v1;

   MINUTES
```

```
-----------
       1112
```

8.3 周的计算

处理需求之前我们先看个现象：

```
    WITH x AS
     (SELECT DATE '2014-01-01' AS d FROM dual)
    SELECT to_char(d, 'dy') AS wd1, to_char(d, 'day') AS wd2, to_char(d, 'd')
AS wd3
      FROM x;

    alter session set nls_language=american;

    WD1                WD2                WD3
    ---------------- ---------------- ----------------
    星期三             星期三              4

    alter session set nls_language=american;

    WD1                WD2                WD3
    ---------------- ---------------- ----------------
    wed                wednesday          4
```

很明显，前两个参数与环境变量有关，如果我们采用前两个参数过滤，无法确认该用哪个条件，如：to_char(d, 'dy') ='星期三'　还是 to_char(d, 'dy') ='wed'。所以我们处理类似需求时可尽量采用第三种方式 to_char(d, 'd') ='4'。

假设需求为取得某月的第一个周二，以下图所示月份为例，第一个周二就是 7 号。

January 2014

Mo	Tu	We	Th	Fr	Sa	Su
30	31	1	2	3	4	5
6	7	8	9	10	11	12
13	14	15	16	17	18	19
20	21	22	23	24	25	26
27	28	29	30	31	1	2
3	4	5	6	7	8	9

我们可以先枚举出前 7 天的日期，然后取周二所在日期：

```
WITH v1 AS
 (SELECT DATE '2014-01-01' + (LEVEL - 1) AS d
    FROM dual
  CONNECT BY LEVEL <= 7)
SELECT d,
       to_char(d, 'd'),
       to_char(d, 'dy')
  FROM v1;

D           TO_CHAR(D,'D') TO_CHAR(D,'DY')
----------- -------------- ---------------
2014-01-01  4              wed
2014-01-02  5              thu
2014-01-03  6              fri
2014-01-04  7              sat
2014-01-05  1              sun
2014-01-06  2              mon
2014-01-07  3              tue

7 rows selected

WITH v1 AS
 (SELECT DATE '2014-01-01' + (LEVEL - 1) AS d
    FROM dual
  CONNECT BY LEVEL <= 7)
SELECT d FROM v1 WHERE to_char(d, 'd') = 3;

D
-----------
2014-01-07
```

周日为第一天，周一为第二天，周二为第三天，依此类推。

我们还可以通过函数 NEXT_DAY 来获取需要的数据：

```
WITH v1 AS
 (SELECT DATE '2014-01-01' + (LEVEL - 2) AS d
    FROM dual
  CONNECT BY LEVEL <= 8)
SELECT d, to_char(d, 'dy'), next_day(d, 3) FROM v1;

D            TO_CHAR(D,'DY') NEXT_DAY(D,3)
```

```
----------- ---------------- --------------
2013-12-31  tue              2014-01-07
2014-01-01  wed              2014-01-07
2014-01-02  thu              2014-01-07
2014-01-03  fri              2014-01-07
2014-01-04  sat              2014-01-07
2014-01-05  sun              2014-01-07
2014-01-06  mon              2014-01-07
2014-01-07  tue              2014-01-14

8 rows selected
```

通过上面的结果可以看到，NEXT_DAY 返回指定日期之后的最近周天。因为在返回结果之前，我们不清楚前七天里哪一天是周二，所以我们要以 2013-12-31 为起点来计算：

```
SELECT next_day(DATE '2014-01-01' - 1, 3) FROM dual;
```

同理，返回最后一个周日，应以 2014-01-24(31-7)为起点来计算：

```
SELECT next_day(last_day(DATE '2014-01-01') - 7, 3) FROM dual;

NEXT_DAY(LAST_DAY(DATE'2014-01
------------------------------
2014-01-28
```

8.4　计算一年中周内各日期的次数

比如，计算一年内有多少天是星期一，多少天是星期二等，这个问题需要以下几步。

① 取得当前年度信息：

```
WITH x0 AS
 (SELECT to_date('2013-01-01', 'yyyy-mm-dd') AS year_begin FROM dual)
SELECT year_begin, add_months(year_begin, 12) AS next_year_begin FROM x0;

YEAR_BEGIN          NEXT_YEAR_BEGIN
------------------- -------------------
2013-01-01 00:00:00 2014-01-01 00:00:00
```

② 计算一年有多少天：

```
WITH x0 AS
```

```
 (SELECT to_date('2013-01-01', 'yyyy-mm-dd') AS year_begin FROM dual),
x1 AS
 (SELECT year_begin, add_months(year_begin, 12) AS next_year_begin FROM x0)
SELECT year_begin, next_year_begin, next_year_begin - year_begin AS days
FROM x1;

YEAR_BEGIN          NEXT_YEAR_BEGIN           DAYS
------------------- ------------------- ----------
2013-01-01 00:00:00 2014-01-01 00:00:00        365
```

③ 生成日期列表：

```
WITH x0 AS
 (SELECT to_date('2013-01-01', 'yyyy-mm-dd') AS year_begin FROM dual),
x1 AS
 (SELECT year_begin, add_months(year_begin, 12) AS next_year_begin FROM x0),
x2 AS
 (SELECT year_begin, next_year_begin, next_year_begin - year_begin AS days
FROM x1)
SELECT year_begin + (LEVEL - 1) AS day FROM x2 CONNECT BY LEVEL <= days;

DAY
-------------------
2013-01-01 00:00:00
2013-01-02 00:00:00
2013-01-03 00:00:00
......
2013-12-30 00:00:00
2013-12-31 00:00:00

365 rows selected.
```

④ 提取周天信息：

```
WITH x0 AS
 (SELECT to_date('2013-01-01', 'yyyy-mm-dd') AS year_begin FROM dual),
x1 AS
 (SELECT year_begin, add_months(year_begin, 12) AS next_year_begin FROM x0),
x2 AS
 (SELECT year_begin, next_year_begin, next_year_begin - year_begin AS days
FROM x1),
x3 AS
 (SELECT year_begin + (LEVEL - 1) AS day FROM x2 CONNECT BY LEVEL <= days)
```

```
SELECT day, to_char(DAY, 'DY') AS weekday FROM x3;

DAY                  WEEKDAY
-------------------- -----------
2013-01-01 00:00:00 TUE
2013-01-02 00:00:00 WED
……
2013-12-30 00:00:00 MON
2013-12-31 00:00:00 TUE

365 rows selected.
```

⑤ 汇总上面信息就可以得到结果：

```
WITH x0 AS
 (SELECT to_date('2013-01-01', 'yyyy-mm-dd') AS year_begin FROM dual),
x1 AS
 (SELECT year_begin, add_months(year_begin, 12) AS next_year_begin FROM x0),
x2 AS
 (SELECT year_begin, next_year_begin, next_year_begin - year_begin AS days
FROM x1),
x3 AS
 (SELECT year_begin + (LEVEL - 1) AS day FROM x2 CONNECT BY LEVEL <= days),
x4 AS
 (SELECT day, to_char(DAY, 'DY') AS weekday FROM x3)
SELECT weekday, COUNT(*) AS days FROM x4 GROUP BY weekday;

WEEKDAY       DAYS
------- ----------
TUE             53
THU             52
FRI             52
SUN             52
SAT             52
MON             52
WED             52

7 rows selected
```

如果不想用枚举法，也可以直接取出年内各工作日的第一天和最后一天，然后除以 7。

```
WITH x0 AS
 (SELECT to_date('2013-01-01', 'yyyy-mm-dd') AS year_begin FROM dual),
```

```
x1 AS
 (SELECT year_begin, add_months(year_begin, 12) AS next_year_begin FROM x0),
x2 AS
 (SELECT next_day(year_begin - 1, LEVEL) AS d1, next_day(next_year_begin -
8, LEVEL) AS d2
    FROM x1
  CONNECT BY LEVEL <= 7)
SELECT to_char(d1, 'dy') AS weekday, d1, d2 FROM x2;

WEEKDAY D1          D2
------- ----------- -----------
sun     2013-01-06  2013-12-29
mon     2013-01-07  2013-12-30
tue     2013-01-01  2013-12-31
wed     2013-01-02  2013-12-25
thu     2013-01-03  2013-12-26
fri     2013-01-04  2013-12-27
sat     2013-01-05  2013-12-28

7 rows selected
```

然后看中间有多少个 7 天，就知道有多少个工作日。

```
WITH x0 AS
 (SELECT to_date('2013-01-01', 'yyyy-mm-dd') AS year_begin FROM dual),
x1 AS
 (SELECT year_begin, add_months(year_begin, 12) AS next_year_begin FROM x0),
x2 AS
 (SELECT next_day(year_begin - 1, LEVEL) AS d1, next_day(next_year_begin -
8, LEVEL) AS d2
    FROM x1
  CONNECT BY LEVEL <= 7)
SELECT to_char(d1, 'dy') AS weekday, ((d2 - d1) / 7 + 1) AS days
  FROM x2
 ORDER BY 1;

WEEKDAY       DAYS
------- ----------
fri             52
mon             52
sat             52
sun             52
```

```
thu              52
tue              53
wed              52

7 rows selected
```

8.5 确定一年是否为闰年

若要判断一年是否为闰年，可以看二月底是否为 29 号：

```
WITH v1 AS
 (SELECT DATE '2016-03-15' AS d FROM dual)
SELECT trunc(d, 'yyyy') AS year_begin,
       add_months(trunc(d, 'yyyy'), 1) AS feb_begin,
       last_day(add_months(trunc(d, 'yyyy'), 1)) AS feb_end,
       to_char(last_day(add_months(trunc(d,   'yyyy'),   1)),   'dd')   AS
feb_end_day
  FROM v1

YEAR_BEGIN  FEB_BEGIN   FEB_END     FEB_END_DAY
----------- ----------- ----------- -----------
2016-01-01  2016-02-01  2016-02-29  29
```

也可以看全年是否为 366 天：

```
WITH v1 AS
 (SELECT DATE '2016-03-15' AS d FROM dual)
SELECT trunc(d, 'yyyy') AS year_begin,
       add_months(trunc(d, 'yyyy'), 12) AS next_year_begin,
       add_months(trunc(d, 'yyyy'), 12) - 1 AS year_end,
       to_char(add_months(trunc(d, 'yyyy'), 12) - 1, 'ddd') AS year_dayds
  FROM v1;

YEAR_BEGIN  NEXT_YEAR_BEGIN YEAR_END    YEAR_DAYDS
----------- --------------- ----------- ----------
2016-01-01  2017-01-01      2016-12-31  366
```

8.6 创建本月日历

为了熟悉前面的知识我们来创建一个月的日历。日历样本如下图所示，每周第一天为周一，最后一天为周日。判断某一天属于哪一周我们可以使用 TO_CHAR(SYSDATE, 'IW') 或 TRUNC(SYSDATE, 'D')。

June 2013

Mo	Tu	We	Th	Fr	Sa	Su
27	28	29	30	31	1	2
3	4	5	6	7	8	9
10	11	12	13	14	15	16
17	18	19	20	21	22	23
24	25	26	27	28	29	30
1	2	3	4	5	6	7

我们先分别看下两种方式的返回结果：

```
SELECT d,
       to_char(d, 'DY'),
       to_char(d, 'IW'),
       trunc(d, 'D')
  FROM (SELECT DATE '2012-01-01' + (LEVEL - 1) AS d
          FROM dual
        CONNECT BY LEVEL <= 8);

D                   TO_CHA TO TRUNC(D,'D')
------------------- ------ -- -------------------
2012-01-01 00:00:00 SUN    52 2012-01-01 00:00:00
2012-01-02 00:00:00 MON    01 2012-01-01 00:00:00
2012-01-03 00:00:00 TUE    01 2012-01-01 00:00:00
2012-01-04 00:00:00 WED    01 2012-01-01 00:00:00
2012-01-05 00:00:00 THU    01 2012-01-01 00:00:00
2012-01-06 00:00:00 FRI    01 2012-01-01 00:00:00
2012-01-07 00:00:00 SAT    01 2012-01-01 00:00:00
2012-01-08 00:00:00 SUN    01 2012-01-08 00:00:00

8 rows selected.
```

可以看到两种方式都有问题，TO_CHAR 方式有时第一周返回值不是 1，而 TRUNC 方式以周日为起点，与我们上图给出的示例不一样，所以分别处理如下：

```
SELECT d,
       to_char(d, 'DY'),
       CASE
         WHEN to_char(d, 'MM') = '01' AND to_char(d, 'IW') > '01' THEN
          '00'
```

```
        ELSE
         to_char(d, 'IW')
      END AS iw,
      trunc(d - 1, 'D'),
      trunc(d + 6, 'D')
  FROM (SELECT DATE '2012-01-01' + (LEVEL - 1) AS d
         FROM dual
       CONNECT BY LEVEL <= 8);

D                   TO_CHA IW TRUNC(D-1,'D')      TRUNC(D+6,'D')
------------------- ------ -- ------------------- -------------------
2012-01-01 00:00:00 SUN    00 2011-12-25 00:00:00 2012-01-01 00:00:00
2012-01-02 00:00:00 MON    01 2012-01-01 00:00:00 2012-01-08 00:00:00
2012-01-03 00:00:00 TUE    01 2012-01-01 00:00:00 2012-01-08 00:00:00
2012-01-04 00:00:00 WED    01 2012-01-01 00:00:00 2012-01-08 00:00:00
2012-01-05 00:00:00 THU    01 2012-01-01 00:00:00 2012-01-08 00:00:00
2012-01-06 00:00:00 FRI    01 2012-01-01 00:00:00 2012-01-08 00:00:00
2012-01-07 00:00:00 SAT    01 2012-01-01 00:00:00 2012-01-08 00:00:00
2012-01-08 00:00:00 SUN    01 2012-01-01 00:00:00 2012-01-08 00:00:00

8 rows selected.
```

我们这里只是用来分组，所以 TRUNC 的方式减 1 或加 6 都可以，我们选用 TRUNC 的方式来处理：

```
WITH x1 AS
/*1、给定一个日期*/
 (SELECT to_date('2013-06-01', 'yyyy-mm-dd') AS cur_date FROM dual),
x2 AS
/*2、取月初、下月初信息*/
 (SELECT trunc(cur_date, 'mm') AS month_begin,
         add_months(trunc(cur_date, 'mm'), 1) AS next_mont_begin
    FROM x1),
x3 AS
/*3、枚举当月所有的日期*/
 (SELECT month_begin + (LEVEL - 1) AS d
    FROM x2
  CONNECT BY LEVEL <= (next_mont_begin - month_begin)),
x4 AS
/*4、提取周信息*/
 (SELECT trunc(d - 1, 'd') first_day,
         to_char(d, 'dd') DAY,
```

```
         to_number(to_char(d, 'd')) weekday
     FROM x3)
SELECT MAX(decode(weekday, 2, DAY)) "Mo",
       MAX(decode(weekday, 3, DAY)) "Tu",
       MAX(decode(weekday, 4, DAY)) "We",
       MAX(decode(weekday, 5, DAY)) "Th",
       MAX(decode(weekday, 6, DAY)) "Fr",
       MAX(decode(weekday, 7, DAY)) "Sa",
       MAX(decode(weekday, 1, DAY)) "Su"
  FROM x4
 GROUP BY first_day
 ORDER BY first_day;

Mo Tu We Th Fr Sa Su
-- -- -- -- -- -- --
                01 02
03 04 05 06 07 08 09
10 11 12 13 14 15 16
17 18 19 20 21 22 23
24 25 26 27 28 29 30
```

8.7 全年日历

在上一节的基础上扩展后 12 个月就是全年的日历了，至少有两个地方要变动：

① 枚举全年数据。

② 增加月份信息的显示。

```
WITH x1 AS
/*1. 给定一个日期*/
 (SELECT to_date('2013-06-01', 'yyyy-mm-dd') AS cur_date FROM dual),
x2 AS
/*2. 取年初、下年初信息*/
 (SELECT trunc(cur_date, 'mm') AS year_begin,
         add_months(trunc(cur_date, 'mm'), 12) AS next_year_begin
    FROM x1),
x3 AS
/*3. 枚举当月所有的日期*/
 (SELECT year_begin + (LEVEL - 1) AS d
    FROM x2
```

```
  CONNECT BY LEVEL <= (next_year_begin - year_begin)),
x4 AS
/*4. 提取年、周信息*/
 (SELECT to_char(d, 'mm') AS MONTH,
         trunc(d - 1, 'd') first_day,
         to_char(d, 'dd') DAY,
         to_number(to_char(d, 'd')) weekday
   FROM x3)
SELECT MONTH,
       MAX(decode(weekday, 2, DAY)) "Mo",
       MAX(decode(weekday, 3, DAY)) "Tu",
       MAX(decode(weekday, 4, DAY)) "We",
       MAX(decode(weekday, 5, DAY)) "Th",
       MAX(decode(weekday, 6, DAY)) "Fr",
       MAX(decode(weekday, 7, DAY)) "Sa",
       MAX(decode(weekday, 1, DAY)) "Su"
  FROM x4
 GROUP BY MONTH, first_day
 ORDER BY MONTH, first_day;

MONTH Mo Tu We Th Fr Sa Su
----- -- -- -- -- -- -- --
01          01 02 03 04 05
01    06 07 08 09 10 11 12
... ...
12                      01
12    02 03 04 05 06 07 08
12    09 10 11 12 13 14 15
12    16 17 18 19 20 21 22
12    23 24 25 26 27 28 29
12    30 31

63 rows selected
```

可以看到结果出来了，但是月份的显示不美观，我们可以让月份信息一个月只显示一行。

首先给返回值生成序号：

```
SELECT row_number() over(PARTITION BY MONTH ORDER BY first_day) AS rn,
       MONTH,
       MAX(decode(weekday, 2, DAY)) "Mo",
```

```
       MAX(decode(weekday, 3, DAY)) "Tu",
       MAX(decode(weekday, 4, DAY)) "We",
       MAX(decode(weekday, 5, DAY)) "Th",
       MAX(decode(weekday, 6, DAY)) "Fr",
       MAX(decode(weekday, 7, DAY)) "Sa",
       MAX(decode(weekday, 1, DAY)) "Su"
  FROM x4
 GROUP BY MONTH, first_day
 ORDER BY MONTH, first_day;

        RN MONTH Mo Tu We Th Fr Sa Su
---------- ----- -- -- -- -- -- -- --
         1 01          01 02 03 04 05
         2 01    06 07 08 09 10 11 12
         3 01    13 14 15 16 17 18 19
         4 01    20 21 22 23 24 25 26
         5 01    27 28 29 30 31
         1 02                   01 02
         2 02    03 04 05 06 07 08 09
         ... ...
         6 12    30 31

63 rows selected
```

可以看到，我们只在序号为 1 的地方显示月份就可以了：

```
SELECT DECODE(row_number() over(PARTITION BY MONTH ORDER BY first_day), 1,
MONTH) AS MONTH,
       MAX(decode(weekday, 2, DAY)) "Mo",
       MAX(decode(weekday, 3, DAY)) "Tu",
       MAX(decode(weekday, 4, DAY)) "We",
       MAX(decode(weekday, 5, DAY)) "Th",
       MAX(decode(weekday, 6, DAY)) "Fr",
       MAX(decode(weekday, 7, DAY)) "Sa",
       MAX(decode(weekday, 1, DAY)) "Su"
  FROM x4
 GROUP BY x4.MONTH, x4.first_day
 ORDER BY x4.MONTH, x4.first_day;

MONTH Mo Tu We Th Fr Sa Su
----- -- -- -- -- -- -- --
01          01 02 03 04 05
```

```
        06 07 08 09 10 11 12
        13 14 15 16 17 18 19
        20 21 22 23 24 25 26
        27 28 29 30 31
           ... ...
12                        01
        02 03 04 05 06 07 08
        09 10 11 12 13 14 15
        16 17 18 19 20 21 22
        23 24 25 26 27 28 29
        30 31

63 rows selected
```

注意，这里排序的时候要用 x4.MONTH，如果省略 x4 就变成了：

```
ORDER BY DECODE(row_number() over(PARTITION BY MONTH ORDER BY first_day),
1, MONTH)
```

8.8 补充范围内丢失的值

我们想统计各年份分别招收了多少名职工，直接使用前面的知识汇总可以得到如下结果：

```
SELECT to_char(hiredate, 'yyyy') AS YEAR, COUNT(*) AS cnt
  FROM scott.emp
 GROUP BY to_char(hiredate, 'yyyy')
 ORDER BY 1;

YEAR        CNT
---- ----------
1980          1
1981         10
1982          1
1987          2

4 rows selected
```

初看没什么问题，但很明显中间少了几个年份。如果只看结果并不清楚是语句有误而少统计了数据还是什么情况，我们应该把中间缺失的年份都显示出来。

我们可以先枚举需要显示的所有年份：

```
WITH x AS
 (SELECT 开始年份 + (LEVEL - 1) AS 年份
   FROM (SELECT extract(YEAR FROM MIN(hiredate)) AS 开始年份,
                extract(YEAR FROM MAX(hiredate)) AS 结束年份
          FROM scott.emp)
  CONNECT BY LEVEL <= 结束年份 - 开始年份 + 1)
SELECT * FROM x;

        年份
----------
      1980
      1981
      1982
      1983
      1984
      1985
      1986
      1987

8 rows selected
```

通过这个列表关联查询，就可以得到所有年份的数据。

```
WITH x AS
 (SELECT 开始年份 + (LEVEL - 1) AS 年份
   FROM (SELECT extract(YEAR FROM MIN(hiredate)) AS 开始年份,
                extract(YEAR FROM MAX(hiredate)) AS 结束年份
          FROM scott.emp)
  CONNECT BY LEVEL <= 结束年份 - 开始年份 + 1)
SELECT x.年份, COUNT(e.empno) 聘用人数
  FROM x
  LEFT JOIN scott.emp e ON (extract(YEAR FROM e.hiredate) = x.年份)
 GROUP BY x.年份
 ORDER BY 1;

        年份     聘用人数
---------- ----------
      1980          1
      1981         10
      1982          1
      1983          0
```

```
      1984          0
      1985          0
      1986          0
      1987          2

8 rows selected
```

8.9　识别重叠的日期范围

下面是一个有关工程的明细数据：

```
CREATE OR REPLACE VIEW emp_project(empno, ename, proj_id, proj_start, proj_end) AS
SELECT 7782, 'CLARK' , 1 , date '2005-06-16', date '2005-06-18' FROM dual UNION ALL
SELECT 7782, 'CLARK' , 4 , date '2005-06-19', date '2005-06-24' FROM dual UNION ALL
SELECT 7782, 'CLARK' , 7 , date '2005-06-22', date '2005-06-25' FROM dual UNION ALL
SELECT 7782, 'CLARK' , 10, date '2005-06-25', date '2005-06-28' FROM dual UNION ALL
SELECT 7782, 'CLARK' , 13, date '2005-06-28', date '2005-07-02' FROM dual UNION ALL
SELECT 7839, 'KING'  , 2 , date '2005-06-17', date '2005-06-21' FROM dual UNION ALL
SELECT 7839, 'KING'  , 8 , date '2005-06-23', date '2005-06-25' FROM dual UNION ALL
SELECT 7839, 'KING'  , 14, date '2005-06-29', date '2005-06-30' FROM dual UNION ALL
SELECT 7839, 'KING'  , 11, date '2005-06-26', date '2005-06-27' FROM dual UNION ALL
SELECT 7839, 'KING'  , 5 , date '2005-06-20', date '2005-06-24' FROM dual UNION ALL
SELECT 7934, 'MILLER', 3 , date '2005-06-18', date '2005-06-22' FROM dual UNION ALL
SELECT 7934, 'MILLER', 12, date '2005-06-27', date '2005-06-28' FROM dual UNION ALL
SELECT 7934, 'MILLER', 15, date '2005-06-30', date '2005-07-03' FROM dual UNION ALL
SELECT 7934, 'MILLER', 9 , date '2005-06-24', date '2005-06-27' FROM dual UNION ALL
SELECT 7934, 'MILLER', 6 , date '2005-06-21', date '2005-06-23' FROM dual;
```

通过数据可以看到，有很多员工在旧的工程结束之前就开始了新的工程（如员工 7782 的工程 4 结束日期是 6 月 24 日，而工程 7 开始日期是 6 月 22 日），现要求返回这些工程时间重复的数据。

前面介绍了 Oracle 中有两个分析函数 lag 和 lead，分别用于访问结果集中的前一行和后一行。我们可以用分析函数 lag 取得员工各自的上一个工程的结束日期及工程号，然后与当前工程相比较。

1. 取信息

```
SELECT empno,
```

```
       ename,
       proj_id,
       proj_start AS start_date,
       lag(proj_end)  over(PARTITION  BY  empno  ORDER  BY  proj_start)  AS
last_end_date,
       proj_end AS end_date,
       lag(proj_id)  over(PARTITION  BY  empno  ORDER  BY  proj_start)  AS
last_proj_id
    FROM emp_project;

    EMPNO  ENAME   PROJ_ID START_DATE  LAST_END_DATE END_DATE   LAST_PROJ_ID
    ------ ------ -------- ----------- ------------- ---------- -----------
      7782 CLARK         1 2005-06-16                2005-06-18
      7782 CLARK         4 2005-06-19  2005-06-18    2005-06-24           1
      7782 CLARK         7 2005-06-22  2005-06-24    2005-06-25           4
      7782 CLARK        10 2005-06-25  2005-06-25    2005-06-28           7
      7782 CLARK        13 2005-06-28  2005-06-28    2005-07-02          10
      7839 KING          2 2005-06-17                2005-06-21
      7839 KING          5 2005-06-20  2005-06-21    2005-06-24           2
      7839 KING          8 2005-06-23  2005-06-24    2005-06-25           5
      7839 KING         11 2005-06-26  2005-06-25    2005-06-27           8
      7839 KING         14 2005-06-29  2005-06-27    2005-06-30          11
      7934 MILLER        3 2005-06-18                2005-06-22
      7934 MILLER        6 2005-06-21  2005-06-22    2005-06-23           3
      7934 MILLER        9 2005-06-24  2005-06-23    2005-06-27           6
      7934 MILLER       12 2005-06-27  2005-06-27    2005-06-28           9
      7934 MILLER       15 2005-06-30  2005-06-28    2005-07-03          12

    15 rows selected
```

这里增加了“PARTITION BY empno”，这样就可以对数据分组进行分析，不同的 empno 之间互不影响。

2. 比较

```
SELECT a.empno,
       a.ename,
       a.proj_id,
       a.start_date,
       a.end_date,
       CASE
```

```
        WHEN last_end_date >= start_date /*筛选时间重复的数据*/
        THEN
        '(工程 ' || lpad(a.proj_id, 2, '0') || ')与工程 ( ' ||
        lpad(a.last_proj_id, 2, '0') || ')重复'
      END AS description
  FROM (SELECT empno,
             ename,
             proj_id,
             proj_start AS start_date,
             lag(proj_end) over(PARTITION BY empno ORDER BY proj_start) AS
last_end_date,
             proj_end AS end_date,
             lag(proj_id) over(PARTITION BY empno ORDER BY proj_start) AS
last_proj_id
        FROM emp_project) a
 -- WHERE last_end_date >= start_date
 ORDER BY 1, 4;

EMPNO ENAME       PROJ_ID START_DATE  END_DATE    DESCRIPTION
------ ------ ---------- ----------- ----------- ----------------------
  7782 CLARK            1 2005-06-16  2005-06-18
  7782 CLARK            4 2005-06-19  2005-06-24
  7782 CLARK            7 2005-06-22  2005-06-25  (工程 07)与工程 ( 04)重复
  7782 CLARK           10 2005-06-25  2005-06-28  (工程 10)与工程 ( 07)重复
  7782 CLARK           13 2005-06-28  2005-07-02  (工程 13)与工程 ( 10)重复
  7839 KING             2 2005-06-17  2005-06-21
  7839 KING             5 2005-06-20  2005-06-24  (工程 05)与工程 ( 02)重复
  7839 KING             8 2005-06-23  2005-06-25  (工程 08)与工程 ( 05)重复
  7839 KING            11 2005-06-26  2005-06-27
  7839 KING            14 2005-06-29  2005-06-30
  7934 MILLER           3 2005-06-18  2005-06-22
  7934 MILLER           6 2005-06-21  2005-06-23  (工程 06)与工程 ( 03)重复
  7934 MILLER           9 2005-06-24  2005-06-27
  7934 MILLER          12 2005-06-27  2005-06-28  (工程 12)与工程 ( 09)重复
  7934 MILLER          15 2005-06-30  2005-07-03

15 rows selected
```

如果只想看重复数据，取消上面查询的最后一句的注释就可以了。

第9章 范围处理

9.1 定位连续值的范围

下面是几个工程的明细信息：

```
CREATE OR REPLACE VIEW v9_1(proj_id, proj_start, proj_end) AS
SELECT 1 , date '2005-01-01', date '2005-01-02' FROM dual UNION ALL
SELECT 2 , date '2005-01-02', date '2005-01-03' FROM dual UNION ALL
SELECT 3 , date '2005-01-03', date '2005-01-04' FROM dual UNION ALL
SELECT 4 , date '2005-01-04', date '2005-01-05' FROM dual UNION ALL
SELECT 5 , date '2005-01-06', date '2005-01-07' FROM dual UNION ALL
SELECT 6 , date '2005-01-16', date '2005-01-17' FROM dual UNION ALL
SELECT 7 , date '2005-01-17', date '2005-01-18' FROM dual UNION ALL
SELECT 8 , date '2005-01-18', date '2005-01-19' FROM dual UNION ALL
SELECT 9 , date '2005-01-19', date '2005-01-20' FROM dual UNION ALL
```

```
SELECT 10, date '2005-01-21', date '2005-01-22' FROM dual UNION ALL
SELECT 11, date '2005-01-26', date '2005-01-27' FROM dual UNION ALL
SELECT 12, date '2005-01-27', date '2005-01-28' FROM dual UNION ALL
SELECT 13, date '2005-01-28', date '2005-01-29' FROM dual UNION ALL
SELECT 14, date '2005-01-29', date '2005-01-30' FROM dual;
```

通过数据可以看到有很多工程的时间前后是连续的，现在要求把这种连续的数据查询出来，我们可以使用自关联的方法：

```
SELECT v1.proj_id, v1.proj_start, v1.proj_end
  FROM v9_1 v1, v9_1 v2
 WHERE v2.proj_start = v1.proj_end;

   PROJ_ID PROJ_START  PROJ_END
---------- ----------- -----------
         1 2005-01-01  2005-01-02
         2 2005-01-02  2005-01-03
         3 2005-01-03  2005-01-04
         6 2005-01-16  2005-01-17
         7 2005-01-17  2005-01-18
         8 2005-01-18  2005-01-19
        11 2005-01-26  2005-01-27
        12 2005-01-27  2005-01-28
        13 2005-01-28  2005-01-29

9 rows selected
```

还可以使用前面第 7 章介绍的分析函数 lead：

```
SELECT proj_id,
       proj_start,
       proj_end,
       lead(proj_start) over(ORDER BY proj_id) next_proj_start
  FROM v9_1;

   PROJ_ID PROJ_START  PROJ_END    NEXT_PROJ_START
---------- ----------- ----------- ---------------
         1 2005-01-01  2005-01-02  2005-01-02
         2 2005-01-02  2005-01-03  2005-01-03
         3 2005-01-03  2005-01-04  2005-01-04
         4 2005-01-04  2005-01-05  2005-01-06
         5 2005-01-06  2005-01-07  2005-01-16
```

```
         6 2005-01-16  2005-01-17  2005-01-17
         7 2005-01-17  2005-01-18  2005-01-18
         8 2005-01-18  2005-01-19  2005-01-19
         9 2005-01-19  2005-01-20  2005-01-21
        10 2005-01-21  2005-01-22  2005-01-26
        11 2005-01-26  2005-01-27  2005-01-27
        12 2005-01-27  2005-01-28  2005-01-28
        13 2005-01-28  2005-01-29  2005-01-29
        14 2005-01-29  2005-01-30

14 rows selected
```

通过上面的粗体部分可以看出，该函数的效果类似于行转列，把下一行的数据转到当前行的最后一列。这样我们就可以比较过滤了：

```
SELECT *
  FROM (SELECT proj_id,
               proj_start,
               proj_end,
               lead(proj_start) over(ORDER BY proj_id) next_proj_start
          FROM v9_1)
 WHERE proj_end = next_proj_start;
```

分析函数并不难学，熟悉之后会你觉得分析函数的方式比自关联更易读。

9.2 合并连续区间

仔细观察上节中的数据，可以看到其中连续区间的起止时间为：

```
2005-01-01  2005-01-05
2005-01-06  2005-01-07
2005-01-16  2005-01-20
2005-01-21  2005-01-22
2005-01-26  2005-01-30
```

如何用语句把这些数据取出来呢？查接查询只能返回一条：

```
SQL> SELECT MIN(proj_start), MAX(proj_end) FROM v9_1;

MIN(PROJ_START) MAX(PROJ_END)
--------------- -------------
2005-01-01      2005-01-30
```

可是用 GROUP BY proj_id 明显也不对。对语句熟悉的人会发现源数据少了必要的数据：

```
   PROJ_ID PROJ_GROUP PROJ_START  PROJ_END
---------- ---------- ---------- -----------
         1          1 2005-01-01  2005-01-02
         2          1 2005-01-02  2005-01-03
         3          1 2005-01-03  2005-01-04
         4          1 2005-01-04  2005-01-05
         5          2 2005-01-06  2005-01-07
         6          3 2005-01-16  2005-01-17
         7          3 2005-01-17  2005-01-18
         8          3 2005-01-18  2005-01-19
         9          3 2005-01-19  2005-01-20
        10          4 2005-01-21  2005-01-22
        11          5 2005-01-26  2005-01-27
        12          5 2005-01-27  2005-01-28
        13          5 2005-01-28  2005-01-29
        14          5 2005-01-29  2005-01-30
```

是不是这个需求就没办法完成了？其实这个缺少的数据我们可以通过现有的信息推算出来。

① 提取上一工程的结束日期，我们可以通过这个数据查看起止时间是否连续：

```
CREATE OR REPLACE VIEW x0 AS
SELECT proj_id,
       proj_start,
       proj_end,
       lag(proj_end) over(ORDER BY proj_id) AS last_end_date
  FROM v9_1;
SELECT * FROM x0;

   PROJ_ID PROJ_START  PROJ_END    LAST_END_DATE
---------- ----------- ----------- -------------
         1 2005-01-01  2005-01-02
         2 2005-01-02  2005-01-03  2005-01-02
         3 2005-01-03  2005-01-04  2005-01-03
         4 2005-01-04  2005-01-05  2005-01-04
         5 2005-01-06  2005-01-07  2005-01-05
         6 2005-01-16  2005-01-17  2005-01-07
         7 2005-01-17  2005-01-18  2005-01-17
```

```
          8 2005-01-18  2005-01-19  2005-01-18
          9 2005-01-19  2005-01-20  2005-01-19
         10 2005-01-21  2005-01-22  2005-01-20
         11 2005-01-26  2005-01-27  2005-01-22
         12 2005-01-27  2005-01-28  2005-01-27
         13 2005-01-28  2005-01-29  2005-01-28
         14 2005-01-29  2005-01-30  2005-01-29

14 rows selected
```

② 通过上面的数据可以判断出哪些是新区间的起点，我们根据这个来对新区间做一个标识：

```
CREATE OR REPLACE VIEW x1 AS
SELECT proj_id,
       proj_start,
       proj_end,
       last_end_date,
       decode(proj_start, last_end_date, 0, 1) AS new_range
  FROM x0;
SELECT * FROM x1;

   PROJ_ID PROJ_START  PROJ_END    LAST_END_DATE  NEW_RANGE
---------- ----------- ----------- ------------- ----------
         1 2005-01-01  2005-01-02                         1
         2 2005-01-02  2005-01-03  2005-01-02             0
         3 2005-01-03  2005-01-04  2005-01-03             0
         4 2005-01-04  2005-01-05  2005-01-04             0
         5 2005-01-06  2005-01-07  2005-01-05             1
         6 2005-01-16  2005-01-17  2005-01-07             1
         7 2005-01-17  2005-01-18  2005-01-17             0
         8 2005-01-18  2005-01-19  2005-01-18             0
         9 2005-01-19  2005-01-20  2005-01-19             0
        10 2005-01-21  2005-01-22  2005-01-20             1
        11 2005-01-26  2005-01-27  2005-01-22             1
        12 2005-01-27  2005-01-28  2005-01-27             0
        13 2005-01-28  2005-01-29  2005-01-28             0
        14 2005-01-29  2005-01-30  2005-01-29             0

14 rows selected
```

③ 如果我们把这个标识依次相加，就可以得到缺失的 PROJ_GROUP：

```
CREATE OR REPLACE VIEW x2 AS
SELECT proj_id,
      proj_start,
      proj_end,
      SUM(new_range) over(ORDER BY proj_id) AS proj_group
  FROM x1;
SELECT * FROM x2;

   PROJ_ID PROJ_START  PROJ_END    PROJ_GROUP
---------- ----------- ----------- ----------
         1 2005-01-01  2005-01-02           1
         2 2005-01-02  2005-01-03           1
         3 2005-01-03  2005-01-04           1
         4 2005-01-04  2005-01-05           1
         5 2005-01-06  2005-01-07           2
         6 2005-01-16  2005-01-17           3
         7 2005-01-17  2005-01-18           3
         8 2005-01-18  2005-01-19           3
         9 2005-01-19  2005-01-20           3
        10 2005-01-21  2005-01-22           4
        11 2005-01-26  2005-01-27           5
        12 2005-01-27  2005-01-28           5
        13 2005-01-28  2005-01-29           5
        14 2005-01-29  2005-01-30           5

14 rows selected
```

现在可以使用 GROUP BY PROJ_GROUP 来处理数据了。

我们把上面的语句组合在一起：

```
SELECT MIN(proj_start),
      MAX(proj_end)
  FROM (SELECT proj_id,
              proj_start,
              proj_end,
              SUM(new_range) over(ORDER BY proj_id) proj_group
          FROM (SELECT proj_id,
                      proj_start,
                      proj_end,
                      CASE
                        WHEN lag(proj_end)
```

```
                          over(ORDER BY proj_id) = proj_start THEN
                          0
                         ELSE
                          1
                       END new_range
                  FROM v9_1))
 GROUP BY proj_group
 ORDER BY proj_group;
```

9.3 合并重叠区间

上节的数据是连续区间，各区间的数据互相不重叠，所以直接用等值判断即可，下面的数据要复杂一些，各区间的数据重叠，甚至一个区间包含在另一个区间内：

```
CREATE OR REPLACE VIEW Timesheets(task_id, start_date , end_date) AS
SELECT 1,  DATE '1997-01-01', DATE '1997-01-03' FROM dual UNION ALL
SELECT 2,  DATE '1997-01-02', DATE '1997-01-04' FROM dual UNION ALL
SELECT 3,  DATE '1997-01-04', DATE '1997-01-05' FROM dual UNION ALL
SELECT 4,  DATE '1997-01-06', DATE '1997-01-09' FROM dual UNION ALL
SELECT 5,  DATE '1997-01-09', DATE '1997-01-09' FROM dual UNION ALL
SELECT 6,  DATE '1997-01-09', DATE '1997-01-09' FROM dual UNION ALL
SELECT 7,  DATE '1997-01-12', DATE '1997-01-15' FROM dual UNION ALL
SELECT 8,  DATE '1997-01-13', DATE '1997-01-13' FROM dual UNION ALL
SELECT 9,  DATE '1997-01-15', DATE '1997-01-15' FROM dual UNION ALL
SELECT 10, DATE '1997-01-17', DATE '1997-01-17' FROM dual;
```

我们尝试用上节的方法，为了处理重叠的数据，我们把条件改为“>=”：

```
SELECT 分组依据, MIN(开始日期) AS 开始日期, MAX(结束日期) AS 结束日期
  FROM (SELECT 编号,
               开始日期,
               结束日期,
               SUM(连续状态) over(ORDER BY 编号) 分组依据
          FROM (SELECT task_id AS 编号,
                       start_date AS 开始日期,
                       end_date AS 结束日期,
                       CASE  WHEN  lag(end_date)  over(ORDER  BY  task_id)  >=
start_date THEN 0 ELSE 1 END 连续状态
                  FROM timesheets))
 GROUP BY 分组依据
 ORDER BY 1;
```

```
    分组依据 开始日期    结束日期
---------- ----------- -----------
         1 1997-01-01  1997-01-05
         2 1997-01-06  1997-01-09
         3 1997-01-12  1997-01-15
         4 1997-01-15  1997-01-15
         5 1997-01-17  1997-01-17
```

这个结果显然不对，问题在于 id 为 7、8、9 的这三列：

```
         7 1997-01-12  1997-01-15
         8 1997-01-13  1997-01-13
         9 1997-01-15  1997-01-15
```

id 7 与 id 9 的数据是连续的，但中间 id 8 的数据与 id 9 不连续，所以用 lag 取上一行来判断肯定不对。这时可以用另一个开窗方式来处理：获取当前行之前的最大“end_date”。

```
SELECT start_date,
       end_date,
       MAX(end_date)  over(ORDER  BY  start_date  rows  BETWEEN  unbounded
preceding AND 1 preceding) AS max_end_date
  FROM timesheets b;

START_DATE  END_DATE    MAX_END_DATE
----------- ----------- ------------
1997-01-01  1997-01-03
1997-01-02  1997-01-04  1997-01-03
1997-01-04  1997-01-05  1997-01-04
1997-01-06  1997-01-09  1997-01-05
1997-01-09  1997-01-09  1997-01-09
1997-01-09  1997-01-09  1997-01-09
1997-01-12  1997-01-15  1997-01-09
1997-01-13  1997-01-13  1997-01-15
1997-01-15  1997-01-15  1997-01-15
1997-01-17  1997-01-17  1997-01-15

10 rows selected
```

前面章节介绍过“BETWEEN unbounded preceding AND 1 preceding”就是一个“BETWEEN …AND …”子句，整个子句的意思就是“第一行到上一行”，而该分析函数就是“ORDER BY start_date”后“第一行到上一行”范围内的“MAX(end_date)”。

有了这个数据后再来判断，就可以把 id（7、8、9）判断为连续范围了。

```
WITH x0 AS
 (SELECT task_id,
         start_date,
         end_date,
         MAX(end_date)  over(ORDER  BY  start_date  rows  BETWEEN  unbounded
preceding AND 1 preceding) AS max_end_date
     FROM timesheets b),
x1 AS
 (SELECT start_date AS 开始时间,
         end_date AS 结束时间,
         max_end_date,
         CASE WHEN max_end_date >= start_date THEN 0 ELSE 1 END AS 连续状态
     FROM x0)
SELECT * FROM x1;

开始时间        结束时间        MAX_END_DATE         连续状态
----------- ----------- ------------ -----------
1997-01-01  1997-01-03                          1
1997-01-02  1997-01-04  1997-01-03              0
1997-01-04  1997-01-05  1997-01-04              0
1997-01-06  1997-01-09  1997-01-05              1
1997-01-09  1997-01-09  1997-01-09              0
1997-01-09  1997-01-09  1997-01-09              0
1997-01-12  1997-01-15  1997-01-09              1
1997-01-13  1997-01-13  1997-01-15              0
1997-01-15  1997-01-15  1997-01-15              0
1997-01-17  1997-01-17  1997-01-15              1

10 rows selected
```

这样结果就对了：

```
WITH x0 AS
 (SELECT task_id,
         start_date,
         end_date,
         MAX(end_date)  over(ORDER  BY  start_date  rows  BETWEEN  unbounded
preceding AND 1 preceding) AS max_end_date
     FROM timesheets b),
x1 AS
```

```
 (SELECT start_date AS 开始时间,
         end_date AS 结束时间,
         max_end_date,
         CASE WHEN max_end_date >= start_date THEN 0 ELSE 1 END AS 连续状态
    FROM x0),
x2 AS
 (SELECT 开始时间,
         结束时间,
         SUM(连续状态) over(ORDER BY 开始时间) AS 分组依据
    FROM x1)
SELECT 分组依据, MIN(开始时间) AS 开始时间, MAX(结束时间) AS 结束时间
  FROM x2
 GROUP BY 分组依据
 ORDER BY 分组依据;

  分组依据   开始时间          结束时间
---------- ----------- -----------
         1 1997-01-01   1997-01-05
         2 1997-01-06   1997-01-09
         3 1997-01-12   1997-01-15
         4 1997-01-17   1997-01-17
```

9.4　用 WITH 进行范围分组

下面是一个货柜的运输情况：

```
CREATE OR REPLACE VIEW v9_4 AS
SELECT DATE '2016-01-01' AS date_d, 3 AS weight FROM dual UNION ALL
SELECT DATE '2016-01-02' AS date_d, 2 AS weight FROM dual UNION ALL
SELECT DATE '2016-01-02' AS date_d, 3 AS weight FROM dual UNION ALL
SELECT DATE '2016-01-03' AS date_d, 1 AS weight FROM dual UNION ALL
SELECT DATE '2016-01-05' AS date_d, 4 AS weight FROM dual UNION ALL
SELECT DATE '2016-01-06' AS date_d, 7 AS weight FROM dual UNION ALL
SELECT DATE '2016-01-09' AS date_d, 2 AS weight FROM dual UNION ALL
SELECT DATE '2016-01-15' AS date_d, 1 AS weight FROM dual UNION ALL
SELECT DATE '2016-01-18' AS date_d, 3 AS weight FROM dual;
```

货柜运输四天为一个周期，所以上述数据分为四个周期：

```
2016-01-01  2016-01-03
2016-01-09  2016-01-09
```

```
2016-01-05  2016-01-06
2016-01-15  2016-01-18
```

现要求计算出这些周期，并且汇总各周期的货物总量。这种需求我们可以使用 WITH 语句来处理：

```
WITH v1 AS
 (SELECT row_number() over(ORDER BY date_d) AS rn,
        date_d,
        weight
    FROM v9_4),
v2(rn,date_d,weight, date_from) AS
 (SELECT rn, date_d, weight, date_d AS date_from FROM v1
   WHERE rn = 1
  UNION ALL
  SELECT b.rn, b.date_d, b.weight,
        CASE
          WHEN b.date_d >= a.date_from + 4 THEN
           b.date_d
          ELSE
           a.date_from
        END AS date_from
    FROM v2 a, v1 b WHERE b.rn = a.rn + 1)
SELECT * FROM v2;

        RN DATE_D          WEIGHT DATE_FROM
---------- ----------- ---------- -----------
         1 2016-01-01           3 2016-01-01
         2 2016-01-02           2 2016-01-01
         3 2016-01-02           3 2016-01-01
         4 2016-01-03           1 2016-01-01
         5 2016-01-05           4 2016-01-05
         6 2016-01-06           7 2016-01-05
         7 2016-01-09           2 2016-01-09
         8 2016-01-15           1 2016-01-15
         9 2016-01-18           3 2016-01-15

9 rows selected
```

这里面的 V2 用了 WITH 递归(CTE)的方式，我们通过 RN=1 取出数据后，再通过递归关联取 RN=RN+1 的行，以此返回 RN=1、RN=2、RN=3 等的行，并与上次保留的

DATE_FROM 进行比较来确认当前行应该保留的 DATE_FROM 的值。如第 5 行，5>=1+4，超出了 4 天，因此 5 就是新的一组。

我们来模拟一下上面的 V2 的过程。

1．UNION ALL 之前的部分用来初始化

```
CREATE OR REPLACE VIEW v2_1 as
SELECT rn, date_d, weight, date_d AS date_from FROM v1 WHERE rn = 1;
SELECT * FROM v2_1;

 RN DATE_D          WEIGHT DATE_FROM
 -- ----------- ---------- -----------
  1 2016-01-01           3 2016-01-01
```

2．UNION ALL 之后第一次运行

```
CREATE OR REPLACE VIEW v2_2 as
SELECT b.rn, b.date_d, b.weight,
       CASE
         WHEN b.date_d >= a.date_from + 4 THEN
          b.date_d
         ELSE
          a.date_from
       END AS date_from
  FROM v2_1 a, v1 b WHERE b.rn = a.rn + 1;
SELECT * FROM v2_2;

 RN DATE_D          WEIGHT DATE_FROM
 -- ----------- ---------- -----------
  2 2016-01-02           2 2016-01-01
```

3．UNION ALL 之后第二次运行

```
CREATE OR REPLACE VIEW v2_3 as
SELECT b.rn, b.date_d, b.weight,
       CASE
         WHEN b.date_d >= a.date_from + 4 THEN
          b.date_d
         ELSE
          a.date_from
```

```
        END AS date_from
   FROM v2_2 a, v1 b WHERE b.rn = a.rn + 1;
SELECT * FROM v2_3;

 RN DATE_D          WEIGHT DATE_FROM
 -- ----------- ---------- -----------
  3 2016-01-02           3 2016-01-01
```

按以上方式循环查出所有数据后合并就是 CTE 的结果。

把 CTE 的结果再汇总就可以得到最终数据：

```
WITH v1 AS
 (SELECT row_number() over(ORDER BY date_d) AS rn,
         date_d,
         weight
    FROM v9_4),
v2(rn,date_d,weight, date_from) AS
 (SELECT rn, date_d, weight, date_d AS date_from FROM v1
   WHERE rn = 1
  UNION ALL
  SELECT b.rn, b.date_d, b.weight,
         CASE
           WHEN b.date_d >= a.date_from + 4 THEN
            b.date_d
           ELSE
            a.date_from
         END AS date_from
    FROM v2 a, v1 b WHERE b.rn = a.rn + 1)
SELECT MIN(date_d),
       MAX(date_d),
       SUM(weight)
  FROM v2
 GROUP BY date_from
 ORDER BY date_from;

MIN(DATE_D) MAX(DATE_D) SUM(WEIGHT)
----------- ----------- -----------
2016-01-01  2016-01-03            9
2016-01-05  2016-01-06           11
2016-01-09  2016-01-09            2
2016-01-15  2016-01-18            4
```

第 10 章 高级查找

10.1 给结果集分页

为了便于查询网页中的数据，常常要分页显示。例如，要求员工表（EMP 的数据）按工资排序后一次只显示 5 行数据，下次再显示接下来的 5 行，下面以第二页数据（6 到 10 行）为例进行分页。

前面已讲过，要先排序，然后在外层才能生成正确的序号：

```
SELECT rn AS 序号, ename AS 姓名, sal AS 工资
/*3. 根据前面生成的序号过滤掉 6 行以前的数据*/
  FROM (SELECT rownum AS rn, sal, ename
      /*2. 取得排序后的序号，并过滤掉 10 行以后的数据*/
        FROM (
           /*1. 按 sal 排序*/
```

```
                SELECT sal, ename FROM emp WHERE sal IS NOT NULL order by sal) x
         WHERE rownum <= 10)
 WHERE rn >= 6;

        序号      姓名              工资
---------- ---------- ---------
         6  MILLER       1300.00
         7  TURNER       1500.00
         8  ALLEN        1600.00
         9  CLARK        2450.00
        10  BLAKE        2850.00
```

① 为什么不直接在内层应用条件“WHERE rownum <= 10”呢？下面对比一下 rownum 的结果。

```
SELECT rownum AS e2_seq, e1_seq, sal, ename
  FROM (SELECT rownum AS e1_seq, sal, ename
          FROM emp e1
         WHERE sal IS NOT NULL
           AND deptno = 20
         ORDER BY sal) e2;

    E2_SEQ     E1_SEQ        SAL ENAME
---------- ---------- ---------- ----------
         1          1        800 SMITH
         2          4       1100 ADAMS
         3          2       2975 JONES
         4          5       3000 FORD
         5          3       3000 SCOTT
```

可以看到，内层直接生成的 rownum(E1_SEQ)与 sal 的顺序不一样，要想得到正确的顺序，就要先排序，后取序号。

② 为什么不直接用“rownum <= 10 and rownum >= 6”，而要分开写呢？下面来看一下。

```
SQL> select count(*) from emp;

  COUNT(*)
----------
        14

SQL> select count(*) from emp where rownum >= 6 and rownum <= 10;
```

```
  COUNT(*)
----------
         0
```

因为 rownum 是一个伪列，需要取出数据后，rownum 才会有值，在执行“where rownum >= 6”时，因为始终没取前 10 条数据出来，所以这个条件就查询不到数据，需要先在子查询中取出数据，然后外层用“WHERE rn >= 6”来过滤。

也可以先用 row_number()生成序号，再过滤，这样就只需要嵌套一次。

```
SELECT rn AS 序号, ename AS 姓名, sal AS 工资
  FROM (SELECT row_number() over(ORDER BY sal) AS rn, sal, ename
          FROM emp
         WHERE sal IS NOT NULL) x
 WHERE rn BETWEEN 6 AND 10;
```

这个语句比较简单，但因为分页语句的特殊性，在调用 PLAN 时可能会受到分析函数的影响，有些索引或 PLAN（如 first_rows）不能用。所以，在此建议大家使用第一种分页方式，把第一种分页方式当作模板，然后套用。

10.2　使用管道函数把全表查询改为增量查询

现有这样一个需求，要求得到各组最后一行数据，用 employees 表模拟如下：

```
SELECT e1.department_id, e1.hire_date, e1.employee_id, e1.first_name
  FROM (SELECT e.department_id,
               e.hire_date,
               e.employee_id,
               e.first_name,
               row_number() over(PARTITION BY department_id ORDER BY hire_date
DESC) AS seq
          FROM hr.employees e) e1
 WHERE seq = 1;
```

对于这种需要大量分析的语句，日常的优化方法大概有如下两种。

1. 用物化视图

通过物化视图生成结果数据，每次查询时直接查询这个结果。但是因为这个语句比较

复杂，使用物化视图不能增量更新，无法满足频繁查询新数据的要求。

2．用 procedure 加 job

把历史数据放入固定表，每次只处理新增数据并合并。因为只处理新增数据，这种方法比使用物化视图速度要快些，但同样因为是定时刷新数据，不能查询到实时数据。

有没有更好的方法呢？我们来尝试下管道函数。

1．为了演示增量，我们新建一个表 emp1

```
CREATE TABLE emp1 AS SELECT * FROM hr.employees WHERE hire_date < DATE
'2002-01-01';
```

2．现有结果生成固定表

```
CREATE TABLE emp_max AS
SELECT e1.department_id, e1.hire_date, e1.employee_id, e1.first_name
  FROM (SELECT e.department_id,
               e.hire_date,
               e.employee_id,
               e.first_name,
               row_number() over(PARTITION BY department_id ORDER BY hire_date
DESC) AS seq
          FROM emp1 e) e1
 WHERE seq = 1;
```

3．建立一个管道函数，来分析并合并增量数据

```
CREATE OR REPLACE PACKAGE pkg_test IS
  TYPE my_table IS TABLE OF emp_max%ROWTYPE;
  FUNCTION get_cur RETURN my_table
    PIPELINED;
END pkg_test;
/
CREATE OR REPLACE PACKAGE BODY pkg_test IS
  FUNCTION get_cur RETURN my_table
    PIPELINED IS
    PRAGMA AUTONOMOUS_TRANSACTION;
    v_lastdate DATE;
```

```
    v_row      emp_max%ROWTYPE;
    cur        SYS_REFCURSOR;
  BEGIN
    SELECT MAX(hire_date) INTO v_lastdate FROM emp_max;
    MERGE INTO emp_max a
    USING (SELECT e1.department_id,
                  e1.hire_date,
                  e1.employee_id,
                  e1.first_name
             FROM (SELECT e.department_id,
                          e.hire_date,
                          e.employee_id,
                          e.first_name,
                          row_number() over(PARTITION BY department_id ORDER BY
hire_date DESC) AS seq
                     FROM emp1 e
                    WHERE e.hire_date >= v_lastdate) e1
            WHERE seq = 1) e2
    ON (e2.department_id = a.department_id)
    WHEN MATCHED THEN
      UPDATE
         SET a.hire_date   = e2.hire_date,
             a.employee_id = e2.employee_id,
             a.first_name  = e2.first_name
    WHEN NOT MATCHED THEN
      INSERT
        (department_id, employee_id, first_name, hire_date)
      VALUES
        (e2.department_id, e2.employee_id, e2.first_name, e2.hire_date);

    COMMIT;

    OPEN cur FOR
      SELECT * FROM emp_max;

    LOOP
      FETCH cur
        INTO v_row;
      EXIT WHEN cur%NOTFOUND;
      PIPE ROW(v_row);
    END LOOP;
```

```
    CLOSE cur;
    RETURN;
  END;
END pkg_test;
```

4. 先查看现在的结果

```
SQL> SELECT * FROM table(pkg_test.get_cur);

DEPARTMENT_ID HIRE_DATE   EMPLOYEE_ID FIRST_NAME
------------- ----------- ----------- --------------------
           90 2001-01-13          102 Lex

1 row selected
```

5. 模拟增量数据

```
INSERT INTO emp1
SELECT * FROM hr.employees
WHERE hire_date >= DATE '2002-01-01'
AND hire_date < DATE '2003-01-01';

COMMIT;
```

6. 测试管道函数的增量合并效果

```
SQL> SELECT * FROM table(pkg_test.get_cur);

DEPARTMENT_ID HIRE_DATE   EMPLOYEE_ID FIRST_NAME
------------- ----------- ----------- --------------------
           90 2001-01-13          102 Lex
           30 2002-12-07          114 Den
           70 2002-06-07          204 Hermann
           40 2002-06-07          203 Susan
          100 2002-08-17          108 Nancy
          110 2002-06-07          205 Shelley

6 rows selected
```

10.3　内联视图与错误数据

Oracle 会对我们的查询自动做一些改写优化，这些优化绝大部分是有益的。只是偶尔也会出现一点问题。

数据示例如下：

```
CREATE TABLE SUBTEST AS
SELECT '1' AS NUM,'A' AS FLAG FROM dual UNION ALL
SELECT 'x' AS NUM,'B' AS FLAG FROM dual UNION ALL
SELECT '3' AS NUM,'C' AS FLAG FROM dual;
```

当我们进行如下查询时，语句就会被改写：

```
SELECT *
  FROM (SELECT flag,
               to_number(num) num
          FROM subtest
         WHERE flag IN ('A', 'C'))
 WHERE num > 0;

Plan Hash Value  : 1182860010

---------------------------------------------------------------------------
| Id  | Operation            | Name     | Rows | Bytes | Cost | Time     |
---------------------------------------------------------------------------
|   0 | SELECT STATEMENT     |          |    1 |     6 |    3 | 00:00:01 |
| * 1 |   TABLE ACCESS FULL  | SUBTEST  |    1 |     6 |    3 | 00:00:01 |
---------------------------------------------------------------------------

Predicate Information (identified by operation id):
------------------------------------------
* 1 - filter(TO_NUMBER("NUM")>0 AND ("FLAG"='A' OR "FLAG"='C'))
```

而语句本身并不会有什么问题：

```
SELECT flag,
       to_number(num) num
  FROM subtest
 WHERE flag IN ('A', 'C');
```

```
FLAG        NUM
---- ----------
A             1
C             3
```

返回数据后，取 num > 0 的部分，结果应该仍然是两行，但是：

```
SELECT *
  FROM (SELECT flag,
               to_number(num) num
          FROM subtest
         WHERE flag IN ('A', 'C'))
 WHERE num > 0
```

ORA-01722: invalid number

之所以会有这种现象，是因为 Oracle 进行了改写，通过刚刚的 PLAN 可以看到改写后的语句为：

```
SELECT flag,
       to_number(num) num
  FROM subtest
 WHERE flag IN ('A', 'C')
   AND num > 0
```

to_number('x')当然会报错。当然具体现象可能与我演示的不一样，有可能是别的函数，也有可能并不报错但返回的结果不对。

那么遇到这种情况怎么处理？我们可以通过变更查询让 Oracle 认为更改前后的结果**不一致**。其中一个方法如下：

```
SELECT *
  FROM (SELECT flag,
               to_number(num) num
          FROM subtest
         WHERE flag IN ('A', 'C')
           AND rownum >= 1)
 WHERE num > 0;

----------------------------------------------------------------------------
| Id  | Operation                  | Name     | Rows| Bytes| Cost| Time     |
----------------------------------------------------------------------------
|   0 | SELECT STATEMENT           |          |   2 |   32 |   3 | 00:00:01 |
```

```
| * 1 |  VIEW                |         |  2 |  32 |   3 | 00:00:01 |
|   2 |   COUNT              |         |    |     |     |          |
| * 3 |    FILTER            |         |    |     |     |          |
| * 4 |     TABLE ACCESS FULL | SUBTEST |  2 |  12 |   3 | 00:00:01 |
-----------------------------------------------------------------------

Predicate Information (identified by operation id):
---------------------------------------------------

* 1 - filter("NUM">0)
* 3 - filter(ROWNUM>=1)
* 4 - filter("FLAG"='A' OR "FLAG"='C')
```

因为条件中多了 ROWNUM 的判断，根据我们前面讲过的 ROWNUM 特性，它在更改前后不同的位置确实可能会引起返回结果发生变化。所以 Oracle 在这种情况下停止了改写并返回正确结果。

10.4　正确使用分析函数

朋友给我发了一个查询语句，用 EMP 来模拟如下：

```
SELECT deptno, s_sal, hiredate, emps
  FROM (SELECT deptno,
               SUM(sal) over(PARTITION BY deptno) AS s_sal,
               hiredate,
               row_number() over(PARTITION BY deptno ORDER BY hiredate) AS sn,
               listagg(ename,',') within GROUP(ORDER BY empno) over(PARTITION
BY deptno) AS emps
          FROM emp)
 WHERE sn = 1;
```

我们先去掉条件 SN=1 看下所有的返回数据：

```
   DEPTNO     S_SAL HIREDATE      SN EMPS
--------- --------- ---------- ----- ------------------------------
       10      8750 1981-06-09     1 CLARK,KING,MILLER
       10      8750 1981-11-17     2 CLARK,KING,MILLER
       10      8750 1982-01-23     3 CLARK,KING,MILLER
       20     10875 1980-12-17     1 SMITH,JONES,SCOTT,ADAMS,FORD
       20     10875 1981-04-02     2 SMITH,JONES,SCOTT,ADAMS,FORD
       20     10875 1981-12-03     3 SMITH,JONES,SCOTT,ADAMS,FORD
       20     10875 1982-12-09     4 SMITH,JONES,SCOTT,ADAMS,FORD
```

```
        20      10875 1983-01-12          5 SMITH,JONES,SCOTT,ADAMS,FORD
        30       9400 1981-02-20          1 ALLEN,WARD,MARTIN,BLAKE,TURNER,JAMES
        30       9400 1981-02-22          2 ALLEN,WARD,MARTIN,BLAKE,TURNER,JAMES
        30       9400 1981-05-01          3 ALLEN,WARD,MARTIN,BLAKE,TURNER,JAMES
        30       9400 1981-09-08          4 ALLEN,WARD,MARTIN,BLAKE,TURNER,JAMES
        30       9400 1981-09-28          5 ALLEN,WARD,MARTIN,BLAKE,TURNER,JAMES
        30       9400 1981-12-03          6 ALLEN,WARD,MARTIN,BLAKE,TURNER,JAMES

14 rows selected
```

通过数据及语句进行分析，可以看出该语句实际上是要返回最小的 HIREDATE，以及对应的汇总数据，因此我们可以直接汇总：

```
SELECT deptno,
       SUM(sal),
       MIN(hiredate),
       listagg(ename, ',') within GROUP(ORDER BY empno) AS emps
  FROM emp
 GROUP BY deptno;

    DEPTNO   SUM(SAL) MIN(HIREDATE) EMPS
---------- ---------- ------------- ----------------------------------------
        10       8750 1981-06-09    CLARK,KING,MILLER
        20      10875 1980-12-17    SMITH,JONES,SCOTT,ADAMS,FORD
        30       9400 1981-02-20    ALLEN,WARD,MARTIN,BLAKE,TURNER,JAMES
```

可以看到上面的汇总语句中 SUM(SAL)只能看到汇总后的数据，无法看到明细数据。而使用分析函数 SUM(sal) over(PARTITION BY deptno)的目的是对明细数据进行分析，我们可以同时查看明细及分析后的结果：

```
SELECT deptno, ename, empno, sal, SUM(sal) over(PARTITION BY deptno) FROM
emp;

  DEPTNO ENAME           EMPNO        SAL SUM(SAL)OVER(PARTITIONBYDEPTNO
-------- ---------- ---------- ---------- ------------------------------
      10 CLARK            7782       2450                           8750
      10 KING             7839       5000                           8750
      10 MILLER           7934       1300                           8750
      20 JONES            7566       2975                          10875
      20 FORD             7902       3000                          10875
      20 ADAMS            7876       1100                          10875
      20 SMITH            7369        800                          10875
```

```
        20 SCOTT                7788       3000                    10875
        30 WARD                 7521       1250                     9400
        30 TURNER               7844       1500                     9400
        30 ALLEN                7499       1600                     9400
        30 JAMES                7900        950                     9400
        30 BLAKE                7698       2850                     9400
        30 MARTIN               7654       1250                     9400

14 rows selected
```

所以要搞清楚需求及应该使用的语句，不然会使语句很复杂。

10.5　找到包含最大值和最小值的记录

构建测试数据如下：

```
DROP TABLE T10_5 PURGE;
CREATE TABLE T10_5 AS SELECT * FROM dba_objects;
CREATE INDEX idx_t10_5_object_id ON T10_5(object_id);
BEGIN
  dbms_stats.gather_table_stats(ownname => 'TEST', tabname => 'T10_5');
END;
/
```

要求返回最大/最小的 **object_id** 及对应的 **object_name**，可以用下面的查询，需要对员工表扫描三次：

```
SELECT object_name, object_id FROM t10_5 WHERE object_id IN
 (
 SELECT MIN(object_id) FROM t10_5
 UNION ALL
 SELECT MAX(object_id) FROM t10_5
 );

OBJECT_NAME      OBJECT_ID
---------------- ----------
C_OBJ#                    2
T10_5                 96160
```

用分析函数只需要对员工表扫描一次：

```
SELECT object_name, object_id
```

```
  FROM (SELECT object_name,
               object_id,
               MIN(object_id) over() min_id,
               MAX(object_id) over() max_id
          FROM t10_5) x
 WHERE object_id IN (min_id, max_id);
```

是不是分析函数效率就高？我们来对比下 PLAN：

```
Plan Hash Value  : 4012744791

------------------------------------------------------------------------------------
| Id   | Operation                 | Name              | Rows | Bytes | Cost | Time     |
------------------------------------------------------------------------------------
|    0 | SELECT STATEMENT          |                   |    2 |    86 |    8 | 00:00:01 |
|    1 |   NESTED LOOPS            |                   |    2 |    86 |    8 | 00:00:01 |
|    2 |    NESTED LOOPS           |                   |    2 |    86 |    8 | 00:00:01 |
|    3 |     VIEW                  | VW_NSO_1          |    2 |    26 |    4 | 00:00:01 |
|    4 |      HASH UNIQUE          |                   |    2 |    10 |    4 | 00:00:01 |
|    5 |       UNION-ALL           |                   |      |       |      |          |
|    6 |        SORT AGGREGATE     |                   |    1 |     5 |      |          |
|    7 |         INDEX FULL SCAN (MIN/MAX)|IDX_T10_5_OBJECT_ID|1| 5 | 2 | 00:00:01  |
|    8 |        SORT AGGREGATE     |                   |    1 |     5 |      |          |
|    9 |         INDEX FULL SCAN (MIN/MAX)|IDX_T10_5_OBJECT_ID|1| 5 |  2 | 00:00:01 |
| * 10 |      INDEX RANGE SCAN     | IDX_T10_5_OBJECT_ID   |  1 |      |    1 | 00:00:01 |
|  11  |    TABLE ACCESS BY INDEX ROWID    | T10_5    |    1 |    30 |    2 | 00:00:01 |
------------------------------------------------------------------------------------

Predicate Information (identified by operation id):
------------------------------------------
* 10 - access("OBJECT_ID"="MIN(OBJECT_ID)")
```

第一个语句虽然访问三次 T10_5，但都使用了索引，且通过 MIN/MAX 方式，消耗很小。

```
Plan Hash Value  : 2726971814

-----------------------------------------------------------------------------
| Id | Operation              | Name   | Rows   | Bytes     | Cost| Time     |
-----------------------------------------------------------------------------
|  0 | SELECT STATEMENT       |        | 88514  | 9293970  | 353  | 00:00:05|
|* 1 |   VIEW                 |        | 88514  | 9293970  | 353  | 00:00:05|
```

```
|  2 |    WINDOW BUFFER      |        | 88514 | 2655420 | 353 | 00:00:05|
|  3 |     TABLE ACCESS FULL | T10_5  | 88514 | 2655420 | 353 | 00:00:05|
-----------------------------------------------------------------------------

Predicate Information (identified by operation id):
---------------------------------------------------

* 1 - filter("OBJECT_ID"="MIN_ID" OR "OBJECT_ID"="MAX_ID")
```

第二个语句虽然使用了分析函数，只访问一次 T10_5，但因为是 FULL TABLE，效率反而变低。

10.6　提取维度信息

我们前面讲过使用查询语句进行行转列，在很多报表工具中可以自动行转列，比如自动生成下面的显示：

```
    DEPTNO    ANALYST      CLERK    MANAGER  PRESIDENT   SALESMAN
---------- ---------- ---------- ---------- ---------- ----------
        10                  1300       2450       5000
        20       6000       1900       2975
        30                   950       2850                  5600
```

这种功能会根据源数据中的信息自动显示对应的列，如果我们只选择部门 10，显示的列会变为：

```
    DEPTNO    ANALYST      CLERK    MANAGER
---------- ---------- ---------- ----------
        20       6000       1900       2975
```

但我们常常希望不受过滤条件影响，把所有列都显示出来，以便观察全体数据。这时我们可以先枚举需要显示的列，再关联过滤后的信息：

```
SELECT j.job, e.deptno, e.ename, e.empno, e.sal
  FROM (SELECT DISTINCT job FROM emp) j
  LEFT JOIN (SELECT * FROM emp WHERE deptno IN (10, 20)) e ON j.job = e.job

JOB            DEPTNO ENAME           EMPNO        SAL
---------- ---------- ---------- ---------- ----------
CLERK              20 SMITH            7369        800
MANAGER            20 JONES            7566       2975
MANAGER            10 CLARK            7782       2450
```

```
ANALYST          20 SCOTT           7788       3000
PRESIDENT        10 KING            7839       5000
CLERK            20 ADAMS           7876       1100
ANALYST          20 FORD            7902       3000
CLERK            10 MILLER          7934       1300
SALESMAN

9 rows selected
```

把这个数据源提供给报表工具就可以显示所有列了：

```
    DEPTNO    ANALYST      CLERK    MANAGER  PRESIDENT   SALESMAN
---------- ---------- ---------- ---------- ---------- ----------
        10                  1300       2450       5000
        20       6000       1900       2975
```

需要注意，上面的语句中过滤条件要放在 INLINE VIEW 里面，如果放在外面结果会失去枚举的效果：

```
SELECT j.job, e.deptno, e.ename, e.empno, e.sal
  FROM (SELECT DISTINCT job FROM emp) j
  LEFT JOIN (SELECT * FROM emp) e ON j.job = e.job
 WHERE e.deptno IN (10, 20);

JOB            DEPTNO ENAME           EMPNO        SAL
---------- ---------- ---------- ---------- ----------
CLERK              10 MILLER           7934       1300
CLERK              20 ADAMS            7876       1100
CLERK              20 SMITH            7369        800
PRESIDENT          10 KING             7839       5000
MANAGER            10 CLARK            7782       2450
MANAGER            20 JONES            7566       2975
ANALYST            20 FORD             7902       3000
ANALYST            20 SCOTT            7788       3000

8 rows selected
```

那么如果报表工具不支持把条件放在里面怎么办？我们需要增加对 DEPTNO 的枚举：

```
SELECT j.job, d.deptno, e.ename, e.empno, e.sal
  FROM (SELECT DISTINCT job FROM emp) j
 CROSS JOIN (SELECT DISTINCT deptno FROM emp) d
  LEFT JOIN (SELECT * FROM emp) e ON (j.job = e.job AND e.deptno = d.deptno)
```

```
WHERE d.deptno IN (10, 20);

JOB            DEPTNO ENAME           EMPNO        SAL
---------- ---------- ---------- ---------- ----------
CLERK              20 SMITH            7369        800
MANAGER            20 JONES            7566       2975
MANAGER            10 CLARK            7782       2450
ANALYST            20 SCOTT            7788       3000
PRESIDENT          10 KING             7839       5000
CLERK              20 ADAMS            7876       1100
ANALYST            20 FORD             7902       3000
CLERK              10 MILLER           7934       1300
PRESIDENT          20
ANALYST            10
SALESMAN           20
SALESMAN           10

12 rows selected
```

并且改为在枚举后的数据上过滤。

第 11 章 报表和数据仓库运算

11.1 行转列子句

Oracle 11g 新增了 PIVOT 子句，规则简单的行转列用 PIVOT 子句实现会更简单：

```
SELECT *
  FROM (SELECT job, sal, deptno FROM emp)
pivot(SUM(sal) AS s
   FOR deptno IN(10 AS d10, 20 AS d20, 30 AS d30))
 ORDER BY 1;

JOB             D10_S      D20_S      D30_S
---------- ---------- ---------- ----------
ANALYST                     6000
CLERK            1300       1900        950
```

```
MANAGER          2450        2975        2850
PRESIDENT        5000
SALESMAN                                 5600

5 rows selected
```

我们来解析下这个语句。

① 该语句返回 PIVOT 子句转换之后的列，而非原始列，所以下面查询报错：

```
SELECT job, sal, deptno
  FROM (SELECT job, sal, deptno FROM emp)
pivot(SUM(sal) AS s
   FOR deptno IN(10 AS d10, 20 AS d20, 30 AS d30))
 ORDER BY 1

ORA-00904: "DEPTNO": invalid identifier
```

因为经 PIVOT 子句转换后已不存在列 DEPTNO、SAL。

② PIVOT 子句只标记要汇总的列（SAL）及要转换的列（DEPTNO），语句中没有 GROUP BY 子句，而是把剩余的列统统放在 GROUP BY 里面（JOB）。如果其他不动，只是在子查询里增加列，则新增的列会自动放入 GROUP BY 里面：

```
SELECT *
  FROM (SELECT job,
               to_char(hiredate, 'yyyy') AS YEAR,
               sal,
               deptno
          FROM emp)
pivot(SUM(sal) AS s
   FOR deptno IN(10 AS d10, 20 AS d20, 30 AS d30))
 ORDER BY 1;

JOB        YEAR      D10_S      D20_S      D30_S
---------- ---- ---------- ---------- ----------
ANALYST    1981                  3000
ANALYST    1982                  3000
CLERK      1980                   800
CLERK      1981                              950
CLERK      1982       1300
CLERK      1983                  1100
MANAGER    1981       2450       2975       2850
```

```
PRESIDENT  1981        5000
SALESMAN   1981                                    5600

9 rows selected
```

③ PIVOT 子句返回的汇总列名称（如 D10_S）由两部分组合生成，分别来自 10 AS **D10** 与 SUM(SAL) AS S，中间用下画线隔开。如果汇总部分没有则省略。列转换部分没有则直接用值作为列名：

```
SELECT *
  FROM (SELECT job,
               sal,
               comm,
               deptno
          FROM emp)
pivot(SUM(sal) AS s, SUM(comm)
   FOR deptno IN(10 AS d10, 20, 30 AS d30))
 ORDER BY 1;

JOB             D10_S        D10       20_S        20      D30_S        D30
---------- ---------- ---------- ---------- ---------- ---------- ----------
ANALYST                               6000
CLERK            1300                 1900                    950
MANAGER          2450                 2975                   2850
PRESIDENT        5000
SALESMAN                                                     5600       2200

5 rows selected
```

SUM(COMM)未设置别名，被省略。D20 未设置别名，直接使用 20 作为别名。

④ PIVOT 子句实际执行的还是 CASE WHEN 条件语句：

```
Plan hash value: 1018027214

--------------------------------------------------------------------------
| Id  | Operation              | Name| Rows | Bytes | Cost (%CPU)| Time     |
--------------------------------------------------------------------------
|   0 | SELECT STATEMENT       |     |      |       |    4 (100)|          |
|   1 |  SORT GROUP BY PIVOT|     |   14 |   462 |    4  (25)| 00:00:01 |
|   2 |   TABLE ACCESS FULL | EMP |   14 |   462 |    3   (0)| 00:00:01 |
--------------------------------------------------------------------------
```

```
Query Block Name / Object Alias (identified by operation id):
-------------------------------------------------------------

   1 - SEL$117FC0EF
   2 - SEL$117FC0EF / EMP@SEL$2

Column Projection Information (identified by operation id):
-----------------------------------------------------------

   1 - (#keys=1) "JOB"[VARCHAR2,10], SUM(CASE WHEN ("DEPTNO"=10) THEN
       "SAL" END )[22], SUM(CASE WHEN ("DEPTNO"=20) THEN "SAL" END )[22],
       SUM(CASE WHEN ("DEPTNO"=30) THEN "SAL" END )[22]
   2 - "JOB"[VARCHAR2,10], "SAL"[NUMBER,22], "DEPTNO"[NUMBER,22]
```

符合规则的行转列需求使用 PIVOT 子句来处理便于维护，但不提高执行效率。

11.2　列转行子句

列转行也有对应的 UNPIVOT 子句，我们先生成测试数据：

```
DROP TABLE TEST PURGE;
CREATE TABLE t11_2 AS
SELECT *
  FROM (SELECT deptno, sal FROM emp)
pivot(COUNT(*) AS ct, SUM(sal) AS s
   FOR deptno IN(10 AS deptno_10, 20 AS deptno_20, 30 AS deptno_30));
SELECT * FROM t11_2;

DEPTNO_10_CT DEPTNO_10_S DEPTNO_20_CT DEPTNO_20_S DEPTNO_30_CT DEPTNO_30_S
------------ ----------- ------------ ----------- ------------ -----------
           3        8750            5       10875            6        9400

1 row selected
```

要求把三个部门的“人次”转为一列显示。以前这种需求一直用 UNION ALL 来写：

```
SELECT '10' AS deptno, deptno_10_ct AS cnt FROM t11_2
UNION ALL
SELECT '20' AS deptno, deptno_20_ct AS cnt FROM t11_2
UNION ALL
```

```
SELECT '30' AS deptno, deptno_30_ct AS cnt FROM t11_2;

Plan Hash Value  : 565986911

------------------------------------------------------------------------
| Id | Operation            | Name    | Rows | Bytes | Cost | Time     |
------------------------------------------------------------------------
|  0 | SELECT STATEMENT     |         |    3 |    39 |    9 | 00:00:01 |
|  1 |   UNION-ALL          |         |      |       |      |          |
|  2 |    TABLE ACCESS FULL | T11_2   |    1 |    13 |    3 | 00:00:01 |
|  3 |    TABLE ACCESS FULL | T11_2   |    1 |    13 |    3 | 00:00:01 |
|  4 |    TABLE ACCESS FULL | T11_2   |    1 |    13 |    3 | 00:00:01 |
------------------------------------------------------------------------
```

而使用 UNPIVOT 子句的写法如下：

```
SELECT * FROM t11_2 unpivot(cnt FOR deptno IN(deptno_10_ct, deptno_20_ct,
deptno_30_ct));

Plan Hash Value  : 1601248344

------------------------------------------------------------------------
| Id  | Operation             | Name   | Rows | Bytes | Cost | Time     |
------------------------------------------------------------------------
|   0 | SELECT STATEMENT      |        |    3 |   198 |    9 | 00:00:01 |
| * 1 |   VIEW                |        |    3 |   198 |    9 | 00:00:01 |
|   2 |    UNPIVOT            |        |      |       |      |          |
|   3 |     TABLE ACCESS FULL | T11_2  |    1 |    78 |    3 | 00:00:01 |
------------------------------------------------------------------------

Predicate Information (identified by operation id):
------------------------------------------
* 1 - filter("unpivot_view_006"."CNT" IS NOT NULL)
```

通过 PLAN 的对比可以看出，UNION ALL 的方式需要多次访问 T11_2，而 UNPIVOT 只需要一次。可见使用 UNPIVOT 会对性能有一点点提升。

下面解析下 UNPIVOT 语句

① 同 PIVOT 一样，返回转换后的列：

```
SELECT deptno_20_ct
  FROM  t11_2  unpivot(CNT  FOR  deptno  IN(deptno_10_ct,  deptno_20_ct,
```

```
deptno_30_ct))

ORA-00904: "DEPTNO_20_CT": invalid identifier
```

② 转换后的列分别保存之前的值（CNT）与列名（DEPTNO），而之前的列（DEPTNO_10_CT、DEPTNO_20_CT、DEPTNO_30_CT）均不可见：

```
SELECT * FROM t11_2 unpivot(CNT FOR deptno IN(deptno_10_ct, deptno_20_ct,
deptno_30_ct));

DEPTNO_10_S DEPTNO_20_S DEPTNO_30_S DEPTNO                  CNT
----------- ----------- ----------- ------------ ----------
       8750       10875        9400 DEPTNO_10_CT          3
       8750       10875        9400 DEPTNO_20_CT          5
       8750       10875        9400 DEPTNO_30_CT          6
```

前面只提取了人次信息，我们还可以把工资信息一起提取出来：

```
SELECT *
  FROM t11_2 unpivot((cnt, sal)
       FOR deptno IN((deptno_10_ct, deptno_10_s),
                     (deptno_20_ct, deptno_20_s),
                     (deptno_30_ct,deptno_30_s)));

DEPTNO                          CNT        SAL
------------------------ ---------- ----------
DEPTNO_10_CT_DEPTNO_10_S          3       8750
DEPTNO_20_CT_DEPTNO_20_S          5      10875
DEPTNO_30_CT_DEPTNO_30_S          6       9400
```

把转换前后的列分别放在括号里，一一对应即可。

```
Plan Hash Value  : 1601248344

-----------------------------------------------------------------------
| Id  | Operation            | Name   | Rows | Bytes | Cost | Time     |
-----------------------------------------------------------------------
|   0 | SELECT STATEMENT     |        |    3 |   156 |    9 | 00:00:01 |
| * 1 |   VIEW               |        |    3 |   156 |    9 | 00:00:01 |
|   2 |    UNPIVOT           |        |      |       |      |          |
|   3 |     TABLE ACCESS FULL | T11_2 |    1 |    78 |    3 | 00:00:01 |
-----------------------------------------------------------------------
```

```
Predicate Information (identified by operation id):
---------------------------------------------------
* 1 - filter("unpivot_view_006"."CNT" IS NOT NULL OR "unpivot_view_006".
"SAL" IS NOT NULL)
```

同样，只需访问一次 T11_2。

11.3 将结果集反向转置为一列

有时会要求数据竖向显示，如 SMITH 的数据显示如下（各行之间用空格隔开）：

```
SMITH
CLERK
800
```

我们使用刚学到的 UNPIVOT，再加一点小技巧就可以。

```
SELECT EMPS
  FROM (SELECT ENAME, JOB, TO_CHAR(SAL) AS SAL, NULL AS T_COL/*增加这一列来
显示空行*/ FROM EMP WHERE deptno = 10)
UNPIVOT INCLUDE NULLS(EMPS FOR COL IN(ENAME, JOB, SAL, T_COL));

EMPS
----------
CLARK
MANAGER
2450

KING
PRESIDENT
5000

MILLER
CLERK
1300

12 rows selected
```

这里要注意以下两点。

① 与 UNION ALL 一样，要合并的几列数据类型必须相同，如果 sal 不用 to_char 转

换，就会报错：

```
SELECT EMPS
  FROM (SELECT ENAME, JOB, SAL, NULL AS T_COL FROM EMP WHERE deptno = 10)
UNPIVOT INCLUDE NULLS(EMPS FOR COL IN(ENAME, JOB, SAL, T_COL));
ORA-01790：表达式必须具有与对应表达式相同的数据类型
```

② 如果不加 include nulls，将不会显示空行，**这个参数会影响返回的行数，需要特别注意**：

```
SELECT EMPS
  FROM (SELECT ENAME, JOB, TO_CHAR(SAL) AS SAL, NULL AS T_COL FROM EMP WHERE
deptno = 10)
UNPIVOT (EMPS FOR COL IN(ENAME, JOB, SAL, T_COL));

EMPS
----------
CLARK
MANAGER
2450
KING
PRESIDENT
5000
MILLER
CLERK
1300

9 rows selected
```

11.4　打印小票与行列转换

有时为了方便打印，会要求多行多列打印，如类似下面这样显示 emp.ename：

```
ADAMS    ALLEN    BLAKE    CLARK    FORD
JAMES    JONES    KING     MARTIN   MILLER
SCOTT    SMITH    TURNER   WARD
```

要达到这个目的，需要以下操作。

1. 生成序号

```
WITH x1 AS
 (SELECT ename FROM emp ORDER BY ename),
x2 AS
 (SELECT rownum AS rn, ename FROM x1)
SELECT * FROM x2;

        RN ENAME
---------- ----------
         1 SMITH
         2 ALLEN
……
```

2. 通过 ceil 函数把数据分为几个组

```
WITH x1 AS
 (SELECT ename FROM emp ORDER BY ename),
x2 AS
 (SELECT rownum AS rn, ename FROM x1),
x3 AS
 (SELECT ceil(rn / 5) AS gp, ename FROM x2)
SELECT * FROM x3;

        GP ENAME
---------- ----------
         1 SMITH
         1 ALLEN
         1 WARD
         1 JONES
         1 MARTIN
         2 BLAKE
         2 CLARK
         2 SCOTT
         2 KING
         2 TURNER
         3 ADAMS
         3 JAMES
         3 FORD
         3 MILLER
14 rows selected
```

3. 给各组数据生成序号

```
WITH x1 AS
 (SELECT ename FROM emp ORDER BY ename),
x2 AS
 (SELECT rownum AS rn, ename FROM x1),
x3 AS
 (SELECT ceil(rn / 5) AS gp, ename FROM x2),
x4 AS
 (SELECT gp, ename, row_number() over(PARTITION BY gp ORDER BY ename) AS rn
   FROM x3)
SELECT * FROM x4;

        GP ENAME              RN
---------- ---------- ----------
         1 ADAMS               1
         1 ALLEN               2
         1 BLAKE               3
         1 CLARK               4
         1 FORD                5
         2 JAMES               1
         2 JONES               2
         2 KING                3
         2 MARTIN              4
         2 MILLER              5
         3 SCOTT               1
         3 SMITH               2
         3 TURNER              3
         3 WARD                4
14 rows selected
```

4. 通过分组生成序号，并进行行转列

```
WITH x1 AS
/*1. 排序*/
 (SELECT ename FROM emp ORDER BY ename),
x2 AS
/*2. 生成序号*/
 (SELECT rownum AS rn, ename FROM x1),
x3 AS
/*3. 分组*/
```

```
 (SELECT ceil(rn / 5) AS gp, ename FROM x2),
x4 AS
/*4. 分组生成序号*/
 (SELECT gp, ename, row_number() over(PARTITION BY gp ORDER BY ename) AS rn
   FROM x3)
/*5. 行转列*/
SELECT *
  FROM x4 pivot(MAX(ename) FOR rn IN(1 AS n1,
                                     2 AS n2,
                                     3 AS n3,
                                     4 AS n4,
                                     5 AS n5));

        GP N1         N2         N3         N4         N5
---------- ---------- ---------- ---------- ---------- ----------
         1 ADAMS      ALLEN      BLAKE      CLARK      FORD
         2 JAMES      JONES      KING       MARTIN     MILLER
         3 SCOTT      SMITH      TURNER     WARD
3 rows selected
```

有些前台打印功能较弱，就可以用这种办法直接返回需要的数据进行打印。

11.5 数据分组

节假日连续放假三天，公司需要雇员和经理分三组值班。我们可以用分析函数 ntile 来处理这个分组需求：

```
SELECT ntile(3) over(ORDER BY empno) AS 组, empno AS 编码, ename AS 姓名
  FROM emp
 WHERE job IN ('CLERK', 'MANAGER');

        组       编码 姓名
---------- ---------- ----------
         1       7369 SMITH
         1       7566 JONES
         1       7698 BLAKE
         2       7782 CLARK
         2       7876 ADAMS
         3       7900 JAMES
         3       7934 MILLER
```

```
7 rows selected
```

11.6 计算简单的小计

生成报表数据时通常还要加一个总合计，必须要用 UNION ALL 来做吗？答案是否定的，我们用 ROLLUP 就可以达到这个目的。

```
SELECT deptno, SUM(sal) AS s_sal FROM emp GROUP BY ROLLUP(deptno);

    DEPTNO      S_SAL
---------- ----------
        10       8750
        20      10875
        30       9400
                29025
4 rows selected
```

上述语句中，ROLLUP 是 GROUP BY 子句的一种扩展，可以为每个分组返回小计记录，以及为所有的分组返回总计记录。

为了便于理解，我们做一个与 UNION ALL 对照的实例。

```
SELECT deptno AS 部门编码, job AS 工作, mgr AS 主管, SUM(sal) AS s_sal
  FROM emp
 GROUP BY ROLLUP(deptno, job, mgr);

  部门编码 工作             主管      S_SAL
---------- ---------- ---------- ----------
        10 CLERK            7782       1300
        10 CLERK                       1300
        10 MANAGER          7839       2450
        10 MANAGER                     2450
        10 PRESIDENT                   5000
        10 PRESIDENT                   5000
        10                             8750
        20 CLERK            7788       1100
        20 CLERK            7902        800
        20 CLERK                       1900
        20 ANALYST          7566       6000
        20 ANALYST                     6000
        20 MANAGER          7839       2975
```

```
        20 MANAGER                       2975
        20                              10875
        30 CLERK              7698        950
        30 CLERK                          950
        30 MANAGER            7839       2850
        30 MANAGER                       2850
        30 SALESMAN           7698       5600
        30 SALESMAN                      5600
        30                               9400
                                        29025

23 rows selected
```

以上查询相当于下面四个汇总语句的结果合并在一起：

```
SELECT deptno AS 部门编码, job AS 工作, mgr AS 主管, SUM(sal) as s_sal
  FROM emp
 GROUP BY deptno , job, mgr
UNION ALL
SELECT deptno AS 部门编码, job AS 工作, NULL/*工作小计*/ AS 主管, SUM(sal) as s_sal
  FROM emp
 GROUP BY deptno, job
UNION ALL
SELECT deptno AS 部门编码, NULL/*部门小计*/ AS 工作, NULL AS 主管, SUM(sal) as s_sal
  FROM emp
 GROUP BY deptno
UNION ALL
SELECT NULL /*总合计*/, NULL AS 工作, NULL AS 主管, SUM(sal) as s_sal
  FROM emp;
```

可能这种方式有很多人已用过，如果按部门编号和工作两列汇总，加上总合计有没有办法处理呢？

我们可以把部门与工作这两列放入括号中，这样部门与工作会被当作一个整体：

```
SELECT deptno AS 部门编码,
       job 工作,
       SUM(sal) AS 工资小计
  FROM emp
 GROUP BY ROLLUP((deptno, job));
```

```
  部门编码 工作            工资小计
---------- ---------- ----------
        10 CLERK            1300
        10 MANAGER          2450
        10 PRESIDENT        5000
        20 CLERK            1900
        20 ANALYST          6000
        20 MANAGER          2975
        30 CLERK             950
        30 MANAGER          2850
        30 SALESMAN         5600
                           29025

10 rows selected
```

11.7　判别非小计的行

前面介绍了用 ROLLUP 来生成级次汇总，那么如何判断哪些行是小计呢？

有些人会说可以用 NVL，如 NVL(DEPTNO,'总计')、NVL(JOB,'小计')。下面来看是否可行。

首先处理数据：

```
UPDATE emp SET job = NULL WHERE empno = 7788;
UPDATE emp SET deptno = NULL WHERE empno in (7654,7902);
```

查询如下：

```
SELECT nvl(to_char(deptno), '总计') AS deptno,
       nvl(job, '小计') AS job,
       deptno,
       job,
       SUM(sal) sal,
       GROUPING(deptno) deptno_gpg,
       GROUPING(job) job_gpg
  FROM emp
 GROUP BY ROLLUP(deptno, job);

DEPTNO JOB             DEPTNO JOB              SAL DEPTNO_GPG    JOB_GPG
------ ---------- -------- ---------- --------- ---------- ----------
```

```
总计     ANALYST              ANALYST           3000          0          0
总计     SALESMAN             SALESMAN          1250          0          0
总计     小计                                   4250          0          1
10       CLERK             10 CLERK             1300          0          0
10       MANAGER           10 MANAGER           2450          0          0
10       PRESIDENT         10 PRESIDENT         5000          0          0
10       小计              10                   8750          0          1
20       小计              20                   3000          0          0
20       CLERK             20 CLERK             1900          0          0
20       MANAGER           20 MANAGER           2975          0          0
20       小计              20                   7875          0          1
30       CLERK             30 CLERK              950          0          0
30       MANAGER           30 MANAGER           2850          0          0
30       SALESMAN          30 SALESMAN          4350          0          0
30       小计              30                   8150          0          1
总计     小计                                  29025          1          1

16 rows selected
```

很明显前三行不应是总计，而是 empno in (7654,7902)的数据，因 DEPTNO 本身为空而误判。中间的一行也不应是小时，是 empno = 7788 因 JOB 为空而误判。

如果想精确地判断是否为小计或总计，除了使用更复杂的判断语句外，在 Oracle 中还可以使用 GROUPING 函数判断。如上面最后两行的结果，当 JOB 被汇总时，JOB_GPG 值正为 1 对应该部门小计，当 DEPTNO_GRP 为 1 时 DEPTNO 被汇总，对应总计，因此我们可以这样判断：

```
SELECT decode(GROUPING(deptno), 1, '总计', to_char(deptno)) AS deptno,
       decode(GROUPING(deptno), 1, NULL, decode(GROUPING(job), 1, '小计',
job)) AS job,
       deptno,
       job,
       SUM(sal) sal
  FROM emp
 GROUP BY ROLLUP(deptno, job);

DEPTNO JOB         DEPTNO JOB               SAL
------ ---------- ------- ---------- ----------
       ANALYST            ANALYST          3000
       SALESMAN           SALESMAN         1250
       小计                                4250
```

```
10       CLERK             10 CLERK              1300
10       MANAGER           10 MANAGER            2450
10       PRESIDENT         10 PRESIDENT          5000
10       小计              10                    8750
20                         20                    3000
20       CLERK             20 CLERK              1900
20       MANAGER           20 MANAGER            2975
20       小计              20                    7875
30       CLERK             30 CLERK               950
30       MANAGER           30 MANAGER            2850
30       SALESMAN          30 SALESMAN           4350
30       小计              30                    8150
总计                                            29025

16 rows selected
```

11.8　对不同组/分区同时实现聚集

本例要求在员工表的明细数据里列出员工所在部门及职位的人数，要求结果如下：

```
ENAME       DEPTNO CNT_BY_DEPT JOB        CNT_BY_JOB        CNT
---------- ------ ----------- ---------- ---------- ----------
KING           10           3 PRESIDENT           1          8
CLARK          10           3 MANAGER             2          8
MILLER         10           3 CLERK               3          8
JONES          20           5 MANAGER             2          8
SMITH          20           5 CLERK               3          8
FORD           20           5 ANALYST             2          8
SCOTT          20           5 ANALYST             2          8
ADAMS          20           5 CLERK               3          8
```

没用分析函数前，这种需求要用自关联：

```
SELECT e.ename,
       e.deptno,
       s_d.cnt AS cnt_by_dept,
       e.job,
       s_j.cnt AS cnt_by_job,
       (SELECT COUNT(*) AS cnt FROM emp WHERE deptno IN (10, 20)) AS cnt
  FROM emp e
 INNER JOIN (SELECT deptno, COUNT(*) AS cnt FROM emp WHERE deptno IN (10,
```

```
20) GROUP BY deptno) s_d
      ON (s_d.deptno = e.deptno)
    INNER JOIN (SELECT job, COUNT(*) AS cnt FROM emp WHERE deptno IN (10, 20)
GROUP BY job) s_j
      ON (s_j.job = e.job)
    WHERE e.deptno IN (10, 20);

    ---------------------------------------------------------------------------
    | Id   | Operation                | Name | Rows| Bytes | Cost | Time     |
    ---------------------------------------------------------------------------
    |   0 | SELECT STATEMENT          |      |  34 |  2482 |   11 | 00:00:01 |
    |   1 |  SORT AGGREGATE           |      |   1 |    13 |      |          |
    | * 2 |   TABLE ACCESS FULL       | EMP  |   8 |   104 |    3 | 00:00:01 |
    | * 3 |  HASH JOIN                |      |  34 |  2482 |   11 | 00:00:01 |
    | * 4 |   HASH JOIN               |      |  13 |   611 |    7 | 00:00:01 |
    | * 5 |    TABLE ACCESS FULL      | EMP  |   8 |   216 |    3 | 00:00:01 |
    |   6 |    VIEW                   |      |   8 |   160 |    4 | 00:00:01 |
    |   7 |     HASH GROUP BY         |      |   8 |   160 |    4 | 00:00:01 |
    | * 8 |      TABLE ACCESS FULL    | EMP  |   8 |   160 |    3 | 00:00:01 |
    |   9 |   VIEW                    |      |   8 |   208 |    4 | 00:00:01 |
    |  10 |    HASH GROUP BY          |      |   8 |   104 |    4 | 00:00:01 |
    | * 11 |     TABLE ACCESS FULL    | EMP  |   8 |   104 |    3 | 00:00:01 |
    ---------------------------------------------------------------------------
```

这种写法比较复杂，而且要对表 emp 访问四次。

如果改用分析函数，语句就较简单，扫描表的次数也少。

```
SELECT ename,
       deptno,
       COUNT(*) over(PARTITION BY deptno) AS cnt_by_dept,
       job,
       COUNT(*) over(PARTITION BY job) AS cnt_by_job,
       COUNT(*) over() AS cnt
  FROM emp
 WHERE deptno IN (10, 20);

---------------------------------------------------------------------------
| Id  | Operation              | Name | Rows | Bytes | Cost | Time     |
---------------------------------------------------------------------------
|   0 | SELECT STATEMENT       |      |    8 |   216 |    5 | 00:00:01 |
|   1 |  WINDOW SORT           |      |    8 |   216 |    5 | 00:00:01 |
```

```
|   2 |     WINDOW SORT         |      |     8 |   216 |     5 | 00:00:01 |
| * 3 |      TABLE ACCESS FULL | EMP  |     8 |   216 |     3 | 00:00:01 |
------------------------------------------------------------------------
```

当遇到这种多次访问同一个表的情况时，可以看一下能否用分析函数改写，以及改写后的效率如何。当然最重要的一点是：别忘了核对数据。

11.9　移动范围取值分析

我们前面的章节中介绍过一点分析函数的范围取值（第一行到当前行或上一行），下面我们详细地看下范围分析。

首先生成测试数据：

```
CREATE OR REPLACE VIEW V11_9( ename, hiredate, sal) AS
SELECT 'SMITH',  DATE '2013-02-25', 800  FROM DUAL UNION ALL
SELECT 'ALLEN',  DATE '2013-02-25' + INTERVAL '1' SECOND,1600 FROM DUAL UNION
ALL
SELECT 'WARD',   DATE '2013-02-26', 1250 FROM DUAL UNION ALL
SELECT 'JONES',  DATE '2013-02-27', 2975 FROM DUAL UNION ALL
SELECT 'BLAKE',  DATE '2013-02-28', 2850 FROM DUAL UNION ALL
SELECT 'CLARK',  DATE '2013-02-28', 2450 FROM DUAL UNION ALL
SELECT 'TURNER', DATE '2013-02-28' + INTERVAL '1' SECOND,1500 FROM DUAL UNION
ALL
SELECT 'MARTIN', DATE '2013-03-26', 1250 FROM DUAL UNION ALL
SELECT 'KING',   DATE '2013-03-27', 5000 FROM DUAL UNION ALL
SELECT 'JAMES',  DATE '2013-03-28', 950  FROM DUAL UNION ALL
SELECT 'FORD',   DATE '2013-03-29', 3000 FROM DUAL UNION ALL
SELECT 'MILLER', DATE '2013-03-30', 1300 FROM DUAL UNION ALL
SELECT 'SCOTT',  DATE '2013-03-31', 3000 FROM DUAL UNION ALL
SELECT 'ADAMS',  DATE '2013-04-01', 1100 FROM DUAL;
```

我们来分析前两天的数据：

```
SELECT ename,
       hiredate,
       COUNT(*) over(ORDER BY hiredate RANGE BETWEEN 2 preceding AND 2
following) AS cnt
  FROM v11_9
 WHERE hiredate < DATE '2013-03-01';
```

```
ENAME  HIREDATE                    CNT
------ --------------------- ----------
SMITH  2013-02-25                    4
ALLEN  2013-02-25 00:00:01           4
WARD   2013-02-26                    6
JONES  2013-02-27                    7
BLAKE  2013-02-28                    5
CLARK  2013-02-28                    5
TURNER 2013-02-28 00:00:01           4

7 rows selected
```

以第四行数据为例，分析范围是：

```
SELECT * FROM v11_9 WHERE HIREDATE >= DATE '2013-02-27' - 2 AND HIREDATE <=
DATE '2013-02-27';

ENAME  HIREDATE                    SAL
------ --------------------- ----------
SMITH  2013-02-25                  800
ALLEN  2013-02-25 00:00:01        1600
WARD   2013-02-26                 1250
JONES  2013-02-27                 2975
```

也就是两天之前到当前值，包括当前值的数据。如果一定要取整两天，也就是不包含第一行的数据则语句应改为：

```
SELECT ename,
       hiredate,
       COUNT(*) over(ORDER BY hiredate RANGE BETWEEN 2-1/86400 preceding AND
CURRENT ROW) AS cnt
  FROM v11_9
 WHERE hiredate < DATE '2013-03-01';

ENAME  HIREDATE                    CNT
------ --------------------- ----------
SMITH  2013-02-25                    1
ALLEN  2013-02-25 00:00:01           2
WARD   2013-02-26                    3
JONES  2013-02-27                    3
BLAKE  2013-02-28                    3
CLARK  2013-02-28                    3
```

```
TURNER 2013-02-28 00:00:01           4

7 rows selected
```

也可以使用 INTERVAL 函数：

```
SELECT ename,
       hiredate,
       COUNT(*) over(ORDER BY hiredate RANGE BETWEEN (INTERVAL '1 23:59:59'
DAY TO SECOND) preceding AND CURRENT ROW) AS cnt
  FROM v11_9
 WHERE hiredate < DATE '2013-03-01';
```

而取一个月的数据就只能用 INTERVAL 函数：

```
SELECT ename,
       hiredate,
       COUNT(*) over(ORDER BY hiredate RANGE BETWEEN(INTERVAL '1' MONTH)
preceding AND CURRENT ROW) AS cnt,
       MIN(hiredate) over(ORDER BY hiredate RANGE BETWEEN(INTERVAL '1' MONTH)
preceding AND CURRENT ROW) AS min_date
  FROM v11_9;

ENAME  HIREDATE                    CNT MIN_DATE
------ -------------------- ---------- -----------
SMITH  2013-02-25                    1 2013-02-25
ALLEN  2013-02-25 00:00:01           2 2013-02-25
WARD   2013-02-26                    3 2013-02-25
JONES  2013-02-27                    4 2013-02-25
BLAKE  2013-02-28                    6 2013-02-25
CLARK  2013-02-28                    6 2013-02-25
TURNER 2013-02-28 00:00:01           7 2013-02-25
MARTIN 2013-03-26                    6 2013-02-26
KING   2013-03-27                    6 2013-02-27
JAMES  2013-03-28                    6 2013-02-28
FORD   2013-03-29                    7 2013-02-28
MILLER 2013-03-30                    8 2013-02-28
SCOTT  2013-03-31                    9 2013-02-28
ADAMS  2013-04-01                    7 2013-03-26

14 rows selected
```

因为这样取值需要进行计算，所以 ORDER BY 后面列的类型只能是数值或日期，而如果用了 INTERVAL，则只能针对日期。这点应该比较容易理解。

11.10 计算本期、新增、累加

有个需求要求根据订单计算客户本年新增及累计分别是多少，我们用 OE.ORDERS 来模拟查看，部分原始数据如下：

```
SELECT o.order_id,
       o.customer_id,
       to_char(o.order_date, 'yy') AS YEAR
  FROM oe.orders o
 WHERE customer_id IN (103, 104, 105)
 ORDER BY 3, 2;

    ORDER_ID CUSTOMER_ID YEAR
------------- ----------- ----
        2437         103 06
        2415         103 06
        2355         104 06
        2454         103 07
        2433         103 07
        2438         104 07
        2416         104 07
        2417         105 07
        2439         105 07
        2354         104 08
        2358         105 08
        2356         105 08

12 rows selected
```

本年数据直接统计就可以：

```
SELECT to_char(o.order_date, 'yy') AS YEAR,
       COUNT(DISTINCT customer_id) AS cur
  FROM oe.orders o
 GROUP BY to_char(o.order_date, 'yy')
 ORDER BY 1;
```

而新增与累计数据可以用标量子查询计算：

```
SELECT YEAR,
       cur_cnt,
       (SELECT COUNT(DISTINCT o2.customer_id)
          FROM oe.orders o2
         WHERE to_char(o2.order_date, 'yy') = o.year
           AND NOT EXISTS
         (SELECT NULL
                  FROM oe.orders o3
                 WHERE o3.customer_id = o2.customer_id
                   AND to_char(o3.order_date, 'yy') < o.year)) AS new_cnt,
       (SELECT COUNT(DISTINCT o2.customer_id)
          FROM oe.orders o2
         WHERE to_char(o2.order_date, 'yy') <= o.year) AS add_cnt
  FROM (SELECT to_char(o.order_date, 'yy') AS YEAR,
               COUNT(DISTINCT customer_id) AS cur_cnt
          FROM oe.orders o
         GROUP BY to_char(o.order_date, 'yy')) o
 ORDER BY 1;

YEAR    CUR_CNT    NEW_CNT    ADD_CNT
---- ---------- ---------- ----------
04            1          1          1
06           13         12         13
07           38         29         42
08           16          5         47
```

但是上面的查询需要访问 ORDERS 四次，能否通过分析函数来处理，只访问 ORDERS 一次？

本年数据好处理，而人次数据不能直接累加：

```
SELECT YEAR,
       cur_cnt,
       SUM(cur_cnt) over(ORDER BY YEAR) AS add_cnt
  FROM (SELECT to_char(o.order_date, 'yy') AS YEAR,
               COUNT(DISTINCT customer_id) AS cur_cnt
          FROM oe.orders o
         GROUP BY to_char(o.order_date, 'yy')) o
 ORDER BY 1;

YEAR    CUR_CNT    ADD_CNT
---- ---------- ----------
```

```
04                1            1
06               13           14
07               38           52
08               16           68
```

因为这样累加，重复计算了里面的老客户，我们还是先处理新增。

首先查看 ORDERS 里的客户是第几年出现的：

```
WITH x0 AS
 (SELECT DISTINCT o.customer_id,
                  to_char(o.order_date, 'yy') AS YEAR
    FROM oe.orders o
   WHERE customer_id IN (103, 104, 105))
SELECT customer_id,
       YEAR,
       COUNT(*) over(PARTITION BY customer_id ORDER BY YEAR) AS cnt
  FROM x0
 ORDER BY 2, 1;

CUSTOMER_ID YEAR        CNT
----------- ---- ----------
        103 06            1
        104 06            1
        103 07            2
        104 07            2
        105 07            1
        104 08            3
        105 08            2

7 rows selected
```

第一年出现的是新客户，两年及以上的明显是老客户：

```
WITH x0 AS
 (SELECT DISTINCT o.customer_id,
                  to_char(o.order_date, 'yy') AS YEAR
    FROM oe.orders o
   WHERE customer_id IN (103, 104, 105)),
x1 AS
 (SELECT customer_id,
         YEAR,
         COUNT(*) over(PARTITION BY customer_id ORDER BY YEAR) AS cnt
```

```
    FROM x0)
SELECT customer_id,
       YEAR,
       decode(cnt, 1, 1) AS new_customer
  FROM x1
 ORDER BY 2, 1;

CUSTOMER_ID YEAR NEW_CUSTOMER
----------- ---- ------------
        103 06              1
        104 06              1
        103 07
        104 07
        105 07              1
        104 08
        105 08

7 rows selected
```

我们只累计新客户，就不会重复统计了：

```
 WITH x0 AS
 (SELECT DISTINCT o.customer_id,
                  to_char(o.order_date, 'yy') AS YEAR
    FROM oe.orders o),
x1 AS
 (SELECT customer_id,
         YEAR,
         COUNT(*) over(PARTITION BY customer_id ORDER BY YEAR) AS cnt
    FROM x0),
x2 AS
 (SELECT customer_id,
         YEAR,
         decode(cnt, 1, 1) AS new_customer
    FROM x1)
SELECT YEAR,
       COUNT(*) AS cur_cnt,
       SUM(new_customer) AS new_cnt,
       SUM(SUM(new_customer)) over(ORDER BY YEAR) AS add_cnt
  FROM x2
 GROUP BY YEAR
 ORDER BY 1;
```

11.11 listagg 与小九九

我们知道，listagg 与 sum 类似。下面可以用 listagg 的分类汇总功能来实现小九九的一个展示。

首先要生成基础数据：

```
WITH l AS
 (SELECT LEVEL AS lv FROM dual CONNECT BY LEVEL <= 9)
SELECT a.lv AS lv_a,
       b.lv AS lv_b,
       to_char(b.lv) || ' × ' || to_char(a.lv) || ' = ' || rpad(to_char(a.lv
* b.lv), 2, ' ') AS text
  FROM l a, l b
 WHERE b.lv <= a.lv;

LV_A      LV_B        TEXT
--------- -------     ---------
1         1           1 × 1 = 1
2         1           1 × 2 = 2
2         2           2 × 2 = 4
3         1           1 × 3 = 3
3         2           2 × 3 = 6
3         3           3 × 3 = 9
... ...
9         6           6 × 9 = 54
9         7           7 × 9 = 63
9         8           8 × 9 = 72
9         9           9 × 9 = 81

45 rows selected
```

我们通过条件 b.lv <= a.lv 生成了一个穷举数据。然后用 listagg 分类汇总，把 LV_A 相同的数据合并为一行：

```
WITH l AS
 (SELECT LEVEL AS lv FROM dual CONNECT BY LEVEL <= 9),
m AS
 (SELECT a.lv AS lv_a,
         b.lv AS lv_b,
```

```
            to_char(b.lv) || ' × ' || to_char(a.lv) || ' = ' || rpad(to_char(a.lv
* b.lv), 2, ' ') AS text
        FROM l a, l b
       WHERE b.lv <= a.lv)
    SELECT listagg(m.text, ' ') within GROUP(ORDER BY m.lv_b) AS 小九九
      FROM m
     GROUP BY m.lv_a;

    小九九
    --------------------------------------------------------------------------------
    1 × 1 = 1
    1 × 2 = 2  2 × 2 = 4
    1 × 3 = 3  2 × 3 = 6  3 × 3 = 9
    1 × 4 = 4  2 × 4 = 8  3 × 4 = 12 4 × 4 = 16
    1 × 5 = 5  2 × 5 = 10 3 × 5 = 15 4 × 5 = 20 5 × 5 = 25
    1 × 6 = 6  2 × 6 = 12 3 × 6 = 18 4 × 6 = 24 5 × 6 = 30 6 × 6 = 36
    1 × 7 = 7  2 × 7 = 14 3 × 7 = 21 4 × 7 = 28 5 × 7 = 35 6 × 7 = 42 7 × 7 = 49
    1 × 8 = 8  2 × 8 = 16 3 × 8 = 24 4 × 8 = 32 5 × 8 = 40 6 × 8 = 48 7 × 8 = 56 8 × 8 = 64
    1 × 9 = 9  2 × 9 = 18 3 × 9 = 27 4 × 9 = 36 5 × 9 = 45 6 × 9 = 54 7 × 9 = 63 8 × 9 = 72 9 × 9 = 81
```

12

第 12 章 分层查询

12.1 简单的树形查询

我们经常会用一些表来保存上下级关系，如地区表、员工表、组织机构表等，为了按上下级关系递归查询这些数据，就需要用到树形查询，下面以 emp 表为例。

```
SELECT LEVEL,
       empno,
       ename,
       mgr,
       (PRIOR ename) AS mgr_name
  FROM emp
 START WITH mgr IS NULL
CONNECT BY (PRIOR empno) = mgr;
```

```
     LEVEL      EMPNO ENAME             MGR MGR_NAME
---------- ---------- ---------- ---------- ----------
         1       7839 KING
         2       7566 JONES            7839 KING
         3       7788 SCOTT            7566 JONES
         4       7876 ADAMS            7788 SCOTT
         3       7902 FORD             7566 JONES
         4       7369 SMITH            7902 FORD
         2       7698 BLAKE            7839 KING
         3       7499 ALLEN            7698 BLAKE
         3       7521 WARD             7698 BLAKE
         3       7654 MARTIN           7698 BLAKE
         3       7844 TURNER           7698 BLAKE
         3       7900 JAMES            7698 BLAKE
         2       7782 CLARK            7839 KING
         3       7934 MILLER           7782 CLARK

14 rows selected
```

这个语句以“mgr IS NULL”为起点向下循环用“(PRIOR empno) = mgr”递归查询，用普通查询语句模拟如下：

```
level:1 empno:7839 ename:KING   mgr:      (WHERE mgr is null,Start)
level:2 empno:7566 ename:JONES  mgr:7839  (WHERE mgr=7839)
level:3 empno:7788 ename:SCOTT  mgr:7566  (WHERE mgr=7566)
level:4 empno:7876 ename:ADAMS  mgr:7788  (WHERE mgr=7788)
level:3 empno:7902 ename:FORD   mgr:7566  (WHERE mgr=7566)
level:4 empno:7369 ename:SMITH  mgr:7902  (WHERE mgr=7902)
level:2 empno:7698 ename:BLAKE  mgr:7839  (WHERE mgr=7839)
level:3 empno:7499 ename:ALLEN  mgr:7698  (WHERE mgr=7698)
level:3 empno:7521 ename:WARD   mgr:7698  (WHERE mgr=7698)
level:3 empno:7654 ename:MARTIN mgr:7698  (WHERE mgr=7698)
level:3 empno:7844 ename:TURNER mgr:7698  (WHERE mgr=7698)
level:3 empno:7900 ename:JAMES  mgr:7698  (WHERE mgr=7698)
level:2 empno:7782 ename:CLARK  mgr:7839  (WHERE mgr=7839)
level:3 empno:7934 ename:MILLER mgr:7782  (WHERE mgr=7782)
```

LEVEL 表示节点在树中的层级，如（KING:1→JONES:2→FORD:3→SMITH:4）。

PRIOR 关键字可以返加上级信息，如：

```
   LEVEL    EMPNO ENAME           MGR HIREDATE    MGR_NAME   MGR_HIREDATE
-------- -------- --------- -------- ---------- ---------- ------------
```

```
        1       7566 JONES          7839 1981-04-02
        2       7788 SCOTT          7566 1982-12-09 JONES       1981-04-02
        3       7876 ADAMS          7788 1983-01-12 SCOTT       1982-12-09
        2       7902 FORD           7566 1981-12-03 JONES       1981-04-02
        3       7369 SMITH          7902 1980-12-17 FORD        1981-12-03
```

12.2 根节点、分支节点、叶子节点

在树形查询中常用的有两个伪列：level 与 connect_by_isleaf。level 返回当前行所在的等级，根节点为 1 级，其下为 2 级……

如果当前节点下没有其他的节点，则 connect_by_isleaf 返回 1，否则返回 0。这样就可以通过 level 与 connect_by_isleaf 来判断标识“根节点、分支节点与叶子节点”。

```
SELECT lpad(' ', (LEVEL - 1) * 2, ' ') || empno as empno,
       ename,
       mgr,
       LEVEL,
       decode(LEVEL, 1, 1) AS root_node,
       decode(connect_by_isleaf, 1, 1) AS leaf_node,
       CASE
         WHEN (connect_by_isleaf = 0 AND LEVEL > 1) THEN
          1
       END AS branch_node
  FROM emp
 START WITH empno = 7566
CONNECT BY (PRIOR empno) = mgr;

EMPNO      ENAME            MGR      LEVEL ROOT_NODE  LEAF_NODE BRANCH_NODE
---------- ---------- ---------- ---------- ---------- ---------- -----------
7566       JONES           7839          1          1
  7788     SCOTT           7566          2                                1
    7876   ADAMS           7788          3                     1
  7902     FORD            7566          2                                1
    7369   SMITH           7902          3                     1

5 rows selected
```

12.3 sys_connect_by_path

当数据级别比较多时，不容易看清根节点到当前节点的路径，这时就可用 sys_connect_by_path 函数把这些信息展示出来：

```
SELECT empno,
       ename,
       mgr,
       sys_connect_by_path(ename, ',') AS connect_path
  FROM emp
 START WITH empno = 7566
CONNECT BY (PRIOR empno) = mgr;

     EMPNO ENAME             MGR CONNECT_PATH
---------- ---------- ---------- --------------------
      7566 JONES            7839 ,JONES
      7788 SCOTT            7566 ,JONES,SCOTT
      7876 ADAMS            7788 ,JONES,SCOTT,ADAMS
      7902 FORD             7566 ,JONES,FORD
      7369 SMITH            7902 ,JONES,FORD,SMITH

5 rows selected
```

前面介绍过用分析函数 listagg 来合并字符串，然而 Oracle 11.2 之前的版本没有 listagg 怎么办？其实可以借助树形查询中的 sys_connect_by_path 函数：

```
WITH x1 AS
/*1. 分组生成序号 rn*/
 (SELECT deptno,
         ename,
         row_number() over(PARTITION BY deptno ORDER BY ename) AS rn
    FROM emp)
/*2. 用 sys_connect_by_path 合并字符串*/
SELECT deptno, sys_connect_by_path(ename, ',') AS emps
  FROM x1
 WHERE connect_by_isleaf = 1
 START WITH rn = 1
CONNECT BY (PRIOR deptno) = deptno
       AND (PRIOR rn) = rn - 1;
```

```
    DEPTNO EMPS
---------- ----------------------------------------
        10 ,CLARK,KING,MILLER
        20 ,ADAMS,FORD,JONES,SCOTT,SMITH
        30 ,ALLEN,BLAKE,JAMES,MARTIN,TURNER,WARD

3 rows selected
```

这种方法的要点是分组生成序号，然后通过序号递归循环。注意：要过滤多余的数据时，只需要加条件“WHERE connect_by_isleaf = 1”来取叶子节点就可以。

12.4 树形查询中的排序

如果树形查询里直接使用 ORDER BY 排序会怎样？看下面的示例：

```
SELECT lpad(' ', (LEVEL - 1) * 2, ' ') || empno AS empno,
       ename,
       mgr
  FROM emp
 START WITH empno = 7566
CONNECT BY (PRIOR empno) = mgr
 ORDER BY empno DESC;

EMPNO      ENAME             MGR
---------- ---------- ----------
7566       JONES            7839
  7902     FORD             7566
  7788     SCOTT            7566
    7876   ADAMS            7788
    7369   SMITH            7902

5 rows selected
```

这种排序方式无法再看清上下级关系，失去了树形查询的意义。我们应该使用树形查询的专用关键字“SIBLINGS”：

```
SELECT lpad(' ', (LEVEL - 1) * 2, ' ') || empno AS empno,
       ename,
       mgr
  FROM emp
```

```
 START WITH empno = 7566
CONNECT BY (PRIOR emp.empno) = mgr
 ORDER SIBLINGS BY emp.empno DESC;

EMPNO      ENAME             MGR
---------- ---------- ----------
7566       JONES            7839
  7902     FORD             7566
    7369   SMITH            7902
  7788     SCOTT            7566
    7876   ADAMS            7788

5 rows selected
```

可以看到，这个语句只对同一分支（7566）下的（7902，7788）进行排序，而没有影响到树形结构。

需要注意 SIBLINGS 关键字仅对树形查询生效，所以这儿要用 EMP.EMPNO，如果不加 EMP 前缀，则指的是表达式的结果，会报错：

```
SELECT lpad(' ', (LEVEL - 1) * 2, ' ') || empno AS empno,
       ename,
       mgr
  FROM emp
 START WITH empno = 7566
CONNECT BY (PRIOR emp.empno) = mgr
 ORDER SIBLINGS BY empno DESC

ORA-00976: Specified pseudocolumn or operator not allowed here.
```

12.5　树形查询中的 WHERE

如果限定只对部门 20 的人员进行树形查询，怎么做呢？估计很多人会直接在 WHERE 后加条件如下：

```
SELECT empno,
       mgr,
       ename,
       deptno
  FROM emp
```

```
 WHERE deptno = 20
 START WITH mgr IS NULL
CONNECT BY (PRIOR empno) = mgr;

     EMPNO        MGR ENAME          DEPTNO
---------- ---------- ---------- ----------
      7566       7839 JONES              20
      7788       7566 SCOTT              20
      7876       7788 ADAMS              20
      7902       7566 FORD               20
      7369       7902 SMITH              20

5 rows selected
```

这个结果明显不对，因为部门 20 不存在 mgr 为空的数据，那么也就不该返回数据，上面查询可等价改写为：

```
SELECT *
  FROM (SELECT empno,
               mgr,
               ename,
               deptno
          FROM emp
         START WITH mgr IS NULL
        CONNECT BY (PRIOR empno) = mgr)
 WHERE deptno = 20;
```

也就是说实际上是先上树，后过滤。

而只查询部门 20 的数据，应这样写：

```
SELECT empno,
       mgr,
       ename,
       deptno
  FROM (SELECT * FROM emp WHERE deptno = 20)
 START WITH mgr IS NULL
CONNECT BY (PRIOR empno) = mgr;

no rows selected
```

部门 20 起点为 EMPNO = 7566，应更改起始条件：

```
SELECT empno,
       mgr,
       ename,
       deptno
  FROM (SELECT * FROM emp WHERE deptno = 20)
 START WITH empno = 7566
CONNECT BY (PRIOR empno) = mgr;

     EMPNO        MGR ENAME          DEPTNO
---------- ---------- ---------- ----------
      7566       7839 JONES              20
      7788       7566 SCOTT              20
      7876       7788 ADAMS              20
      7902       7566 FORD               20
      7369       7902 SMITH              20
```

12.6 查询树形的一个分支

如上节所述查询树形的一个分支不能用 WHERE，用 START WITH 指定分支的起点就可以。如查询员工编码为 7698 及其下级所有的员工：

```
SELECT empno, mgr, ename, LEVEL
  FROM emp
 START WITH empno = 7698
CONNECT BY (PRIOR empno) = mgr;

     EMPNO        MGR ENAME           LEVEL
---------- ---------- ---------- ----------
      7698       7839 BLAKE               1
      7499       7698 ALLEN               2
      7521       7698 WARD                2
      7654       7698 MARTIN              2
      7844       7698 TURNER              2
      7900       7698 JAMES               2

6 rows selected
```

12.7 剪去一个分支

接上面的示例，本例要求剪去 7698 开始的这个分支。同样，剪去分支也不能在 WHERE 中加条件，因为树形查询递归是根据条件(PRIOR empno) = mgr 进行的，所以在下列语句加条件就可以。

```
SELECT empno, mgr, ename, LEVEL
  FROM emp
 START WITH mgr IS NULL
CONNECT BY (PRIOR empno) = mgr
       /*剪去分支*/
       AND empno != 7698;

     EMPNO        MGR ENAME           LEVEL
---------- ---------- ---------- ----------
      7839            KING                1
      7566       7839 JONES               2
      7788       7566 SCOTT               3
      7876       7788 ADAMS               4
      7902       7566 FORD                3
      7369       7902 SMITH               4
      7782       7839 CLARK               2
      7934       7782 MILLER              3

8 rows selected
```

12.8 多行字符串的拆分

我们在前面介绍过字符串的拆分，那么如果有多行数据是不是可以用一样的方法？

```
CREATE OR REPLACE VIEW V12_8 AS
SELECT deptno,
       listagg(ename, ',') within GROUP(ORDER BY ename) AS enames
  FROM emp
 WHERE deptno IN (10, 20)
 GROUP BY deptno;
```

```
SELECT * FROM v12_8;

DEPTNO ENAMES
------ ------------------------------
    10 CLARK,KING,MILLER
    20 ADAMS,FORD,JONES,SCOTT,SMITH


SELECT deptno,
       COUNT(DISTINCT ename),
       COUNT(*)
  FROM (SELECT deptno,
               regexp_substr(enames, '[^,]+', 1, LEVEL) AS ename
          FROM v12_8
        CONNECT BY LEVEL <= (length(translate(enames, ',' || enames, ','))
+ 1))
 GROUP BY deptno
 ORDER BY 1;

    DEPTNO COUNT(DISTINCTENAME)   COUNT(*)
---------- -------------------- ----------
        10                    3          7
        20                    5         23
```

拆分的结果应该有 8 行，但我们得到了 30 行，且有很多重复数据。

我们根据部分结果来分析下：

```
SELECT deptno,
       LEVEL,
       regexp_substr(enames, '[^,]+', 1, LEVEL) AS ename,
       sys_connect_by_path(deptno, '->') AS connect_path
  FROM v12_8
CONNECT BY LEVEL <= 2;

    DEPTNO      LEVEL ENAME      CONNECT_PATH
---------- ---------- ---------- ------------------
        10          1 CLARK      ->10
        10          2 KING       ->10->10
        20          2 FORD       ->10->20
        20          1 ADAMS      ->20
        10          2 KING       ->20->10
```

```
        20              2 FORD         ->20->20

6 rows selected
```

上面粗体部分的数据不对，我们应该分别拆分 10 与 20 的数据，不能交叉计算，所以需要加上条件 AND (PRIOR deptno) = deptno：

```
SELECT deptno,
       LEVEL,
       regexp_substr(enames, '[^,]+', 1, LEVEL) AS ename,
       sys_connect_by_path(deptno, '->') AS connect_path
  FROM v12_8
CONNECT BY LEVEL <= (length(translate(enames, ',' || enames, ',')) + 1)
       AND (PRIOR deptno) = deptno;

ORA-01436: CONNECT BY loop in user data
```

不清楚是不是 Oracle 判断失误，这里不应该有 LOOP。不过我们可以增加一个条件来绕过它：

```
SELECT deptno,
       regexp_substr(enames, '[^,]+', 1, LEVEL) AS ename
  FROM v12_8
CONNECT BY LEVEL <= (length(translate(enames, ',' || enames, ',')) + 1)
       AND (PRIOR deptno) = deptno
       AND (PRIOR dbms_random.value IS NOT NULL);

    DEPTNO ENAME
---------- ----------
        10 CLARK
        10 KING
        10 MILLER
        20 ADAMS
        20 FORD
        20 JONES
        20 SCOTT
        20 SMITH
8 rows selected
```

13

第 13 章 应用案例实现

13.1 解析简单公式

有时需要批量更改记录中的公式，我们可以尝试解析出其中简单的公式来减少手动修改的时间，首先生成部分测试数据：

```
    CREATE OR REPLACE VIEW v13_1 AS
    select 'SELECT round(sal),substr(ename, 1, 1) FROM EMP' as query1 FROM DUAL
UNION ALL
    select 'SELECT round(comm,2) FROM EMP' as query1 FROM DUAL UNION ALL
    SELECT 'SELECT to_char(hiredate) FROM emp' as query1 FROM DUAL;
```

我们只解析其中的 ROUND 函数，返回需要解析的行：

```
SELECT * FROM v13_1 WHERE regexp_like(query1, 'round\(', 'i');
```

```
QUERY1
--------------------------------------------------
SELECT round(sal),substr(ename, 1, 1) FROM EMP
SELECT round(comm,2) FROM EMP
```

因为“(”是特殊字符，所以前面要加转义字符“\”，最后一个参数“i”，表示忽略大小写，因为 ROUND 有可能小写也有可能大写。

下面返回完整的 ROUND 函数部分：

```
 SELECT regexp_substr(query1, 'round\([^)]+\)', 1, 1) AS round
  FROM v13_1
 WHERE regexp_like(query1, 'round\(', 'i');

ROUND
-------------
round(sal)
round(comm,2)
```

最后解析 ROUND 里的参数：

```
WITH v1 AS
 (SELECT regexp_substr(query1, 'round\([^)]+\)', 1, 1) AS rund
    FROM v13_1
   WHERE regexp_like(query1, 'round\(', 'i'))
SELECT rund,
       regexp_replace(rund, '^(round)\(([^,]+),*([^)]*)\)', '\1') AS fun,
       regexp_replace(rund, '^(round)\(([^,]+),*([^)]*)\)', '\2') AS p1,
       regexp_replace(rund, '^(round)\(([^,]+),*([^)]*)\)', '\3') AS p2
  FROM v1;

RUND            FUN    P1    P2
--------------- ------ ----- -----
round(sal)      round  sal
round(comm,2)   round  comm  2
```

通过正则表达式把函数拆分成名称：“^(round)”、第一个参数“([^,]+)”、第二个参数“[^)]*”，确定后返回对应的值，解析完成。

13.2 匹配汉字

我们有时要处理字符串中的汉字，如返回包含汉字的行：

```
CREATE OR REPLACE VIEW V_13_2 AS
SELECT '查' AS c FROM dual UNION ALL
SELECT '询' AS c FROM dual UNION ALL
SELECT '优' AS c FROM dual UNION ALL
SELECT '化' AS c FROM dual UNION ALL
SELECT '@' AS c FROM dual UNION ALL
SELECT 'A' AS c FROM dual UNION ALL
SELECT 'B' AS c FROM dual;
```

可以参照前面处理字母的方式（[A-Z]）来匹配汉字，先看下上面汉字的 ASCII 码：

```
SELECT c, ASCII(c) FROM v_13_2 ;

C     ASCII(C)
--- ----------
查    15114149
询    15249314
优    14990488
化    15043734
@           64
A           65
B           66

7 rows selected
```

我们用[A-Z]来表示大写字母，是因为 A 比 Z 的 ASCII 码小，[A-Z]表示由 A 到 Z 这一个范围内的所有字符。那么上面的汉字就可以用[信-术]来匹配：

```
select c from v_13_2 where regexp_like(c, '[优-询]');

C
---
查
询
优
化
```

注意 ASCII 码小的在前，如果顺序反了就会报错：

```
select c from v_13_2 where regexp_like(c, '[Z-A]')

ORA-12728: invalid range in regular expression
```

```
select c from v_13_2 where regexp_like(c, '[查-化]')

ORA-12728: invalid range in regular expression
```

用这种方式也可以去掉字符串中的汉字或非汉字：

```
SELECT regexp_replace(c, '[㐀-鿆]', '') AS c1,
       regexp_replace(c, '[^㐀-鿆]', '') AS c2
  FROM (SELECT '中文@163.com' AS c FROM dual);

C1       C2
-------- ------
@163.com 中文
```

注："㐀"与"鿆"是我找的 ASCII 码分别较小与较大的两个汉字。

13.3 多表全外连接的问题

当两个以上的数据集全外连接时可能会出现预期外的结果：

```
CREATE TABLE j1 AS
SELECT 1 AS col1 FROM dual;

CREATE TABLE j2 AS
SELECT 1 AS col1 FROM dual UNION ALL
SELECT 2 AS col1 FROM dual;

CREATE TABLE j3 AS
SELECT 3 AS col1 FROM dual UNION ALL
SELECT 4 AS col1 FROM dual;

CREATE TABLE j4 AS
SELECT 1 AS col1 FROM dual UNION ALL
SELECT 2 AS col1 FROM dual;

SELECT j1.col1, j2.col1, j3.col1, j4.col1
  FROM j1
  FULL JOIN j2 ON j2.col1 = j1.col1
  FULL JOIN j3 ON j3.col1 = j1.col1
  FULL JOIN j4 ON j4.col1 = j1.col1;
```

```
      COL1       COL1       COL1       COL1
---------- ---------- ---------- ----------
                                3
                                4
                     2
         1          1                     1
                                          2
```

注意上面结果的粗体部分，值为 2 的结果应合并为一行显示，而在这里显示了两行。原因在于用了全外连接，而 J2 与 J4 间不好再加关联条件。

在这种情况下，我们可以增加一张基础表，并且把 FULL JOIN 改为 LFET JOIN：

```
CREATE TABLE j0 AS
SELECT 1 AS col0 FROM dual UNION ALL
SELECT 2 AS col0 FROM dual UNION ALL
SELECT 3 AS col0 FROM dual UNION ALL
SELECT 4 AS col0 FROM dual;

SELECT j1.col1, j2.col1, j3.col1, j4.col1
  FROM j0
  LEFT JOIN j1 ON j1.col1 = j0.col0
  LEFT JOIN j2 ON j2.col1 = j0.col0
  LEFT JOIN j3 ON j3.col1 = j0.col0
  LEFT JOIN j4 ON j4.col1 = j0.col0
 ORDER BY j0.col0;

      COL1       COL1       COL1       COL1
---------- ---------- ---------- ----------
         1          1                     1
                    2                     2
                               3
                               4
```

第 3 章讲过，使用 LEFT JOIN 时返回左表中的所有数据，右表只返回相匹配的数据。所以通过建立基础表 j0，并改为 LEFT JOIN 后，数据正常。

13.4　根据传入条件返回不同列中的数据

模拟数据环境如下：

```
CREATE TABLE area AS
SELECT '重庆' AS 市, '沙坪坝' AS 区, '小龙坎' AS 镇 FROM dual UNION ALL
SELECT '重庆' AS 市, '沙坪坝' AS 区, '磁器口' AS 镇 FROM dual UNION ALL
SELECT '重庆' AS 市, '九龙坡' AS 区, '杨家坪' AS 镇 FROM dual UNION ALL
SELECT '重庆' AS 市, '九龙坡' AS 区, '谢家湾' AS 镇 FROM dual;
```

现有以下需求：根据界面中选中的不同参数。比如，当只在界面中选中“重庆”市级条件时，显示其下的区级单位，而当选中“九龙坡”区级条件时，要显示其下的镇级单位。

一般在前面的界面中，市级与区级在不同的下拉框中，相应返回的也是不同的变量。根据这个特点可以用 CASE WHEN 来对传入参数进行判断：

```
VAR v_市 VARCHAR2(50);
VAR v_区 VARCHAR2(50);
exec :v_市 :='';
exec :v_区 :='九龙坡';
SELECT DISTINCT CASE
                  WHEN :v_区 IS NOT NULL THEN
                   镇
                  WHEN :v_市 IS NOT NULL THEN
                   区
                END AS 地区名称
  FROM area
 WHERE 市 = nvl(:v_市, 市)
   AND 区 = nvl(:v_区, 区);

地区名称
---------
杨家坪
谢家湾
2 rows selected
v_区
----------
九龙坡
v_市
----------
exec :v_市 :='重庆';
exec :v_区 :='';
SELECT DISTINCT CASE
                  WHEN :v_区 IS NOT NULL THEN
                   镇
                  WHEN :v_市 IS NOT NULL THEN
```

```
              区
            END AS 地区名称
  FROM area
 WHERE 市 = nvl(:v_市, 市)
   AND 区 = nvl(:v_区, 区);

地区名称
--------
九龙坡
沙坪坝
2 rows selected
v_区
---------
v_市
---------
重庆

地区名称
--------
九龙坡
沙坪坝
```

13.5 拆分字符串进行连接

有些项目在字段里保存的不是单个值，而是 LIST，如下所示：

```
CREATE TABLE d_objects AS SELECT * FROM Dba_Objects;

CREATE TABLE T13_5 AS
SELECT to_char(wmsys.wm_concat(object_id)) AS id_lst, owner, object_type
  FROM d_objects
 WHERE owner IN ('SCOTT', 'TEST')
 GROUP BY owner, object_type;

SELECT * FROM T13_5;

ID_LST                                              OWNER      OBJECT_TYPE
--------------------------------------------------- ---------- -----------
96060,96096,96061                                   TEST       INDEX
```

```
96057,96184,96064,96063,96062,96059,96058        TEST          TABLE
96066,96068                                      SCOTT         INDEX
96065,96079,96070,96069,96067                    SCOTT         TABLE
```

现要求显示 ID_LST 对应的名称，同样用逗号分隔，如：

```
96060,96096,96061                            PK_EMP,IDX_EMP_ENAME
```

我们可以先把 ID_LST 拆分，与 DBA_OBJECTS 关联，提取到 NAME 后再合并到一起：

```
WITH a AS
 (SELECT id_lst,
         regexp_substr(id_lst, '[^,]+', 1, LEVEL) AS object_id,
         LEVEL AS lv
    FROM t13_5
  CONNECT BY nocycle(PRIOR ROWID) = ROWID
         AND LEVEL <= length(regexp_replace(id_lst, '[^,]', ''))
         AND (PRIOR dbms_random.value) IS NOT NULL)
SELECT a.id_lst,
       listagg(b.object_name, ',') within GROUP(ORDER BY a.lv) AS name_lst
  FROM a
 INNER JOIN d_objects b ON b.object_id = a.object_id
 GROUP BY a.id_lst;

ID_LST                                      NAME_LST
------------------------------------------- ------------------------------
96057,96184,96064,96063,96062,96059,96058 EMP,D_OBJECTS,T500,T100,T10,DEPT
96060,96096,96061                           PK_EMP,IDX_EMP_ENAME
96065,96079,96070,96069,96067               DEPT,TRUNC_TEST,SALGRADE,BONUS
96066,96068                                 PK_DEPT
```

注意：NAME_LST 的顺序要与 ID_LST 里的顺序保持一致，所以这里用 LEVEL 来排序。

13.6 用“行转列”来得到隐含信息

示例数据如下：

```
CREATE TABLE T13_6 AS
 (SELECT 'A' AS shop, '2013' AS nyear, 123 AS amount
```

```
   FROM dual
  UNION ALL
  SELECT 'A' AS shop, '2012' AS nyear, 200 AS amount
 FROM dual);

SQL> SELECT * FROM t13_6;

SHOP NYEAR     AMOUNT
---- ----- ----------
A    2013         123
A    2012         200

2 rows selected
```

T13_6 表内始终只有两年的数据，要求返回两列分别显示其中一年的数据，原始写法如下：

```
SELECT shop,
       MAX(decode(nyear, '2012', amount)),
       MAX(decode(nyear, '2013', amount))
  FROM t13_6
 GROUP BY shop;

SHOP MAX(DECODE(NYEAR,'2012',AMOUNT MAX(DECODE(NYEAR,'2013',AMOUNT
---- ------------------------------ ------------------------------
A                               200                            123
1 row selected
```

现在的语句中，2012 年与 2013 年是固定的，而数据库中每一年的数据都在变（上一年与本年），现要求不再固定为 2012 年与 2013 年。怎么办？

其实这就是把上一年与本年数据各写为两列，本例的 max 用错了，应该为 sum。

首先可以用分析函数取出上一年的年份（min）和本年的年份（max），分别放在两列里：

```
SELECT shop,
       nyear,
       MAX(nyear) over() AS max_year,
       MIN(nyear) over() AS min_year,
       SUM(amount) AS amount
  FROM t13_6
 GROUP BY shop, nyear;
```

```
SHOP NYEAR MAX_YEAR MIN_YEAR     AMOUNT
---- ----- -------- -------- ----------
A    2012  2013     2012            200
A    2013  2013     2012            123
```

这样就可以参照取出来的这两列来做行转列：

```
WITH t0 AS
 (SELECT shop,
         nyear,
         /*先用分析函数做行转列，把隐藏数据提出来*/
         MAX(nyear) over() AS max_year,
         MIN(nyear) over() AS min_year,
         SUM(amount) AS amount
    FROM t13_6
   GROUP BY shop,
            nyear)
SELECT shop,
       MAX(decode(nyear, min_year /*代替2012*/, amount)) AS cur_year,
       MAX(decode(nyear, max_year /*代替2013*/, amount)) AS last_year
  FROM t0
 GROUP BY shop;

SHOP   CUR_YEAR  LAST_YEAR
---- ---------- ----------
A        200         123
```

13.7 用隐藏数据进行行转列

有时为了打印我们需要进行特殊的行列转换，比如我们想把员工数据转换为下列格式：

```
JOB        N1         N2         N3         N4         N5
---------- ---------- ---------- ---------- ---------- ----------
ANALYST    SCOTT      FORD
CLERK      MILLER     JAMES      SMITH      ADAMS
MANAGER    BLAKE      JONES      CLARK
PRESIDENT  KING
SALESMAN   TURNER     MARTIN     WARD       ALLEN
```

要求每行显示一个职位，各职位有几个员工就显示几列，员工少后面列直接显示为空。

同上面的需求一样，看上去无解，需要手动一个个来填的样子。实际只要我们能找出其中的隐藏信息，就会发现非常简单：

```
SELECT job,
       ename,
       row_number() over(PARTITION BY job ORDER BY job) AS rn
  FROM emp;

JOB        ENAME              RN
---------- ---------- ----------
ANALYST    SCOTT               1
ANALYST    FORD                2
CLERK      MILLER              1
CLERK      JAMES               2
CLERK      SMITH               3
CLERK      ADAMS               4
MANAGER    BLAKE               1
MANAGER    JONES               2
MANAGER    CLARK               3
PRESIDENT  KING                1
SALESMAN   TURNER              1
SALESMAN   MARTIN              2
SALESMAN   WARD                3
SALESMAN   ALLEN               4

14 rows selected
```

可以看到，我们生成序号后只需要再根据序号做行列转换就可以了：

```
SELECT job,
       MAX(decode(rn, 1, ename)) AS n1,
       MAX(decode(rn, 2, ename)) AS n2,
       MAX(decode(rn, 3, ename)) AS n3,
       MAX(decode(rn, 4, ename)) AS n4,
       MAX(decode(rn, 5, ename)) AS n5
  FROM (SELECT job,
               ename,
               row_number() over(PARTITION BY job ORDER BY job) AS rn
          FROM emp)
 GROUP BY job;
```

这里要显示几列只能靠预估，没有办法根据数据动态生成 4 列或 6 列。当然你可以使用语句来拼接：

```
DECLARE
  V_MAX_SEQ NUMBER;
  V_SQL     VARCHAR2(4000);
BEGIN
  SELECT MAX(COUNT(*)) INTO V_MAX_SEQ FROM EMP GROUP BY JOB;
  V_SQL := 'select' || CHR(10);
  FOR I IN 1 .. V_MAX_SEQ LOOP
    V_SQL := V_SQL || '      max(case when seq = ' || TO_CHAR(I) ||
           ' then ename end) as n' || TO_CHAR(I) || ',' || CHR(10);
  END LOOP;
  V_SQL := V_SQL || '      job
  from (select ename,job,row_number() over (partition by job order by empno)
as seq from emp)
 group by job';
  DBMS_OUTPUT.PUT_LINE(V_SQL);
END;

select
      max(case when seq = 1 then ename end) as n1,
      max(case when seq = 2 then ename end) as n2,
      max(case when seq = 3 then ename end) as n3,
      max(case when seq = 4 then ename end) as n4,
      job
  from (select ename,job,row_number() over (partition by job order by empno)
as seq from emp)
 group by job
PL/SQL procedure successfully completed
```

13.8 用正则表达式提取 clob 里的文本格式记录集

测试数据如下：

```
SQL> desc T13_8;
Name Type Nullable Default Comments
---- ---- -------- ------- --------
C1   CLOB Y

SQL> select count(*) from t_13_8;
  COUNT(*)
----------
```

```
        1
    字段中内容为

    SU.SYSTEM_USER_CODE||'|#|'||S.STAFF_NAME||'|#|'||SU.STATUS_CD||'|#|'||SU
.CHANNEL_ID||'|#|'||SU.LAN_ID
    01|#|政企|#|1000|#|13378|#|1407
    02|#|政企|#|1000|#|13383|#|1407
    01|#|路|#|1100|#|10093|#|1401
    54|#|2354|#|1100|#|111|#|14
    55|#|2355|#|1100|#|111|#|14
    56|#|2356|#|1100|#|111|#|14
    57|#|2357|#|1100|#|111|#|14
    58|#|2358|#|1100|#|111|#|14
    59|#|2359|#|1100|#|111|#|14
```

因为回车符不能用可见字符表示，所以可以在这里使用 chr 函数来转换，这样就可以在内联视图中把文本拆分为多行，然后对各行数据进行处理得到结果：

```
    SELECT c1,
           regexp_substr(c1, '[^|#]+', 1, 1) AS d1,
           regexp_substr(c1, '[^|#]+', 1, 2) AS d2,
           regexp_substr(c1, '[^|#]+', 1, 3) AS d3,
           regexp_substr(c1, '[^|#]+', 1, 4) AS d4,
           regexp_substr(c1, '[^|#]+', 1, 5) AS d5
      FROM (SELECT to_char(regexp_substr(c1, '[^' || CHR(10) || ']+', 1, LEVEL
+ 1)) AS c1
              FROM t13_8
            CONNECT BY LEVEL <= regexp_count(c1, chr(10)));

    C1                              D1      D2       D3       D4       D5
    ------------------------------ ------- -------- -------- -------- -----
    01|#|政企|#|1000|#|13378|#|1407 01      政企     1000     13378    1407
    02|#|政企|#|1000|#|13383|#|1407 02      政企     1000     13383    1407
    01|#|路|#|1100|#|10093|#|1401   01      路       1100     10093    1401
    54|#|2354|#|1100|#|111|#|14     54      2354     1100     111      14
    55|#|2355|#|1100|#|111|#|14     55      2355     1100     111      14
    56|#|2356|#|1100|#|111|#|14     56      2356     1100     111      14
    57|#|2357|#|1100|#|111|#|14     57      2357     1100     111      14
    58|#|2358|#|1100|#|111|#|14     58      2358     1100     111      14
    59|#|2359|#|1100|#|111|#|14     59      2359     1100     111      14
    9 rows selected
```

第 14 章 改写调优案例分享

本章的大部分例子都是来自网友的实际案例，但笔者更改了表名和大部分列名。因为很多例子都比较冗长，为了避免读者在不必要的代码上浪费时间，本章截取了其中的要点讲解。所以大家平时接触的查询可能比这里列举的要复杂得多，平时看语句的时候，要多点耐心。

14.1 为什么不建议使用标量子查询

我们通过模拟案例来分析：

```
SELECT empno,
       ename,
       sal,
       deptno,
       (SELECT d.dname FROM dept d WHERE d.deptno = e.deptno) as dname
```

```
  FROM emp e;

Plan hash value: 2981343222

--------------------------------------------------------------------------
| Id  | Operation                    | Name    | Rows| Bytes| Cost(%CPU)|
--------------------------------------------------------------------------
|   0 | SELECT STATEMENT             |         |  14 |  644 |   3   (0)|
|   1 |  TABLE ACCESS BY INDEX ROWID| DEPT    |   1 |   22 |   1   (0)|
|*  2 |   INDEX UNIQUE SCAN          | PK_DEPT|   1 |      |   0   (0)|
|   3 |  TABLE ACCESS FULL           | EMP     |  14 |  644 |   3   (0)|
--------------------------------------------------------------------------

Predicate Information (identified by operation id):
---------------------------------------------------

  2 - access("D"."DEPTNO"=:B1)
```

通过执行计划可以看到，标量子查询中的语句实际上执行的是：

```
SELECT d.dname FROM dept d WHERE d.deptno = :B1
```

只是针对 emp 的每一行，:B1 取不同的值，这时执行计划只有这一种，所以如果不能改写语句，就要在对应的列上建立索引（如上所示的 PK_DEPT）来提高查询速度。

上面这种语句等价于 e **left** join d。为了证明这一点，我们先增加一行数据：

```
insert into emp(empno,deptno) values(9999,null);
```

这时会返回 15 行数据：

```
     EMPNO ENAME             SAL     DEPTNO DNAME
---------- ---------- ---------- ---------- --------------
      7369 SMITH             800         20 RESEARCH
......
      7934 MILLER           1300         10 ACCOUNTING
      9999

15 rows selected
```

这是因为当 emp.deptno 为空时，标量子查询查不到数据，所以如果我们想改成 JOIN 语句，则需要使用 LEFT JOIN：

```
SELECT e.empno,
```

```
       e.ename,
       e.sal,
       e.deptno,
       d.dname
  FROM emp e
  LEFT JOIN dept d ON (d.deptno = e.deptno);

Plan hash value: 3387915970

-----------------------------------------------------------------
| Id  | Operation          | Name | Rows  | Bytes | Cost (%CPU)|
-----------------------------------------------------------------
|   0 | SELECT STATEMENT   |      |    14 |   952 |     6   (0)|
|*  1 |  HASH JOIN OUTER   |      |    14 |   952 |     6   (0)|
|   2 |   TABLE ACCESS FULL| EMP  |    14 |   644 |     3   (0)|
|   3 |   TABLE ACCESS FULL| DEPT |     4 |    88 |     3   (0)|
-----------------------------------------------------------------

Predicate Information (identified by operation id):
---------------------------------------------------

   1 - access("D"."DEPTNO"(+)="E"."DEPTNO")
```

可以看到，现在进行的是 HASH JOIN，我们还可以更改执行计划：

```
SELECT /*+ use_nl(e,d) */
 e.empno, e.ename, e.sal, e.deptno, d.dname
  FROM emp e
  LEFT JOIN dept d ON (d.deptno = e.deptno);

Plan hash value: 1301846388

--------------------------------------------------------------------------------
| Id  | Operation                    | Name    | Rows| Bytes| Cost(%CPU)|
--------------------------------------------------------------------------------
|   0 | SELECT STATEMENT             |         |  14 |  952 |   17   (0)|
|   1 |  NESTED LOOPS OUTER          |         |  14 |  952 |   17   (0)|
|   2 |   TABLE ACCESS FULL          | EMP     |  14 |  644 |    3   (0)|
|   3 |   TABLE ACCESS BY INDEX ROWID| DEPT    |   1 |   22 |    1   (0)|
|*  4 |    INDEX UNIQUE SCAN         | PK_DEPT |   1 |      |    0   (0)|
--------------------------------------------------------------------------------
```

```
Predicate Information (identified by operation id):
---------------------------------------------------

   4 - access("D"."DEPTNO"(+)="E"."DEPTNO")
```

可以看到，改为 JOIN 后有两种 PLAN 可供选择，这样优化的余地也就大一些。

另外需要注意的是，改写为 LEFT JOIN 后，PLAN 里会显示 OUTER 关键字，如果 PLAN 里没有这个关键字，就需要注意是否改写错了。

14.2　用 LEFT JOIN 优化标量子查询

不知为什么很多人都喜欢使用标量子查询，在此建议，如果未经过效率测试，尽量不要用标量子查询，特别是多次**使用同样的条件访问同一个表**的时候：

```
SELECT employee_id,
       first_name,
       job_id,
       (SELECT d.department_name FROM hr.departments d WHERE d.department_id
= e.department_id) AS department_name,
       (SELECT d.manager_id      FROM hr.departments d WHERE d.department_id
= e.department_id) AS manager_id,
       (SELECT d.location_id     FROM hr.departments d WHERE d.department_id
= e.department_id) AS location_id
  FROM hr.employees e;
```

这是在一个查询语句中截取的一部分代码，可以看到，在标量子查询中对 d 表访问了三次，而且关联条件一样。对于这种查询，一般都直接改为 LEFT JOIN 的方式：

```
SELECT e.employee_id,
       e.first_name,
       e.job_id,
       d.department_name,
       d.manager_id,
       d.location_id
  FROM hr.employees e
  LEFT JOIN hr.departments d ON (d.department_id = e.department_id);
```

改为 LEFT JOIN 后，原关联条件（d.department_id = e.department_id）直接作为 JOIN 条件即可。

14.3 用 LEFT JOIN 优化标量子查询之聚合改写

前面讲的语句都没有汇总，如果有汇总语句直接更改会报错：

```
SELECT d.department_id,
       d.department_name,
       d.location_id,
       nvl((SELECT SUM(e.salary)
             FROM hr.employees e
            WHERE e.department_id = d.department_id),
           0) AS sum_sal
  FROM hr.departments d;

SELECT d.department_id,
       d.department_name,
       d.location_id,
       nvl(sum(e.salary), 0) AS sum_sal
  FROM hr.departments d
  LEFT JOIN hr.employees e ON (e.department_id = d.department_id);
ORA-00904: "E"."SUM_SAL": 标识符无效
```

当然，对熟悉语法的读者来说，这不是问题。

① 先分组汇总改成内联视图，GROUP BY 后面的列就是关联列（department_id）。

原标量子查询改写为：

```
SELECT e.department_id, SUM(e.salary) AS sum_sal
  FROM hr.employees e
 GROUP BY e.department_id
```

② 左联改写后的内联视图：

```
SELECT d.department_id,
       d.department_name,
       d.location_id,
       nvl(e.sum_sal, 0) AS sum_sal
  FROM hr.departments d
  LEFT JOIN (SELECT e.department_id, SUM(e.salary) AS sum_sal
               FROM hr.employees e
              GROUP   BY   e.department_id)   e   ON   (e.department_id   =
d.department_id);
```

注意以下两点：

① 除非能根据业务或逻辑判断用 INNER JOIN，否则在把标量子查询改为 JOIN 时都要改成 LEFT JOIN。

② 如果需要 GROUP BY，那么请注意：先汇总，后关联。

14.4　用 LEFT JOIN 及行转列优化标量子查询

14.3 节介绍了简单的标量改写方式，那么稍微复杂一点的呢？像下面的例子，同样是多个标量访问一个表，但返回的是同一列的值，只是过滤条件不一样。

```
SELECT deptno,
       dname,
       loc,
       (SELECT SUM(sal) FROM emp e WHERE e.deptno = d.deptno AND e.job = 'MANAGER') AS manager,
       (SELECT SUM(sal) FROM emp e WHERE e.deptno = d.deptno AND e.job = 'CLERK') AS clerk
  FROM dept d;
```

可以看到，在这种查询里关联条件都一样，只是加了不同的过滤条件，就可以先把标量中的部分合并成一个内联视图：

```
SELECT e.deptno,
       SUM(CASE WHEN job = 'MANAGER' THEN sal END) AS manager,
       SUM(CASE WHEN job = 'CLERK' THEN sal END) AS CLERK
  FROM emp e
 GROUP BY e.deptno;
```

把上面这个语句作为内联视图与主表进行关联，ON 后面直接放关联条件（e.deptno = d.deptno），就是下面的语句：

```
SELECT d.deptno, d.dname, d.loc, e.manager, e.clerk
  FROM dept d
  LEFT JOIN (SELECT e.deptno,
                    SUM(CASE WHEN job = 'MANAGER' THEN sal END) AS manager,
                    SUM(CASE WHEN job = 'CLERK' THEN sal END) AS clerk
               FROM emp e
              GROUP BY e.deptno) e ON e.deptno = d.deptno;
```

以上是模拟的一个案例，原语句更改后的查询时间由 30 分钟降到了 2 分钟。

14.5 标量中有 ROWNUM=1

有时标量中会出现 ROWNUM = 1 这样的条件语句，这种语句是怎么出来的呢？

```
    SELECT deptno,
           dname,
           loc,
           (SELECT ename FROM emp e WHERE e.deptno = d.deptno AND e.job = 'MANAGER')
AS manager,
           (SELECT ename FROM emp e WHERE e.deptno = d.deptno AND e.job = 'CLERK')
AS clerk
      FROM dept d

    ORA-01427: single-row subquery returns more than one row
```

因为上面这种错误，于是有人或有些报表软件就增加了条件 ROWNUM=1:

```
    SELECT deptno,
           dname,
           loc,
           (SELECT ename FROM emp e WHERE e.deptno = d.deptno AND e.job = 'MANAGER'
AND ROWNUM =1) AS manager,
           (SELECT ename FROM emp e WHERE e.deptno = d.deptno AND e.job = 'CLERK'
AND ROWNUM = 1) AS clerk
      FROM dept d;

        DEPTNO DNAME          LOC           MANAGER    CLERK
    ---------- -------------- ------------- ---------- ----------
            10 ACCOUNTING     NEW YORK      CLARK      MILLER
            20 RESEARCH       DALLAS        JONES      SMITH
            30 SALES          CHICAGO       BLAKE      JAMES
            40 OPERATIONS     BOSTON
```

其实这种不加排序的子句直接使用 ROWNUM = 1 的查询，本身就是对数据要求不严格，我们不更改查询，只增加一个索引，再重新执行上面的查询：

```
    CREATE INDEX idx_emp_2 ON emp(deptno, job,ename);

        DEPTNO DNAME          LOC           MANAGER    CLERK
```

```
---------- -------------- ------------- ---------- ----------
        10 ACCOUNTING     NEW YORK      CLARK      MILLER
        20 RESEARCH       DALLAS        JONES      ADAMS
        30 SALES          CHICAGO       BLAKE      JAMES
        40 OPERATIONS     BOSTON
```

可以看到，部门 20 返回的值改变了。

既然查询本身对返回值的要求都不严格，那么这类标量查询语句则可以改为：

```
    (SELECT MAX(ename) FROM emp e WHERE e.deptno = d.deptno AND e.job = 'MANAGER')
AS manager,
    (SELECT MAX(ename) FROM emp e WHERE e.deptno = d.deptno AND e.job = 'CLERK'))
AS clerk
```

后续更改就与前面讲过的方式一样了：

```
    SELECT d.deptno, d.dname, d.loc, e.manager, e.clerk
      FROM dept d
      LEFT JOIN (SELECT e.deptno,
                        MAX(decode(job, 'MANAGER', ename)) AS manager,
                        MAX(decode(job, 'CLERK', ename)) AS clerk
                   FROM emp e
                  GROUP BY e.deptno) e ON e.deptno = d.deptno;
```

14.6　ROWNUM=1 引起的逻辑问题

在上节中可以看到，通过 ROWNUM=1 返回的行具有不确定性，在下列的语句中有可能会返回预期之外的结果：

```
    SELECT d.deptno,
           d.dname,
           d.loc,
           (SELECT e.ename FROM emp e WHERE e.deptno = d.deptno AND rownum = 1)
AS ename,
           (SELECT e.job FROM emp e WHERE e.deptno = d.deptno AND rownum = 1) AS
job
      FROM dept d;

        DEPTNO DNAME          LOC           ENAME      JOB
    ---------- -------------- ------------- ---------- ----------
            10 ACCOUNTING     NEW YORK      CLARK      MANAGER
```

```
        20 RESEARCH       DALLAS        SMITH      CLERK
        30 SALES          CHICAGO       ALLEN      SALESMAN
        40 OPERATIONS     BOSTON
```

现在结果是正常的，ENAME 与 JOB 一一对应。如果有人在 EMP 上建立索引，就会引起结果变化：

```
CREATE INDEX I_EMP_DEPTNO_JOB ON EMP(DEPTNO, JOB);
CREATE INDEX I_EMP_DEPTNO_ENAME ON EMP(DEPTNO, ENAME);

    DEPTNO DNAME          LOC           ENAME      JOB
---------- -------------- ------------- ---------- ----------
        10 ACCOUNTING     NEW YORK      CLARK      CLERK
        20 RESEARCH       DALLAS        ADAMS      ANALYST
        30 SALES          CHICAGO       ALLEN      CLERK
        40 OPERATIONS     BOSTON

SELECT ename, job
  FROM emp
 WHERE ename IN ('CLARK', 'ADAMS', 'ALLEN');

ENAME      JOB
---------- ----------
ALLEN      SALESMAN
CLARK      MANAGER
ADAMS      CLERK
```

返回的 ENAME 与 JOB 不再一一对应（ADAMS 的职位应为 CLERK），这时用上节所示方法一样无法返回预期结果：

```
SELECT d.deptno,
       d.dname,
       d.loc,
       (SELECT MIN(e.ename) FROM emp e WHERE e.deptno = d.deptno) AS ename,
       (SELECT MIN(e.job) FROM emp e WHERE e.deptno = d.deptno) AS job
  FROM dept d;

    DEPTNO DNAME          LOC           ENAME      JOB
---------- -------------- ------------- ---------- ----------
        10 ACCOUNTING     NEW YORK      CLARK      CLERK
        20 RESEARCH       DALLAS        ADAMS      ANALYST
        30 SALES          CHICAGO       ALLEN      CLERK
```

```
        40 OPERATIONS     BOSTON
```

我们需要先返回一行数据，得到对应值后再关联，返回一行数据：

```
SELECT deptno, ename, job
  FROM (SELECT deptno,
               ename,
               job,
               row_number() over(PARTITION BY deptno ORDER BY ename) AS rn
          FROM emp)
 WHERE rn = 1;

    DEPTNO ENAME      JOB
---------- ---------- ---------
        10 CLARK      MANAGER
        20 ADAMS      CLERK
        30 ALLEN      SALESMAN
```

再关联查询即可：

```
SELECT d.deptno,
       d.dname,
       d.loc,
       e.ename,
       e.job
  FROM dept d
  LEFT JOIN (SELECT deptno,
                    ename,
                    job
               FROM (SELECT deptno,
                            ename,
                            job,
                            row_number() over(PARTITION BY deptno ORDER BY ename)
AS rn
                       FROM emp)
              WHERE rn = 1) e ON e.deptno = d.deptno;

    DEPTNO DNAME          LOC           ENAME      JOB
---------- -------------- ------------- ---------- ----------
        10 ACCOUNTING     NEW YORK      CLARK      MANAGER
        20 RESEARCH       DALLAS        ADAMS      CLERK
        30 SALES          CHICAGO       ALLEN      SALESMAN
        40 OPERATIONS     BOSTON
```

14.7 标量中有不等关联时改写的问题

当标量子查询中有不等关联时需要注意更改前后的逻辑是否一致，下面我们模拟一个实际案例的更改过程，首先生成模拟数据：

```
CREATE TABLE T14_7_A(id, licence_id, data_source, open_date) AS
SELECT 1, '1', 'a' AS, DATE '2014-03-10' FROM dual UNION ALL
SELECT 2, '2', 'b' AS, DATE '2014-04-10' FROM dual UNION ALL
SELECT 3, '3', 'c' AS, DATE '2014-05-10' FROM dual UNION ALL
SELECT 4, '4', 'd' AS, DATE '2014-06-10' FROM dual UNION ALL
SELECT 5, '4', 'd' AS, DATE '2014-07-10' FROM dual;

CREATE TABLE T14_7_B(id, licence_id, data_source, cont_date, buy_date) AS
SELECT 1, '1', 'a' AS, DATE '2014-03-08', DATE '2014-03-09' FROM dual UNION ALL
SELECT 2, '1', 'a' AS, DATE '2014-03-11', DATE '2014-03-11' FROM dual UNION ALL
SELECT 3, '2', 'b' AS, DATE '2014-04-07', DATE '2014-04-09' FROM dual UNION ALL
SELECT 4, '2', 'b' AS, DATE '2014-04-08', DATE '2014-04-11' FROM dual UNION ALL
SELECT 5, '2', 'b' AS, DATE '2014-04-12', DATE '2014-04-12' FROM dual UNION ALL
SELECT 6, '3', 'c' AS, DATE '2014-05-08', DATE '2014-05-14' FROM dual UNION ALL
SELECT 7, '3', 'c' AS, DATE '2014-05-13', DATE '2014-05-15' FROM dual UNION ALL
SELECT 8, '4', 'd' AS, DATE '2014-06-08', DATE '2014-06-10' FROM dual UNION ALL
SELECT 9, '4', 'd' AS, DATE '2014-07-14', DATE '2014-07-15' FROM dual;
```

原语句在标量中查询最值，其中有不等关联：

```
SELECT a.licence_id,
       a.data_source,
       (SELECT MIN(cont_date)
          FROM t14_7_b ct
         WHERE ct.licence_id = a.licence_id
           AND ct.data_source = a.data_source
           AND trunc(cont_date) >= a.open_date) AS min_cont_date,
       (SELECT MIN(buy_date)
          FROM t14_7_b ct
         WHERE ct.licence_id = a.licence_id
           AND ct.data_source = a.data_source
           AND trunc(buy_date) >= a.open_date) AS min_buy_date
  FROM t14_7_a a;

LICENCE_ID DATA_SOURCE MIN_CONT_DATE MIN_BUY_DATE
```

```
---------- ---------- ------------- -----------
1          a          2014-03-11    2014-03-11
2          b          2014-04-12    2014-04-11
3          c          2014-05-13    2014-05-14
4          d          2014-07-14    2014-06-10
4          d          2014-07-14    2014-07-15
```

下面是网友自己改写后的语句：

```
SELECT a.licence_id,
       a.data_source,
       ct2.min_cont_date AS min_cont_date,
       ct2.min_buy_date  AS min_buy_date
  FROM t14_7_a a
  LEFT JOIN (SELECT ct.licence_id,
                    ct.data_source,
                    trunc(MIN(cont_date)) min_cont_date,
                    trunc(MIN(buy_date)) min_buy_date
               FROM t14_7_b ct
              GROUP BY ct.licence_id, ct.data_source) ct2
    ON ct2.licence_id = a.licence_id
   AND ct2.data_source = a.data_source
   AND ct2.min_cont_date >= a.open_date
   AND ct2.min_buy_date >= a.open_date;

LICENCE_ID DATA_SOURCE MIN_CONT_DATE MIN_BUY_DATE
---------- ----------- ------------- ------------
2          b
3          c
1          a
4          d
4          d
```

以上语句有两个地方不对。

① 在 INLINE VIEW 中直接取了最小值，而原语句是在过滤数据后取的最小值（如：trunc(cont_date) >= a.open_date）：

```
SELECT ct.licence_id,
       ct.data_source,
       trunc(MIN(cont_date)) min_cont_date,
       trunc(MIN(buy_date)) min_buy_date
  FROM t14_7_b ct
```

```
 GROUP BY ct.licence_id, ct.data_source;

LICENCE_ID DATA_SOURCE MIN_CONT_DATE MIN_BUY_DATE
---------- ----------- ------------- ------------
1          a           2014-03-08    2014-03-09
2          b           2014-04-07    2014-04-09
4          d           2014-06-08    2014-06-10
3          c           2014-05-08    2014-05-14
```

② 改后的语句合并了关联条件，影响了返回结果，我们可以去掉一个条件后再来对比查看：

```
SELECT a.licence_id,
       a.data_source,
       ct2.min_cont_date AS min_cont_date,
       ct2.min_buy_date  AS min_buy_date
  FROM t14_7_a a
  LEFT JOIN (SELECT ct.licence_id,
                    ct.data_source,
                    trunc(MIN(cont_date)) min_cont_date,
                    trunc(MIN(buy_date)) min_buy_date
               FROM t14_7_b ct
              GROUP BY ct.licence_id, ct.data_source) ct2
    ON ct2.licence_id = a.licence_id
   AND ct2.data_source = a.data_source
   /*AND ct2.min_cont_date >= a.open_date*/
   AND ct2.min_buy_date >= a.open_date;

LICENCE_ID DATA_SOURCE MIN_CONT_DATE MIN_BUY_DATE
---------- ----------- ------------- ------------
4          d           2014-06-08    2014-06-10
3          c           2014-05-08    2014-05-14
2          b
1          a
4          d
```

所以改写两个不等条件互相不能影响，而且要在应用条件后才能取最值。我们可以通过条件表达式来过滤数据，以下是过滤前后效果对比：

```
SELECT a.licence_id,
       a.data_source,
       ct.cont_date,
```

```
        (CASE WHEN trunc(ct.cont_date) >= a.open_date THEN ct.cont_date END)
AS min_cont_date,
        ct.buy_date,
        (CASE WHEN trunc(ct.buy_date) >= a.open_date THEN ct.buy_date END) AS
min_buy_date
    FROM t14_7_b ct
    LEFT JOIN t14_7_a a ON (ct.licence_id = a.licence_id AND ct.data_source
= a.data_source);

LICENCE_ID DATA_SOURCE CONT_DATE   MIN_CONT_DATE BUY_DATE   MIN_BUY_DATE
---------- ----------- ----------- ------------- ---------- ------------
1          a           2014-03-11  2014-03-11    2014-03-11 2014-03-11
1          a           2014-03-08                2014-03-09
2          b           2014-04-12  2014-04-12    2014-04-12 2014-04-12
2          b           2014-04-08                2014-04-11 2014-04-11
2          b           2014-04-07                2014-04-09
3          c           2014-05-13  2014-05-13    2014-05-15 2014-05-15
3          c           2014-05-08                2014-05-14 2014-05-14
4          d           2014-07-14  2014-07-14    2014-07-15 2014-07-15
4          d           2014-06-08                2014-06-10 2014-06-10
4          d           2014-07-14  2014-07-14    2014-07-15 2014-07-15
4          d           2014-06-08                2014-06-10

11 rows selected
```

然后取最值：

```
SELECT a.licence_id,
       a.data_source,
       MIN(CASE WHEN trunc(ct.cont_date) >= a.open_date THEN ct.cont_date END)
AS min_cont_date,
       MIN(CASE WHEN trunc(ct.buy_date) >= a.open_date THEN ct.buy_date END)
AS min_buy_date
    FROM t14_7_b ct
    LEFT JOIN t14_7_a a ON (ct.licence_id = a.licence_id AND ct.data_source
= a.data_source)
   GROUP BY a.licence_id, a.data_source
   ORDER BY 1;

LICENCE_ID DATA_SOURCE MIN_CONT_DATE MIN_BUY_DATE
---------- ----------- ------------- ------------
1          a           2014-03-11    2014-03-11
```

```
2          b          2014-04-12     2014-04-11
3          c          2014-05-13     2014-05-14
4          d          2014-07-14     2014-06-10
```

最后一行数据不对，一般情况返回的数据不会有重复数据，而我们这里有重复数据，汇总后影响了返回结果，需要用下面语句进行特殊处理：

```
SELECT a.licence_id,
       a.data_source,
       MIN(CASE WHEN trunc(ct.cont_date) >= a.open_date THEN ct.cont_date END)
AS min_cont_date,
       MIN(CASE WHEN trunc(ct.buy_date) >= a.open_date THEN ct.buy_date END)
AS min_buy_date
  FROM t14_7_b ct
  LEFT JOIN t14_7_a a ON (ct.licence_id = a.licence_id AND ct.data_source
= a.data_source)
 GROUP BY a.rowid, a.licence_id, a.data_source
 ORDER BY 1, 4;

LICENCE_ID DATA_SOURCE MIN_CONT_DATE MIN_BUY_DATE
---------- ----------- ------------- ------------
1          a           2014-03-11    2014-03-11
2          b           2014-04-12    2014-04-11
3          c           2014-05-13    2014-05-14
4          d           2014-07-14    2014-06-10
4          d           2014-07-14    2014-07-15
```

14.8 标量中有聚合函数时改写的问题

如果标量子查询中有聚合函数，有时也可以直接改为先关联再聚合，模拟案例如下：

```
CREATE TABLE T14_8 AS SELECT * FROM dept;
INSERT INTO T14_8 SELECT * FROM dept WHERE deptno = 20;

SELECT a.empno,
       a.ename,
       a.job,
       a.deptno,
       (SELECT DISTINCT dname FROM t14_8 b WHERE b.deptno = a.deptno) AS dname
  FROM emp a
 WHERE sal > 2500
```

```
 ORDER BY 1, 2, 3;

     EMPNO ENAME      JOB         DEPTNO DNAME
---------- ---------- ---------- ---------- --------------
      7566 JONES      MANAGER          20 RESEARCH
      7698 BLAKE      MANAGER          30 SALES
      7788 SCOTT      ANALYST          20 RESEARCH
      7839 KING       PRESIDENT        10 ACCOUNTING
      7902 FORD       ANALYST          20 RESEARCH

5 rows selected.
```

改后的语句为：

```
SELECT DISTINCT a.empno, a.ename, a.job, a.deptno, b.dname
  FROM emp a
  LEFT JOIN t14_8 b ON b.deptno = a.deptno
 WHERE sal > 2500
 ORDER BY 1, 2, 3;
```

这种更改方式在大部分情况下没有问题，但也有例外：

```
SELECT a.job,
       a.deptno,
       (SELECT DISTINCT dname FROM t14_8 b WHERE b.deptno = a.deptno) AS dname
  FROM emp a
 WHERE sal > 2500
 ORDER BY 1, 2, 3;

JOB                    DEPTNO DNAME
-------------------- -------- ----------------------------
ANALYST                    20 RESEARCH
ANALYST                    20 RESEARCH
MANAGER                    20 RESEARCH
MANAGER                    30 SALES
PRESIDENT                  10 ACCOUNTING

5 rows selected.

SELECT DISTINCT a.job, a.deptno, b.dname
  FROM emp a
  LEFT JOIN t14_8 b ON b.deptno = a.deptno
 WHERE sal > 2500
```

```
 ORDER BY 1, 2, 3;

JOB                     DEPTNO DNAME
-------------------- -------- ------------------------------
ANALYST                     20 RESEARCH
MANAGER                     20 RESEARCH
MANAGER                     30 SALES
PRESIDENT                   10 ACCOUNTING

4 rows selected.
```

这是因为原查询中存在重复数据，这时可以先在子查询中处理聚合问题再关联：

```
SELECT a.job,
       a.deptno,
       b.dname
  FROM emp a
  LEFT JOIN (SELECT dname, deptno
               FROM t14_8
              GROUP BY dname, deptno) b ON b.deptno = a.deptno
 WHERE sal > 2500
 ORDER BY 1, 2, 3;

JOB             DEPTNO DNAME
---------- ---------- --------------
ANALYST            20 RESEARCH
ANALYST            20 RESEARCH
MANAGER            20 RESEARCH
MANAGER            30 SALES
PRESIDENT          10 ACCOUNTING
```

或更改汇总语句：

```
SELECT a.job, a.deptno, b.dname
  FROM emp a
  LEFT JOIN t14_8 b ON b.deptno = a.deptno
 WHERE sal > 2500
 GROUP BY a.rowid, a.job, a.deptno, b.dname
 ORDER BY 1, 2, 3;

JOB             DEPTNO DNAME
---------- ---------- --------------
ANALYST            20 RESEARCH
```

```
ANALYST              20 RESEARCH
MANAGER              20 RESEARCH
MANAGER              30 SALES
PRESIDENT            10 ACCOUNTING
```

14.9　用分析函数优化标量子查询（一）

当标量子查询中的表与主查询中的表一样，也就是有自关联的时候，常常可以改用分析函数直接取值，模拟案例如下，按条件取相同职位的人数：

```
SELECT a.deptno,
       a.empno,
       a.ename,
       a.sal,
       a.job,
       (SELECT COUNT(*)
          FROM emp b
         WHERE b.job = a.job
           AND b.deptno NOT IN
               (SELECT deptno FROM dept WHERE loc = 'DALLAS')) AS mul
  FROM emp a
 WHERE a.deptno = '10'
 ORDER BY empno;

    DEPTNO      EMPNO ENAME             SAL JOB              MUL
---------- ---------- ---------- ---------- ---------- ----------
        10       7782 CLARK            2450 MANAGER            2
        10       7839 KING             5000 PRESIDENT          1
        10       7934 MILLER           1300 CLERK              2

3 rows selected.
```

语句有点复杂，我们一步步地分析。标量子查询内的语句为：

```
SELECT b.job, b.deptno
  FROM emp b
 WHERE b.deptno NOT IN (SELECT deptno FROM dept WHERE loc = 'DALLAS');
```

去掉 NOT IN，改为 LEFT JOIN：

```
SELECT b.job,
```

```
       b.deptno
  FROM emp b
  LEFT JOIN (SELECT * FROM dept WHERE loc = 'DALLAS') d ON (d.deptno = b.deptno)
 WHERE d.deptno IS NULL;
```

因为 EMP 与 DEPT 的关联是 *N*:1，我们可以让 DEPT 直接与 A 关联：

```
SELECT *
  FROM emp a
  LEFT JOIN (SELECT * FROM dept WHERE loc = 'DALLAS') d ON (d.deptno = a.deptno)
```

这时同职位的人数可以用分析函数统计为：

```
SELECT a.deptno,
       a.empno,
       a.ename,
       a.sal,
       a.job,
       SUM(decode(d.deptno, NULL, 1)) over(PARTITION BY a.job) AS mul
  FROM emp a
  LEFT JOIN dept d ON (d.deptno = a.deptno AND loc = 'DALLAS')
 ORDER BY deptno, empno;

    DEPTNO      EMPNO ENAME             SAL JOB              MUL
---------- ---------- ---------- ---------- ---------- ----------
        10       7782 CLARK            2450 MANAGER            2
        10       7839 KING             5000 PRESIDENT          1
        10       7934 MILLER           1300 CLERK              2
        20       7369 SMITH             800 CLERK              2
        20       7566 JONES            2975 MANAGER            2
        20       7788 SCOTT            3000 ANALYST
        20       7876 ADAMS            1100 CLERK              2
        20       7902 FORD             3000 ANALYST
        30       7499 ALLEN            1600 SALESMAN           4
        30       7521 WARD             1250 SALESMAN           4
        30       7654 MARTIN           1250 SALESMAN           4
        30       7698 BLAKE            2850 MANAGER            2
        30       7844 TURNER           1500 SALESMAN           4
        30       7900 JAMES             950 CLERK              2

14 rows selected
```

因为同职位的有其他部门的员工，所以上面不能加过滤条件，只有统计完后再取部门

10 的数据：

```
SELECT *
  FROM (SELECT a.deptno,
               a.empno,
               a.ename,
               a.sal,
               a.job,
               SUM(decode(d.deptno, NULL, 1)) over(PARTITION BY a.job) AS mul
          FROM emp a
          LEFT JOIN dept d ON (d.deptno = a.deptno AND loc = 'DALLAS'))
 WHERE deptno = 10
 ORDER BY empno;

    DEPTNO      EMPNO ENAME             SAL JOB              MUL
---------- ---------- ---------- ---------- ---------- ----------
        10       7782 CLARK            2450 MANAGER            2
        10       7839 KING             5000 PRESIDENT          1
        10       7934 MILLER           1300 CLERK              2
```

14.10　用分析函数优化标量子查询（二）

下面这个案例因无法通过索引高效查询，所以标量子查询效率较低：

```
CREATE TABLE T14_10_A AS
SELECT lv AS a_id,
       lv + round(dbms_random.value * 100) AS val,
       '000001' AS code,
       substr(c_date, 1, 4) AS e_year,
       c_date
  FROM (SELECT LEVEL AS lv,
               to_char(to_date('20141218',   'YYYYMMDD')  -  (LEVEL  -  1),
'YYYYMMDD') AS c_date
          FROM dual
        CONNECT BY LEVEL <= 190)
 ORDER BY c_date;

CREATE TABLE T14_10_REMOTE_B AS
SELECT 2 AS stype, 1 AS status, '000001' AS scode, 'SNAME' AS sname FROM dual;
```

```
SELECT a.a_id,
       a.code,
       a.e_year AS e_year,
       b.sname AS sname,
       a.c_date AS c_date,
       (SELECT SUM(val)
          FROM t14_10_a t
         WHERE t.code = a.code
           AND t.c_date BETWEEN to_char(to_date(a.c_date, 'YYYYMMDD') - 180,
'YYYYMMDD') AND a.c_date
           AND t.e_year = a.e_year) f70115_70011
  FROM t14_10_a      a,
       t14_10_remote_b b
 WHERE a.code = b.scode
   AND b.stype = 2
   AND b.status = 1
   AND a.c_date = '20141218'
   AND b.scode = '000001';

      A_ID CODE   E_YEAR          SNAME C_DATE   F70115_70011
---------- ------ --------------- ----- -------- ------------
         1 000001 2014            SNAME 20141218        25275
```

见上面的粗体部分，这个案例有一点特殊，C_DATE 是一个固定值，所以标量部分可改为等值关联：

```
SELECT SUM(val)
  FROM t14_10_a t
 WHERE t.code = '000001'
   AND t.c_date BETWEEN to_char(to_date('20141218', 'YYYYMMDD') - 180,
'YYYYMMDD') AND '20141218'
   AND t.e_year = a.e_year
```

而且查询中存在自关联，可以合并查询，通过分析函数提取 SUM(val)，然后再取 '20141218' 的数据：

```
SELECT *
  FROM (SELECT a.a_id,
               a.code,
               a.e_year AS e_year,
               a.c_date AS c_date,
               SUM(val) over(PARTITION BY a.e_year) AS f70115_70011
```

```
        FROM t14_10_a a
       WHERE (a.c_date >=
             to_char(to_date(20141218, 'YYYYMMDD') - 180, 'YYYYMMDD') AND
             a.c_date <= '20141218')
         AND a.code = '000001') a
 WHERE a.c_date = '20141218';

      A_ID CODE   E_YEAR            C_DATE    F70115_70011
---------- ------ ----------------- --------- ------------
         1 000001 2014              20141218         25275
```

最后再合并语句就可以了：

```
SELECT a.*,
       b.sname AS sname
  FROM (SELECT a.a_id,
             a.code,
             a.e_year AS e_year,
             a.c_date AS c_date,
             SUM(val) over(PARTITION BY a.e_year) AS f70115_70011
        FROM t14_10_a a
       WHERE (a.c_date >=
             to_char(to_date(20141218, 'YYYYMMDD') - 180, 'YYYYMMDD') AND
             a.c_date <= '20141218')
         AND a.code = '000001') a
 INNER JOIN (SELECT b.sname,
                  b.scode
             FROM t14_10_remote_b b
            WHERE b.stype = 2
              AND b.status = 1
              AND b.scode = '000001') b ON (a.code = b.scode)
 WHERE a.c_date = '20141218';
```

14.11　用分析函数优化标量子查询（三）

上面的查询是特殊情况，稍复杂的另一个同类案例如下：

```
SELECT a.a_id,
       a.code,
       a.e_year,
       b.sname,
```

```
        a.c_date,
        (SELECT SUM(val)
           FROM t14_10_a t
          WHERE t.code = a.code
            AND t.c_date BETWEEN
                to_char(to_date(a.c_date, 'YYYYMMDD') - 180, 'YYYYMMDD') AND
                a.c_date
            AND t.e_year = a.e_year) f70115_70011
  FROM t14_10_a        a,
       t14_10_remote_b b
 WHERE a.code = b.scode
   AND b.stype = 2
   AND b.status = 1
   AND a.c_date >= to_char(to_date('20141218', 'YYYYMMDD') - 3, 'YYYYMMDD');

      A_ID CODE         E_YEAR   SNAME      C_DATE       F70115_70011
---------- ------------ -------- ---------- ------------ ------------
         4 000001       2014     SNAME      20141215            25900
         3 000001       2014     SNAME      20141216            25657
         2 000001       2014     SNAME      20141217            25505
         1 000001       2014     SNAME      20141218            25275

4 rows selected.
```

标量(T)中的查询范围根据主查询(A)中当前行的值而变化，我们需要在分析函数中加上 RANGE BETWEEN 参数来处理：

```
SUM(val) over(PARTITION BY a.e_year ORDER BY to_date(c_date, 'YYYYMMDD')
RANGE BETWEEN 180 preceding AND CURRENT ROW)
```

因为我们只需要取最后三天的结果，所以之前的数据可以不分析：

```
CASE
  WHEN a.c_date >= to_char(to_date('20141218','YYYYMMDD') - 3, 'YYYYMMDD')
THEN
   SUM(val) over(PARTITION BY a.e_year ORDER BY to_date(c_date, 'YYYYMMDD')
RANGE BETWEEN 180 preceding AND CURRENT ROW)
END
```

最终语句为：

```
SELECT a.*,
       b.sname AS sname
```

```
      FROM (SELECT a.a_id,
                   a.code,
                   a.e_year,
                   a.c_date,
                   CASE
                     WHEN a.c_date >= to_char(to_date('20141218', 'YYYYMMDD') - 3,
'YYYYMMDD') THEN
                      SUM(val) over(PARTITION BY a.e_year ORDER BY to_date(c_date,
'YYYYMMDD') RANGE BETWEEN 180 preceding AND CURRENT ROW)
                   END AS f70115_70011
              FROM t14_10_a a
             WHERE a.c_date >= to_char(to_date('20141218', 'YYYYMMDD') - 183,
'YYYYMMDD')) a
     INNER JOIN t14_10_remote_b b ON (a.code = b.scode)
     WHERE b.stype = 2
       AND b.status = 1
       AND a.c_date >= to_char(to_date('20141218', 'YYYYMMDD') - 3, 'YYYYMMDD');
```

下图是改后的效果反馈：

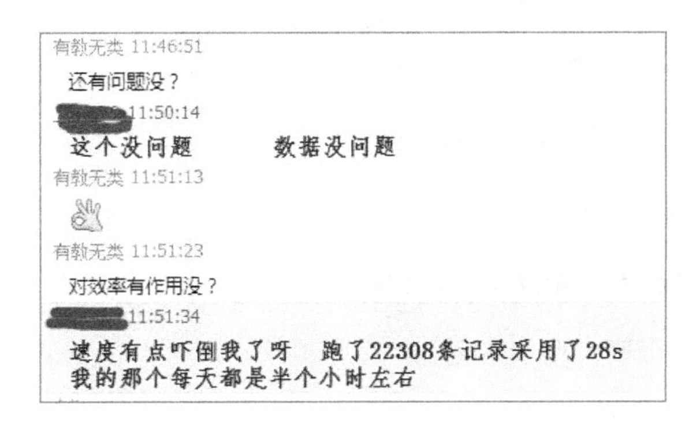

14.12　标量中的树形查询

树形查询的速度一般都较慢，如果把树形查询放在标量中就更慢了：

```
CREATE TABLE JOB_HISTORY AS
SELECT empno,
       hiredate AS start_date,
       hiredate + round(dbms_random.value * 3000) AS end_date,
       job
  FROM emp
```

```
  where rownum <= 8;

SELECT a.empno,
       a.start_date,
       a.end_date,
       a.job,
       (SELECT b.ename
          FROM emp b
         WHERE b.job = 'MANAGER'
         START WITH b.empno = a.empno
        CONNECT BY (PRIOR b.mgr) = b.empno) AS manager
  FROM job_history a;

  EMPNO START_DATE END_DATE   JOB        MANAGER
------- ---------- ---------- ---------- ----------
   7369 1980-12-17 1986-09-05 CLERK      JONES
   7499 1981-02-20 1984-02-18 SALESMAN   BLAKE
   7521 1981-02-22 1987-05-21 SALESMAN   BLAKE
   7566 1981-04-02 1989-06-11 MANAGER    JONES
   7654 1981-09-28 1988-06-11 SALESMAN   BLAKE
   7698 1981-05-01 1986-03-03 MANAGER    BLAKE
   7782 1981-06-09 1983-06-01 MANAGER    CLARK
   7788 1982-12-09 1988-09-07 ANALYST    JONES

8 rows selected.
```

我们来分析下获取 MANAGER 的过程：

```
SELECT empno, ename, mgr, job
  FROM emp
 WHERE empno = 7566 OR mgr = 7566 OR mgr = 7902;

  EMPNO ENAME       MGR JOB
------- -------- ------ ----------
   7369 SMITH      7902 CLERK
   7566 JONES      7839 MANAGER
   7788 SCOTT      7566 ANALYST
   7902 FORD       7566 ANALYST

4 rows selected.
```

现在取 MANAGER 的顺序是 SMITH→FORD→JONES，我们也可以按相反的顺序来取 JONES→FORD→SMITH。

```
SELECT empno,
       ename,
       job,
       sys_connect_by_path(ename, '->')
  FROM emp
 WHERE empno = 7369
 START WITH job = 'MANAGER'
CONNECT BY (PRIOR empno) = mgr;

  EMPNO ENAME     JOB        CON_PATH
------- --------- ---------- ---------------------
   7369 SMITH     CLERK      ->JONES->FORD->SMITH
```

现在还缺少 JOINES 这个信息，有一个树形函数可以做到：

```
SELECT empno,
       ename,
       job,
       sys_connect_by_path(ename, '->') AS con_path,
       connect_by_root(ename) AS root_name
  FROM emp
 START WITH job = 'MANAGER'
CONNECT BY (PRIOR empno) = mgr;

  EMPNO ENAME     JOB        CON_PATH                    ROOT_NAME
------- --------- ---------- --------------------------- ------------------
   7566 JONES     MANAGER    ->JONES                     JONES
   7788 SCOTT     ANALYST    ->JONES->SCOTT              JONES
   7876 ADAMS     CLERK      ->JONES->SCOTT->ADAMS       JONES
   7902 FORD      ANALYST    ->JONES->FORD               JONES
   7369 SMITH     CLERK      ->JONES->FORD->SMITH        JONES
   7698 BLAKE     MANAGER    ->BLAKE                     BLAKE
   7499 ALLEN     SALESMAN   ->BLAKE->ALLEN              BLAKE
   7521 WARD      SALESMAN   ->BLAKE->WARD               BLAKE
   7654 MARTIN    SALESMAN   ->BLAKE->MARTIN             BLAKE
   7844 TURNER    SALESMAN   ->BLAKE->TURNER             BLAKE
   7900 JAMES     CLERK      ->BLAKE->JAMES              BLAKE
   7782 CLARK     MANAGER    ->CLARK                     CLARK
   7934 MILLER    CLERK      ->CLARK->MILLER             CLARK
```

```
13 rows selected.
```

现在可以愉快地重写原始语句了：

```
SELECT a.empno,
       b.ename,
       a.start_date,
       a.end_date,
       a.job,
       b.root_name AS manager
  FROM job_history a
  LEFT JOIN (SELECT empno,
                    ename,
                    job,
                    sys_connect_by_path(ename, '->') AS con_path,
                    connect_by_root(ename) AS root_name
               FROM emp
              START WITH job = 'MANAGER'
             CONNECT BY (PRIOR empno) = mgr) b ON b.empno = a.empno;

   EMPNO ENAME     START_DATE END_DATE   JOB        MANAGER
-------- --------- ---------- ---------- ---------- ----------
    7566 JONES     1981-04-02 1989-06-11 MANAGER    JONES
    7788 SCOTT     1982-12-09 1988-09-07 ANALYST    JONES
    7369 SMITH     1980-12-17 1986-09-05 CLERK      JONES
    7698 BLAKE     1981-05-01 1986-03-03 MANAGER    BLAKE
    7499 ALLEN     1981-02-20 1984-02-18 SALESMAN   BLAKE
    7521 WARD      1981-02-22 1987-05-21 SALESMAN   BLAKE
    7654 MARTIN    1981-09-28 1988-06-11 SALESMAN   BLAKE
    7782 CLARK     1981-06-09 1983-06-01 MANAGER    CLARK

8 rows selected.
```

14.13 使用标量子查询优化取最值语句

在大部分情况下，标量子查询的效率都不高，但也有例外：

```
DROP TABLE SALES PURGE;
DROP TABLE CHANNELS PURGE;

CREATE TABLE SALES   AS SELECT * FROM SH.Sales;
```

```
CREATE TABLE CHANNELS AS SELECT * FROM sh.channels;
CREATE INDEX I_SALES_1 ON SALES(CHANNEL_ID, AMOUNT_SOLD);
SELECT c.channel_desc,
       MAX(s.amount_sold)
  FROM sales s
 INNER JOIN channels c ON c.channel_id = s.channel_id
 GROUP BY c.channel_desc;

CHANNEL_DESC                                  MAX(S.AMOUNT_SOLD)
--------------------------------------------- ------------------
Partners                                                  1753.2
Tele Sales                                                899.99
Internet                                                  1753.2
Direct Sales                                             1782.72

4 rows selected.

Elapsed: 00:00:00.23

Plan hash value: 1810479560

------------------------------------------------------------------------------------
| Id | Operation              | Name      | Rows | Bytes| Cost (%CPU)| Time     |
------------------------------------------------------------------------------------
|   0 | SELECT STATEMENT      |           | 1144K|   55M|   685   (6)| 00:00:09 |
|   1 |  HASH GROUP BY        |           | 1144K|   55M|   685   (6)| 00:00:09 |
|*  2 |   HASH JOIN           |           | 1144K|   55M|   656   (2)| 00:00:08 |
|   3 |    TABLE ACCESS FULL  | CHANNELS  |    5 |  125 |     3   (0)| 00:00:01 |
|   4 |    INDEX FAST FULL SCAN| I_SALES_1| 1144K|   28M|   649   (1)| 00:00:08 |
------------------------------------------------------------------------------------
```

语句使用了我们建立的索引，但因是全表查询，效果并不理想。我们来对比下标量子查询的效果：

```
SELECT channel_desc,
       max_amount_sold
  FROM (SELECT channel_desc,
               (SELECT MAX(b.amount_sold)
                  FROM sales b
                 WHERE b.channel_id = a.channel_id) AS max_amount_sold
          FROM sh.channels a)
 WHERE max_amount_sold IS NOT NULL;
```

```
CHANNEL_DESC                             MAX_AMOUNT_SOLD
---------------------------------------- ---------------
Direct Sales                                     1782.72
Tele Sales                                        899.99
Internet                                          1753.2
Partners                                          1753.2

4 rows selected.

Elapsed: 00:00:00.01

Plan hash value: 2551692656

-------------------------------------------------------------------------------------------
| Id  | Operation                    | Name      | Rows  | Bytes| Cost (%CPU)| Time     |
-------------------------------------------------------------------------------------------
|   0 | SELECT STATEMENT             |           |     5 |   125|     3   (0)| 00:00:01 |
|   1 |  SORT AGGREGATE              |           |     1 |    26|            |          |
|   2 |   FIRST ROW                  |           |     1 |    26|     3   (0)| 00:00:01 |
|*  3 |    INDEX RANGE SCAN (MIN/MAX)| I_SALES_1 |     1 |    26|     3   (0)| 00:00:01 |
|*  4 |  VIEW                        |           |     5 |   125|     3   (0)| 00:00:01 |
|   5 |   TABLE ACCESS FULL          | CHANNELS  |     5 |    65|     3   (0)| 00:00:01 |
-------------------------------------------------------------------------------------------
```

可以看到，因为通过“INDEX RANGE SCAN (MIN/MAX)”的方式返回数据，而且相比全表返回的行数很少，所以使用标量子查询速度反而有很大的提升。

14.14 用 MERGE 改写优化 UPDATE

我们来生成一些模拟数据，如下所示：

```
DROP TABLE T_OBJECTS PURGE;
DROP TABLE T_TABLES PURGE;
CREATE TABLE T_OBJECTS AS SELECT * FROM DBA_OBJECTS;
CREATE TABLE T_TABLES AS SELECT * FROM DBA_TABLES;
ALTER TABLE T_OBJECTS ADD TABLESPACE_NAME VARCHAR2(30);
```

现在需要把 t_tables.tablespace_name 同步至 t_objects.tablespace_name，一般常用的是 UPDATE：

```
UPDATE t_objects o
   SET o.tablespace_name =
     (SELECT t1.tablespace_name
        FROM t_tables t1
       WHERE t1.owner = o.owner
         AND t1.table_name = o.object_name)
 WHERE EXISTS (SELECT t2.tablespace_name
        FROM t_tables t2
       WHERE t2.owner = o.owner
         AND t2.table_name = o.object_name);

Plan Hash Value  : 3511114625

------------------------------------------------------------------------------------
| Id  | Operation              | Name      | Rows | Bytes   | Cost     | Time     |
------------------------------------------------------------------------------------
|   0 | UPDATE STATEMENT       |           | 50398| 6753332 | 1613114  | 05:22:38 |
|   1 |   UPDATE               | T_OBJECTS|      |         |          |          |
| * 2 |    HASH JOIN RIGHT SEMI|           | 50398| 6753332 |      378 | 00:00:05 |
|   3 |     TABLE ACCESS FULL  | T_TABLES  |  2888|   98192 |       31 | 00:00:01 |
|   4 |     TABLE ACCESS FULL  | T_OBJECTS| 71039| 7103900 |      347 | 00:00:05 |
| * 5 |    TABLE ACCESS FULL   | T_TABLES  |     1|      51 |       31 | 00:00:01 |
------------------------------------------------------------------------------------

Predicate Information (identified by operation id):
------------------------------------------
* 2 - access("T2"."OWNER"="O"."OWNER" AND "T2"."TABLE_NAME"="O"."OBJECT_NAME")
* 5 - filter("T1"."OWNER"=:B1 AND "T1"."TABLE_NAME"=:B2)
```

这里两次访问 T_TABLES，ID=3 处，也就是 WHERE EXISTS 语句里的部分，是为了限制要更新的行，避免更新未匹配到的行。ID=5 处以类似标量子查询的方式访问 T_TABLES：

```
SELECT t.tablespace_name
  FROM t_tables t
 WHERE t1.owner = :b1
   AND t1.table_name = :b2;
```

所以常常会发现用 UPDATE 大批量更新时效率较低，这里我们可以改为 MERGE 语句。

改写方法如下：

① 目标表(t_objects o)放在 MERGE INTO 后面。

② 源表(t_tables t)放在 USING 后面。

③ 关联条件(t.owner = o.owner AND t.table_name = o.object_name)放在 on 后面，注意：关联条件要放在括号里，否则会报错。

④ 更新子句(SET o.tablespace_name = t.tablespace_name)。注意：只能更新目标表，所以 o.tablespace_name 一定要放在前面。

```
MERGE INTO t_objects o
USING t_tables t ON (t.owner = o.owner AND t.table_name = o.object_name)
 WHEN MATCHED THEN UPDATE
  SET o.tablespace_name = t.tablespace_name;

Plan Hash Value  : 1970127410

--------------------------------------------------------------------------------
| Id  | Operation                | Name      | Rows  | Bytes    | Cost | Time     |
--------------------------------------------------------------------------------
|   0 | MERGE STATEMENT          |           |  3388 |   115192 | 1288 | 00:00:16 |
|   1 |   MERGE                  | T_OBJECTS |       |          |      |          |
|   2 |    VIEW                  |           |       |          |      |          |
| * 3 |     HASH JOIN            |           |  3388 |  2632476 | 1288 | 00:00:16 |
|   4 |      TABLE ACCESS FULL   | T_TABLES  |  2888 |  1562408 |   31 | 00:00:01 |
|   5 |      TABLE ACCESS FULL   | T_OBJECTS | 71039 | 16765204 |  347 | 00:00:05 |
--------------------------------------------------------------------------------
```

改写后你还可以灵活地改变 JOIN 方式：

```
MERGE /*+ use_nl(o,t) leading(o,t) */ INTO t_objects o
USING t_tables t ON (t.owner = o.owner AND t.table_name = o.object_name)
 WHEN MATCHED THEN UPDATE
  SET o.tablespace_name = t.tablespace_name;

Plan Hash Value  : 1885645544

--------------------------------------------------------------------------------
| Id  | Operation              | Name      | Rows | Bytes   | Cost    | Time     |
--------------------------------------------------------------------------------
|   0 | MERGE STATEMENT        |           | 3388 |  115192 | 2105815 | 07:01:10 |
|   1 |   MERGE                | T_OBJECTS|       |         |         |          |
|   2 |    VIEW                |           |      |         |         |          |
|   3 |     NESTED LOOPS       |           | 3388 | 2632476 | 2105815 | 07:01:10 |
```

```
|   4 |       TABLE ACCESS FULL| T_OBJECTS|71039 | 16765204 |    347   | 00:00:05 |
| * 5 |       TABLE ACCESS FULL| T_TABLES |     1 |       541 |       30 | 00:00:01 |
------------------------------------------------------------------------------------
```

14.15　UPDATE 中有 ROWNUM=1

对 UPDATE 语句的分析可以参照标量子查询：

```
CREATE TABLE T14_15 AS SELECT * FROM DEPT;
ALTER TABLE T14_15 ADD(EMPNO NUMBER, ENAME VARCHAR2(10), SAL NUMBER);

UPDATE dept2 d
   SET (d.empno, d.ename, d.sal) =
       (SELECT e.empno, e.ename, e.sal
          FROM emp e
         WHERE e.deptno = d.deptno
           AND rownum = 1)
 WHERE EXISTS (SELECT NULL FROM emp e WHERE e.deptno = d.deptno);
```

如果没有 ROWNUM = 1，就可以同上节一样直接改为 MERGE，但这里明显不行：

```
MERGE INTO t14_15 d
USING emp e
ON (e.deptno = d.deptno)
WHEN MATCHED THEN
  UPDATE
     SET d.empno = e.empno,
         d.ename = e.ename,
         d.sal   = e.sal;

ORA-30926: unable to get a stable set of rows in the source tables
```

如果只更新其中的一列就可以参考 14.6 节：

```
MERGE INTO t14_15 d
USING (SELECT deptno,
              MAX(empno) AS max_empno
         FROM emp
        GROUP BY deptno) e
ON (e.deptno = d.deptno)
WHEN MATCHED THEN
  UPDATE SET d.empno = e.max_empno;
```

但三列同时更新就会有问题：

```
SELECT deptno,
       MAX(empno) AS max_empno,
       MAX(ename) AS max_ename,
       MAX(sal) AS max_sal
  FROM emp
 GROUP BY deptno;

    DEPTNO  MAX_EMPNO MAX_ENAME     MAX_SAL
---------- ---------- ---------- ----------
        30       7900 WARD             2850
        20       7902 SMITH            3000
        10       7934 MILLER           5000

SELECT empno, ename, sal FROM emp WHERE empno = 7900;

     EMPNO ENAME             SAL
---------- ---------- ----------
      7900 JAMES             950
```

改写后的语句返回值明显有问题，所以参考 14.6 节中的内容，我们应改为：

```
SELECT *
  FROM (SELECT deptno,
               empno,
               ename,
               sal,
               row_number() over(PARTITION BY deptno ORDER BY empno) AS rn
          FROM emp)
 WHERE rn = 1;

    DEPTNO      EMPNO ENAME             SAL         RN
---------- ---------- ---------- ---------- ----------
        10       7782 CLARK            2450          1
        20       7369 SMITH             800          1
        30       7499 ALLEN            1600          1

MERGE INTO T14_15 d
USING (SELECT *
         FROM (SELECT deptno,
                      empno,
```

```
                    ename,
                    sal,
                    row_number() over(PARTITION BY deptno ORDER BY empno) AS
rn
               FROM emp)
          WHERE rn = 1) e
    ON (e.deptno = d.deptno)
    WHEN MATCHED THEN
     UPDATE
        SET d.empno = e.empno,
            d.ename = e.ename,
            d.sal   = e.sal;
```

返回的行与前面不一样，这没关系，原因可参看 14.5 节、14.6 节。

14.16　用 MERGE 使用左联

更改 UPDATE 语句的时候，我们可以参照 SELECT 语句的处理方式，来看下这个模拟案例：

```
DROP TABLE T14_16 PURGE;
CREATE TABLE T14_16 AS
SELECT department_id, department_name, location_id
  FROM hr.departments d
 WHERE d.location_id BETWEEN 1400 AND 1700
   AND d.department_id BETWEEN 50 AND 130;

ALTER TABLE T14_16 ADD (MEMBERS NUMBER,SALARY NUMBER,CITY VARCHAR2(30));

UPDATE t14_16 d
   SET (members, salary) =
       (SELECT COUNT(*) AS members,
               SUM(salary)
          FROM hr.employees e
         WHERE e.department_id = d.department_id);

7 rows updated

SELECT department_id,
       department_name,
```

```
       members,
       salary
  FROM t14_16;

DEPARTMENT_ID DEPARTMENT_NAME              MEMBERS     SALARY
------------- -------------------- ---------- ----------
           50 Shipping                      45     156400
           60 IT                             5      28800
           90 Executive                      3      58000
          100 Finance                        6      51608
          110 Accounting                     2      20308
          120 Treasury                       0
          130 Corporate Tax                  0

7 rows selected

ROLLBACK;
```

UPDATE 语句改为 MERGE 的时候一定要注意范围是否一致，这个语句如果直接更改为 MERGE 会发现更新行数不一样，结果也会受一点影响：

```
MERGE INTO t14_16 d
USING (SELECT department_id,
              COUNT(*) AS members,
              SUM(salary) AS salary
         FROM hr.employees e
        GROUP BY e.department_id) e
ON (e.department_id = d.department_id)
WHEN MATCHED THEN
  UPDATE
     SET d.members = e.members,
         d.salary  = e.salary;

5 rows merged

SELECT department_id,
       department_name,
       members,
       salary
  FROM t14_16;

DEPARTMENT_ID DEPARTMENT_NAME              MEMBERS     SALARY
```

```
------------- -------------------- ---------- ----------
           50 Shipping                     45     156400
           60 IT                            5      28800
           90 Executive                     3      58000
          100 Finance                       6      51608
          110 Accounting                    2      20308
          120 Treasury
          130 Corporate Tax
7 rows selected

ROLLBACK;
```

从上面的结果可以看出，原语句更新了 7 行，现只更新了 5 行，有两行未更新。这是因为在 UPDATE 语句中未加限定条件，而这个 MERGE 中两个数据集做了内联。最后两行未匹配的数据没更新。上面 MERGE 返回的数据类似：

```
SELECT d.department_id,
       e.members,
       e.salary
  FROM t14_16 d,
       (SELECT e.department_id,
               COUNT(*) AS members,
               SUM(salary) AS salary
          FROM hr.employees e
         GROUP BY e.department_id) e
 WHERE (e.department_id = d.department_id);

DEPARTMENT_ID    MEMBERS     SALARY
------------- ---------- ----------
           50         45     156400
          100          6      51608
           90          3      58000
          110          2      20308
           60          5      28800

5 rows selected.
```

而我们应返回的数据为：

```
SELECT d.department_id,
       nvl(e.members, 0) AS members,
       e.salary
```

```
  FROM t14_16 d,
       (SELECT e.department_id,
               COUNT(*) AS members,
               SUM(salary) AS salary
          FROM hr.employees e
         GROUP BY e.department_id) e
 WHERE (e.department_id(+) = d.department_id);
```

员工表中没有对应数据时 COUNT 在标量中会返回 0，所以上面改后的语句用 NVL 做了处理。我们可以在 MERGE 语句中增加这个"(+)"：

```
MERGE INTO t14_16 d
USING (SELECT department_id,
              COUNT(*) AS members,
              SUM(salary) AS salary
         FROM hr.employees e
        GROUP BY e.department_id) e
ON (e.department_id(+) = d.department_id)
WHEN MATCHED THEN
  UPDATE
     SET d.members = nvl(e.members, 0),
         d.salary  = e.salary;

7 rows merged

SELECT department_id,
       department_name,
       members,
       salary
  FROM t14_16;

DEPARTMENT_ID DEPARTMENT_NAME                MEMBERS     SALARY
------------- -------------------- ---------- ----------
           50 Shipping                          45     156400
           60 IT                                 5      28800
           90 Executive                          3      58000
          100 Finance                            6      51608
          110 Accounting                         2      20308
          120 Treasury                           0
          130 Corporate Tax                      0

7 rows selected
```

```
ROLLBACK;
```

注意“(+)”不要放错位置，不然会报错：

```
MERGE INTO t14_16 d
USING (SELECT department_id,
              COUNT(*) AS members,
              SUM(salary) AS salary
         FROM hr.employees e
        GROUP BY e.department_id) e
ON (e.department_id = d.department_id(+))
WHEN MATCHED THEN
  UPDATE
     SET d.members = nvl(e.members, 0),
         d.salary  = e.salary

ORA-30926: unable to get a stable set of rows in the source tables
```

14.17　用 MERGE 改写 UPDATE 之多个子查询

有时 UPDATE 中会有多个子查询，源数据来自不同的表：

```
UPDATE t14_16 d
   SET (members, salary) =
       (SELECT COUNT(*) AS members,
               SUM(salary)
          FROM hr.employees e
         WHERE e.department_id = d.department_id),
       d.city =
       (SELECT l.city
          FROM hr.locations l
         WHERE l.location_id = d.location_id);
```

MERGE 语句只有一个 USING，怎么同时关联多个表呢？我们按 SELECT 语句的改写思路来处理。三个表之间的关系是：

```
D LEFT JOIN E LEFT JOIN L
```

我们先查询出需要处理的数据：

```
SELECT d.department_id,
```

```
       nvl(e.members, 0) AS members,
       e.salary,
       l.city
  FROM t14_16 d
  LEFT JOIN (SELECT e.department_id,
                    COUNT(*) AS members,
                    SUM(salary) AS salary
               FROM hr.employees e
              GROUP BY e.department_id) e ON (e.department_id =
                                             d.department_id)
  LEFT JOIN hr.locations l ON (l.location_id = d.location_id);

DEPARTMENT_ID    MEMBERS     SALARY CITY
------------- ---------- ---------- --------------------
           60          5      28800 Southlake
           50         45     156400 South San Francisco
          130          0            Seattle
          120          0            Seattle
          110          2      20308 Seattle
           90          3      58000 Seattle
          100          6      51608 Seattle
7 rows selected
```

我们把这个结果写入目标就可以了：

```
MERGE INTO t14_16 d
USING (SELECT d.department_id,
              nvl(e.members, 0) AS members,
              e.salary,
              l.city
         FROM t14_16 d
         LEFT JOIN (SELECT e.department_id,
                           COUNT(*) AS members,
                           SUM(salary) AS salary
                      FROM hr.employees e
                     GROUP BY e.department_id) e ON (e.department_id =
                                                    d.department_id)
         LEFT JOIN hr.locations l ON (l.location_id = d.location_id)) d2
ON (d2.department_id = d.department_id)
WHEN MATCHED THEN
  UPDATE
     SET d.members = d2.members,
```

```
       d.salary  = d2.salary,
       d.city    = d2.city;

7 rows merged

SELECT department_id,
       department_name,
       members,
       salary,
       city
  FROM t14_16;

DEPARTMENT_ID DEPARTMENT_NAME       MEMBERS    SALARY CITY
------------- ------------------ --------- --------- ------------------
           50 Shipping                  45    156400 South San Francisco
           60 IT                         5     28800 Southlake
           90 Executive                  3     58000 Seattle
          100 Finance                    6     51608 Seattle
          110 Accounting                 2     20308 Seattle
          120 Treasury                   0           Seattle
          130 Corporate Tax              0           Seattle

7 rows selected

ROLLBACK;
```

14.18　将 UPDATE 改写为 MERGE 时遇到的问题

查询改写一定要注意逻辑正确，而且还要核对结果，笔者就遇到过一次失误：

```
UPDATE mwm
   SET mwm.qty1 = nvl((SELECT SUM(nvl(mws.qty, 0))
                        FROM mws mws
                       WHERE mws.oid = mwm.oid
                         AND mws.wid = mwm.wid
                         AND mws.seq <= mwm.out_seq),
                      0)
```

这个语句看上去很简单，于是顺手改成如下语句：

```
MERGE INTO mwm
USING (SELECT SUM(qty) over(PARTITION BY wid, OID ORDER BY seq) AS qty,
              wid,
              OID,
              seq
         FROM mws) mws
ON  (mws.oid(+)  =  mwm.oid  AND  mws.wid(+)  =  mwm.wid  AND  mws.seq(+)  =
mwm.out_seq)
WHEN MATCHED THEN
  UPDATE SET mwm.qty1 = nvl(mws.qty, 0);
```

然后，就出现了问题。这是因为分析函数只分析了 MWS 中的数据，而 MWM 与 MWS 是不同的表，且数据未一一对应。我们来模拟下这个案例（见下图）：

```
CREATE TABLE emp1 AS SELECT * FROM scott.emp WHERE deptno = 10;
CREATE TABLE emp2 AS SELECT * FROM scott.emp WHERE deptno = 10;
```

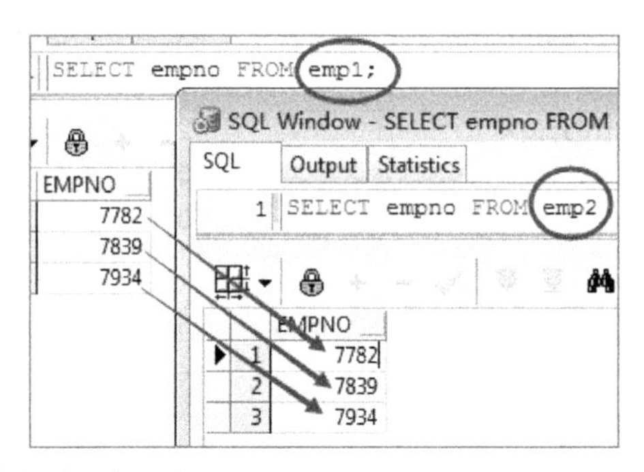

这时 UPDATE 语句的运行结果如下：

```
UPDATE emp1
   SET emp1.sal = nvl((SELECT SUM(nvl(emp2.sal, 0))
                        FROM emp2
                       WHERE emp2.empno <= emp1.empno),
                      0);

SELECT empno,sal FROM emp1 ORDER BY 1;

EMPNO       SAL
----- ---------
 7782   2450.00
 7839   7450.00
 7934   8750.00
```

```
3 rows selected

SQL> rollback;
Rollback complete
```

改为累加结果也一样：

```
SELECT a.empno, a.sal, b.sum_sal
  FROM emp1 a
  LEFT JOIN (SELECT b.empno,
                    SUM(sal) over(PARTITION BY b.deptno ORDER BY b.empno) AS
sum_sal
               FROM emp2 b) b
    ON (b.empno = a.empno)
 ORDER BY 1;

EMPNO        SAL    SUM_SAL
----- --------- ----------
 7782   2450.00       2450
 7839   5000.00       7450
 7934   1300.00       8750

3 rows selected
```

但如果两个表的数据不一样呢？例如下图所示。

```
UPDATE emp2 SET emp2.empno = emp2.empno - 1;
```

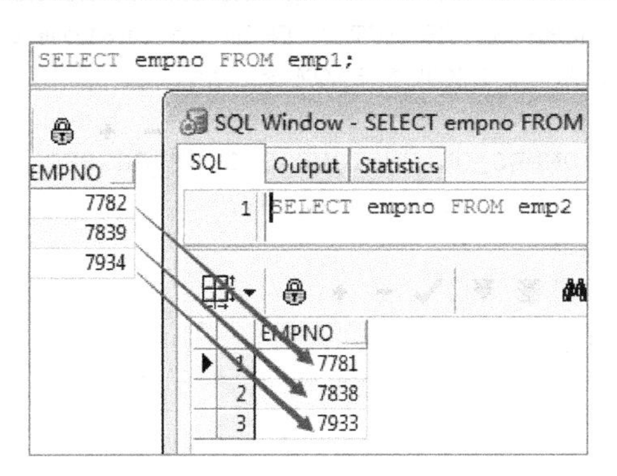

这时，UPDATE 结果不变，而累加就没有数据了：

```
EMPNO        SAL    SUM_SAL
----- --------- ----------
 7782   2450.00
```

```
 7839   5000.00
 7934   1300.00

3 rows selected
```

很不幸，本节开始介绍的这个 UPDATE 语句就有部分数据属于这种情况，所以用累加的方法不可行。

对于这种有“不等”连接的情况，只有把主表放在 USING 子句中才可以：

```
MERGE INTO mwm
USING (SELECT mwm.rowid AS rid, SUM(mws.qty) AS qty
         FROM mwm
         LEFT JOIN mws
           ON (mws.oid = mwm.oid AND mws.wid = mwm.wid AND mws.seq <=
mwm.out_seq)
        GROUP BY mwm.rowid) mws ON (mws.rid = mwm.rowid)
WHEN MATCHED THEN
  UPDATE SET mwm.qty1 = nvl(mws.qty, 0);
```

14.19 通过分页方式优化最值语句

我们一般都使用 MAX 取最大值，这种方式有时会比较慢，模拟下我遇到过的一个案例：

```
CREATE TABLE CUSTOMERS AS SELECT * FROM sh.customers;
CREATE TABLE SALES AS SELECT * FROM sh.sales;

CREATE INDEX I_CUSTOMERS ON CUSTOMERS(CUST_GENDER,CUST_ID);
CREATE INDEX I_SALES ON sales(time_id);

SELECT MAX(a.time_id)
  FROM sales a
 INNER JOIN customers b ON b.cust_id = a.cust_id
 WHERE b.cust_gender = 'M';

SELECT * FROM TABLE(dbms_xplan.display_cursor(NULL, 0, 'iostats'));

Plan hash value: 2190733472

---------------------------------------------------------------------------
```

```
| Id  | Operation               | Name      | Starts | E-Rows | A-Rows |
---------------------------------------------------------------------------
|   0 | SELECT STATEMENT        |           |      1 |        |      1 |
|   1 |  SORT AGGREGATE         |           |      1 |      1 |      1 |
|*  2 |   HASH JOIN             |           |      1 |   918K|   594K|
|*  3 |    INDEX FAST FULL SCAN| I_CUSTOMERS|      1 |  47544 |  37175 |
|   4 |    PARTITION RANGE ALL |           |      1 |   918K|   918K|
|   5 |     TABLE ACCESS FULL  | SALES     |     28 |   918K|   918K|
---------------------------------------------------------------------------
```

上面语句访问了全表的数据，效率较低，我们来看下分页的方式：

```
SELECT time_id
  FROM (SELECT /*+ use_nl(a,b) leading(a,b) */
         a.time_id
          FROM sales a
         INNER JOIN customers b ON b.cust_id = a.cust_id
         WHERE b.cust_gender = 'M'
         ORDER BY a.time_id DESC)
 WHERE rownum <= 1;
```

通过对 TIME_ID 降序排序，返回的第一行就是最大值，而该语句的运行结果如下：

```
Plan hash value: 2491519312

---------------------------------------------------------------------------
| Id | Operation                    | Name       | Starts | E-Rows | A-Rows |
---------------------------------------------------------------------------
|  0 | SELECT STATEMENT             |            |      1 |        |      1 |
|* 1 |  COUNT STOPKEY               |            |      1 |        |      1 |
|  2 |   VIEW                       |            |      1 |  1144K|      1 |
|  3 |    NESTED LOOPS              |            |      1 |  1144K|      1 |
|  4 |     TABLE ACCESS BY INDEX ROWID| SALES    |      1 |  1144K|      2 |
|  5 |      INDEX FULL SCAN DESCENDING| I_SALES  |      1 |      3 |      2 |
|* 6 |     INDEX RANGE SCAN         |I_CUSTOMERS|      2 |      1 |      1 |
---------------------------------------------------------------------------
```

实际只访问了几行就得到了结果。这种方式依赖于数据的分布：

```
SELECT time_id,
       cust_gender
  FROM (SELECT /*+ use_nl(a,b) leading(a,b) */
         a.time_id,
```

```
        b.cust_gender
         FROM sales a
        INNER JOIN customers b ON b.cust_id = a.cust_id
       --WHERE b.cust_gender = 'M'
        ORDER BY a.time_id DESC)
 WHERE rownum <= 3;

TIME_ID    CU
---------- --
2001-12-31 F
2001-12-31 M
2001-12-31 F
```

可以看到第二行就是我们需要的数据，如果 CUST_GENDER 的值都不是“M”，那么用分页方式反而慢了。

14.20 让分页语句走正确的 PLAN

很多人优化分页语句时都没有搞清楚分页语句的一个 STOPKEY 特性，例如下面的语句：

```
SELECT *
  FROM (SELECT rownum r, t.*
         FROM (SELECT /*+ use_hash(t,r)*/
                 t.rollno, t.bizfileno, t.id regiid, s.status
                  FROM t
                  LEFT JOIN s ON s.regiid = t.id
                 INNER JOIN r ON r.docid = t.id AND r.status = 3701
                 WHERE t.rollno LIKE 'S10%'
                   AND t.status NOT IN (-1, -2, -3, -4, 1001, 1301, 1005)
                 ORDER BY t.rollno DESC) t
        WHERE rownum <= 20)
 WHERE r > 10;
```

这个语句原来没有 use_hash 的提示，是网友优化时加上的，他使用 HASH JOIN 并增加索引后，速度减少到 2 秒，而原来的执行时间为 10 秒。

但是这个语句仍然没有被正确地优化，因为这是一个分页语句，而分页语句有一个特性：当过滤后的行达到需要的条数（这里是 20）后，就会停止提取数据。所以，虽然 t 与

s 都是 900 多万行的大表，这里仍然不应该用 HASH JOIN。或许很多人在网上都看到过，分页语句要用 first_rows，而 first_rows 的作用就是让表间的关联走 NESTED LOOP（嵌套循环），于是帮他改了提示：

```
SELECT *
  FROM (SELECT rownum r, t.*
          FROM (SELECT /*+ use_nl(t,s) use_nl(t,r) leading(t,r,s) */
                 t.rollno, t.bizfileno, t.id regiid, s.status
                  FROM t
                  LEFT JOIN s
                    ON s.regiid = t.id
                 INNER JOIN r
                    ON r.docid = t.id
                   AND r.status = 3701
                 WHERE t.rollno LIKE 'S10%'
                   AND t.status NOT IN (-1, -2, -3, -4, 1001, 1301, 1005)
                 ORDER BY t.rollno DESC) t
         WHERE rownum <= 20)
 WHERE r > 10;
```

确认 t(rollno ,status)上有索引后，让网友测试，测试的结果令他很满意，如下图所示。

14.21　去掉分页查询中的 DISTINCT

先看待优化的语句，模拟数据环境如下：

```
DROP TABLE t_objects PURGE;
DROP TABLE t_columns PURGE;
DROP TABLE t_tables PURGE;
DROP TABLE t_users PURGE;

CREATE TABLE t_objects AS SELECT t2.user_id,t1.* FROM dba_objects t1 INNER
```

```
JOIN All_Users t2 ON t2.username = t1.OWNER;
    CREATE TABLE t_columns AS
    SELECT b.object_id,
          tc.owner,
          tc.table_name,
          tc.column_name,
          tc.data_type,
          tc.data_type_mod,
          tc.data_type_owner,
          tc.data_length
     FROM all_tab_columns tc
     INNER JOIN t_objects b ON (b.owner = tc.owner AND b.object_name =
tc.table_name);
    CREATE TABLE t_tables AS SELECT * FROM dba_tables;
    CREATE TABLE t_users AS SELECT * FROM all_users;
    CREATE INDEX idx_t_tables ON t_tables(owner,table_name);
    CREATE INDEX idx_t_columns ON t_columns(object_id,owner,table_name);
    CREATE INDEX idx_t_users ON t_users(user_id,username);
    CREATE INDEX idx_t_objects ON t_objects(created DESC,user_id,object_id);
```

原语句及执行 PLAN 如下：

```
    SELECT *
     FROM (SELECT a.*, rownum rn
            FROM (SELECT DISTINCT o.object_id,
                                  o.owner,
                                  o.object_name,
                                  o.object_type,
                                  o.created,
                                  o.status
                   FROM t_objects o
                  INNER JOIN t_columns tc ON (tc.object_id = o.object_id)
                  INNER JOIN t_tables t ON (t.owner = tc.owner AND t.table_name
= tc.table_name)
                   LEFT JOIN t_users tu ON (tu.user_id = o.user_id)
                  WHERE tu.username IN ('HR', 'SCOTT', 'OE','SYS')
                  ORDER BY o.created DESC) a
           WHERE rownum <= 5)
     WHERE rn > 0;

    SELECT * FROM TABLE(DBMS_XPLAN.DISPLAY_CURSOR(NULL,0,'iostats last note'));
```

```
Plan hash value: 155513877

-------------------------------------------------------------------------------------
| Id  | Operation                | Name          | Starts | E-Rows | A-Rows |
-------------------------------------------------------------------------------------
|   0 | SELECT STATEMENT         |               |      1 |        |      5 |
|*  1 |  VIEW                    |               |      1 |      5 |      5 |
|*  2 |   COUNT STOPKEY          |               |      1 |        |      5 |
|   3 |    VIEW                  |               |      1 |  12145 |      5 |
|*  4 |     SORT UNIQUE STOPKEY  |               |      1 |  12145 |      5 |
|*  5 |      HASH JOIN           |               |      1 |  12145 |  12250 |
|   6 |       INDEX FAST FULL SCAN | IDX_T_TABLES |      1 |   2803 |   2880 |
|*  7 |       HASH JOIN          |               |      1 |  34319 |  60251 |
|*  8 |        HASH JOIN         |               |      1 |  16975 |  37976 |
|*  9 |         INDEX FULL SCAN  | IDX_T_USERS   |      1 |      4 |      4 |
|  10 |         TABLE ACCESS FULL | T_OBJECTS    |      1 |  59413 |  52987 |
|  11 |        INDEX FAST FULL SCAN| IDX_T_COLUMNS|      1 |   120K|  94410 |
-------------------------------------------------------------------------------------
```

我们知道，分页语句的 PLAN 中一般都有一个 STOPKEY，这个关键字的意思就是如果返回行数达到所需的条数，后面的数据就不再返回。

对这种现象不熟悉的读者，可以看笔者博客中的示例（http:// blog.csdn.net/jgmydsai /article/details/16988039）。

上面的语句就是一种特殊情况。因为语句里有一个 DISTINCT，就必须先对数据做去重统计，使得 STOPKEY 不能在得到一定的行数后返回。而该网友那几个表的数据量又比较大，查询起来就会很慢。

这里将对语句进行改写，通过语句可以看到，返加列均来自 T_OBJECTS：

```
SELECT DISTINCT o.object_id,
                          o.owner,
                          o.object_name,
                          o.object_type,
                          o.created,
                          o.status
            FROM t_objects o
```

而 o.object_id 各行并没有重复值，所以我们可以直接取 T_OBJECTS 中的这些列，去掉 DISTINCT：

```
SELECT o.object_id,
                    o.owner,
                    o.object_name,
                    o.object_type,
                    o.created,
                    o.status
             FROM t_objects o
```

而与其他几个表的关联可以用 EXISTS 来代替：

```
SELECT *
  FROM (SELECT a.*, rownum rn
         FROM (SELECT /*+ index(o,idx_t_objects) leading(o) */
               o.object_id,
               o.owner,
               o.object_name,
               o.object_type,
               o.created,
               o.status
                FROM t_objects o
               WHERE EXISTS
               (SELECT /*+ nl_sj qb_name(@inner) */
                      NULL
                       FROM t_users tu
                      WHERE (tu.user_id = o.user_id)
                        AND tu.username IN ('HR', 'SCOTT', 'OE', 'SYS'))
                 AND EXISTS (SELECT /*+ nl_sj use_nl(tc,t) */
                      NULL
                       FROM t_columns tc
                      INNER JOIN t_tables t ON (t.owner = tc.owner AND
t.table_name = tc.table_name)
                      WHERE tc.object_id = o.object_id)
               ORDER BY o.created DESC) a
        WHERE rownum <= 5) b
 WHERE rn > 0;

SELECT * FROM TABLE(DBMS_XPLAN.DISPLAY_CURSOR(NULL,0,'iostats last note'));

Plan hash value: 4125912022

--------------------------------------------------------------------------------
| Id  | Operation                    | Name          | Starts| E-Rows|A-Rows |
```

```
---------------------------------------------------------------------------
|   0 | SELECT STATEMENT            |             |    1|       |      5 |
|*  1 |  VIEW                       |             |    1|     5 |      5 |
|*  2 |   COUNT STOPKEY             |             |    1|       |      5 |
|   3 |    VIEW                     |             |    1| 16975 |      5 |
|   4 |     NESTED LOOPS SEMI       |             |    1|   849 |      5 |
|   5 |      TABLE ACCESS BY INDEX ROWID| T_OBJECTS| 1 |  2971 |     17 |
|*  6 |       INDEX FULL SCAN       |IDX_T_OBJECTS|   1 |    18 |     17 |
|   7 |        NESTED LOOPS         |             |   28|  1801 |     17 |
|*  8 |         INDEX RANGE SCAN    |IDX_T_COLUMNS|   28 |  1201 |     23 |
|*  9 |         INDEX RANGE SCAN    |IDX_T_TABLES |   23 |     1 |     17 |
|  10 |      INLIST ITERATOR        |             |    2 |       |      1 |
|* 11 |       INDEX RANGE SCAN      | IDX_T_USERS |    8 |     1 |      1 |
---------------------------------------------------------------------------
```

这样改写后，去掉了 DISTINCT，并使语句走了 NESTED LOOP，只访问很少的行就得到了需要的结果。

14.22　优化有 GROUP BY 的分页语句

分页语句快速返回结果的原因是只访问前几行数据，如同我们翻书一样，只翻看前几页。而有些分页语句无法利用这个特性快速返回：

```
DROP TABLE CUSTOMERS PURGE;
CREATE TABLE CUSTOMERS AS SELECT * FROM sh.customers;
SELECT *
  FROM (SELECT cust_city_id,
               MAX(cust_id) AS mx,
               COUNT(DISTINCT cust_first_name) AS cnt
          FROM customers c
         GROUP BY cust_city_id
         ORDER BY cust_city_id)
 WHERE rownum <= 2;

SELECT * FROM TABLE(DBMS_XPLAN.DISPLAY_CURSOR(NULL,0,'iostats last note'));

Plan hash value: 752868199

---------------------------------------------------------------------------
| Id  | Operation                   | Name        | Starts | E-Rows | A-Rows |
```

```
--------------------------------------------------------------------------
|   0 | SELECT STATEMENT         |             |     1 |       |      2 |
|*  1 |  COUNT STOPKEY           |             |     1 |       |      2 |
|   2 |   VIEW                   |             |     1 | 73731 |      2 |
|*  3 |    SORT GROUP BY STOPKEY |             |     1 | 73731 |      2 |
|   4 |     VIEW                 | VW_DAG_0    |     1 | 73731 |  49184 |
|   5 |      HASH GROUP BY       |             |     1 | 73731 |  49184 |
|   6 |       TABLE ACCESS FULL  | CUSTOMERS   |     1 | 73731 |  55500 |
--------------------------------------------------------------------------
```

上面的查询即使增加索引，也几乎无法提升效率：

```
CREATE INDEX IDX_CUSTOMERS_3 ON CUSTOMERS(CUST_CITY_ID,CUST_FIRST_NAME,
CUST_ID);

Plan hash value: 1954958375

--------------------------------------------------------------------------
| Id | Operation                 | Name             |Starts|E-Rows|A-Rows |
--------------------------------------------------------------------------
|  0 | SELECT STATEMENT          |                  |    1 |      |     2|
|* 1 |  COUNT STOPKEY            |                  |    1 |      |     2|
|  2 |   VIEW                    |                  |    1 | 73731|     2|
|* 3 |    SORT GROUP BY STOPKEY  |                  |    1 | 73731|     2|
|  4 |     VIEW                  | VW_DAG_0         |    1 | 73731| 49184|
|  5 |      HASH GROUP BY        |                  |    1 | 73731| 49184|
|  6 |       INDEX FAST FULL SCAN|IDX_CUSTOMERS_3|    1 | 73731| 55500|
--------------------------------------------------------------------------
```

根据 GROUP BY 的特性，我们可以分析出上面的查询返回的是对 CUST_CITY_ID 去重后的前两行。我们根据这个特性来尝试下先只返回 CUST_CITY_ID：

```
Plan hash value: 965382845

--------------------------------------------------------------------------
| Id  | Operation            | Name              |Starts| E-Rows | A-Rows|
--------------------------------------------------------------------------
|   0 | SELECT STATEMENT     |                   |     1 |        |     2 |
|*  1 |  COUNT STOPKEY       |                   |     1 |        |     2 |
|   2 |   VIEW               |                   |     1 |  73731 |     2 |
|   3 |    SORT UNIQUE NOSORT|                   |     1 |  73731 |     2 |
|   4 |     INDEX FULL SCAN  | IDX_CUSTOMERS_3   |     1 |  73731 |   148 |
```

```
--------------------------------------------------------------------------------
```

现在只访问了 148 行，看上去可行。我们再通过关联返回其他列：

```
WITH a AS
 (SELECT /*+ materialize */ cust_city_id
    FROM (SELECT /*INDEX(c, idx_customers_3)*/
          DISTINCT cust_city_id
            FROM customers c
           ORDER BY cust_city_id)
   WHERE rownum <= 2)
SELECT /*+ use_nl(a,b) leading(a,b) */
 b.cust_city_id,
 MAX(b.cust_id) AS mx,
 COUNT(DISTINCT b.cust_first_name) AS cnt
  FROM a
 INNER JOIN customers b ON (b.cust_city_id = a.cust_city_id)
 GROUP BY b.cust_city_id
 ORDER BY b.cust_city_id;

Plan hash value: 2977165019

--------------------------------------------------------------------------------
| Id  | Operation                  | Name                 |Starts |E-Rows |A-Rows |
--------------------------------------------------------------------------------
|   0 | SELECT STATEMENT           |                      |     1 |       |     2 |
|   1 |  TEMP TABLE TRANSFORMATION|                       |     1 |       |     2 |
|   2 |   LOAD AS SELECT           |                      |     1 |       |     0 |
|*  3 |    COUNT STOPKEY           |                      |     1 |       |     2 |
|   4 |     VIEW                   |                      |     1 | 73731 |     2 |
|*  5 |      SORT UNIQUE STOPKEY|                         |     1 | 73731 |     2 |
|   6 |       INDEX FAST FULL SCAN | IDX_CUSTOMERS_3      |     1 | 73731 | 55500 |
|   7 |   SORT GROUP BY            |                      |     1 |   270 |     2 |
|   8 |    NESTED LOOPS            |                      |     1 |   270 |   147 |
|   9 |     VIEW                   |                      |     1 |     2 |     2 |
|  10 |      TABLE ACCESS FULL| SYS_TEMP_0FD9D6635_F2AE2|     1 |     2 |     2 |
|* 11 |     INDEX RANGE SCAN   | IDX_CUSTOMERS_3          |     2 |   135 |   147 |
--------------------------------------------------------------------------------
```

出乎意料地访问了所有行，很奇怪。总之这种方式的改写失败。

我们来试下分析函数：

```
SELECT /*+ use_nl(a,b) */ b.cust_city_id,
       MAX(b.cust_id) AS mx,
       COUNT(DISTINCT b.cust_first_name) AS cnt
  FROM (SELECT *
          FROM (SELECT /*+ index(c,idx_customers_3) */
                 dense_rank() over(ORDER BY cust_city_id) AS rk
                  FROM customers c) a
         WHERE a.rk <= 2) a
 INNER JOIN customers b ON (b.rowid = a.rowid)
 GROUP BY b.cust_city_id
 ORDER BY b.cust_city_id;

Plan hash value: 2401514667

-------------------------------------------------------------------------------------
| Id  | Operation                       | Name            |Starts | E-Rows |A-Rows |
-------------------------------------------------------------------------------------
|   0 | SELECT STATEMENT                |                 |     1 |        |     2 |
|   1 |  SORT GROUP BY                  |                 |     1 |  73731 |     2 |
|   2 |   VIEW                          | VW_DAG_0        |     1 |  73731 |   147 |
|   3 |    HASH GROUP BY                |                 |     1 |  73731 |   147 |
|   4 |     NESTED LOOPS                |                 |     1 |  73731 |   147 |
|*  5 |      VIEW                       |                 |     1 |  73731 |   147 |
|*  6 |       WINDOW NOSORT STOPKEY     |                 |     1 |  73731 |   147 |
|   7 |        INDEX FULL SCAN          |IDX_CUSTOMERS_3|     1 |  73731 |   148 |
|   8 |      TABLE ACCESS BY USER ROWID|CUSTOMERS        |   147 |      1 |   147 |
-------------------------------------------------------------------------------------
```

好，改写成功。通过分析函数返回相关行的信息后再去关联返回其他列。只需要注意分析函数可以通过对应的索引快速返回数据就行了。

14.23　用 WITH 语句优化查询

复杂的查询语句中经常重复使用相同或相似的子查询，因每次都要同时维护两个及两个以上的子查询，会增加维护成本及出错概率，下面我们用简单语句来模拟这种情况：

```
SELECT a.year,
       a.sales,
       SUM(b.sales) AS add_sales
  FROM (SELECT to_char(time_id, 'yyyy') AS YEAR,
```

```
            SUM(quantity_sold * amount_sold) AS sales
        FROM sh.sales
       GROUP BY to_char(time_id, 'yyyy')) a,
     (SELECT to_char(time_id, 'yyyy') AS YEAR,
            SUM(quantity_sold * amount_sold) AS sales
        FROM sh.sales
       GROUP BY to_char(time_id, 'yyyy')) b
 WHERE a.year >= b.year
 GROUP BY a.year,a.sales
 ORDER BY 1;

YEAR              SALES  ADD_SALES
-------- ---------- ----------
1998       24083915   24083915
1999     22219947.7 46303862.6
2000     23765506.6 70069369.2
2001       28136462 98205831.2

4 rows selected.
```

这种语句改写为 WITH 比较简单，把**相同的部分**找出来，放在 WITH 里就可以了：

```
WITH s AS
 (SELECT to_char(time_id, 'yyyy') AS YEAR,
         SUM(quantity_sold * amount_sold) AS sales
    FROM sh.sales
   GROUP BY to_char(time_id, 'yyyy'))
SELECT a.year,
       a.sales,
       SUM(b.sales) AS add_sales
  FROM s a,
       s b
 WHERE a.year >= b.year
 GROUP BY a.year, a.sales
 ORDER BY 1;
```

如果 WITH 内的部分执行时间长，而返回行数少，经过减少执行次数就能提高效率。

14.24　用 WITH 辅助把 OR 改为 UNION

在前面章节中我们讲过，有时为了提升效率，可以把 OR 改成 UNION。但有时查询比较复杂，知道要去掉 OR 也不知如何处理：

```
WITH D1 AS
 (select D1.c2 as c1
   from (select distinct nvl(D1.c1, 0) as c1, D1.c2 as c2
           from (select sum(case
                              when T49296.T49296_ID in (1, 31, 40, 41) then
                               T49296.AMOUNT * -1
                              else
                               0
                            end) as c1,
                        T49495.SEGMENT1 as c2
                   from T49221 T49221,
                        T49495 T49495,
                        T48941 T48941,
                        (select /*这里有160多列*/
                           from T49296) T49296
                  where (T48941.C_D_ID = T49296.B_DATE_D and
                        T48941.C_Y_ID = '2013' and
                        T49221.O_ID = T49296.O_ID and
                        T49296.I_ITEM_ID = T49495.I_ITEM_ID and
                        T49296.O_ID = T49495.O_ID and
                        (T49221.ATTRIBUTE1 in
                        ('0', '01', '02', '03', '04', '05', '06')) and
                        T49221.NAME <> 'xxxxx')
                  group by T49495.SEGMENT1
                 having 0 < nvl(sum(case
                   when T49296.T49296_ID in
                        (1, 31, 40, 41) then
                    T49296.AMOUNT * -1
                   else
                    0
                 end), 0)) D1) D1),
SAWITH0 AS
 (select sum(T69824.AMOUNT_R) as c1
   from (select case
                  when (sysdate - sign_date) is null then
                   0
                  else
                   (sysdate - sign_date) / 365
                end as fundation_date,
                /*这里有160多列*/
```

```
          from EDW_CUX_INN_INFO_HEADER
           WHERE CURRENT_FLAG = 'Y') T49157,
        T49495 T49495,
        T99532 T99532,
        T69824 T69824
  where (T49157.ORG_ID = T69824.ORG_ID
        and T49495.I_ITEM_ID = T69824.ITEM_ID
        and T49495.O_ID = T69824.ORG_ID
        and T49157.INN_S_NAME = 'xxxxx'
        and T69824.T_L_CODE = 'ZZZZ' and T69824.P_FLG = 'N'
        and T69824.RECEIVING_MON = T99532.CAL_MONTH_NAME
        and T99532.C_Y_ID = '2013'
        and substr(T49157.INN_CODE, 1, 1) <> 'H'
        and (T69824.APPROVED_FLAG in ('N', 'R', 'Y'))
        and (T69824.CANCEL_FLAG in ('N') or T69824.CANCEL_FLAG is null)
        and (T69824.SHIP_TO_BASE_FLAG in (1) or T49495.SEGMENT1 in (select
distinct D1.c1 as c1 from D1))
        and substr(T49157.INN_CODE, 1, 1) <> 'T'))
 select distinct D1.c1 / 10000 as c1, 'YYYY' as c2
   from SAWITH0 D1
  order by c1
```

见上面的粗体代码部分，有一个“OR”连接的两个条件，需要改写为 UNION。这个语句看上去会让人头晕，我们可以把要改的部分提取出来，其他的部分放在 WITH 子句里：

```
 WITH D1 AS
    (select D1.c2 as c1
       from (select distinct D1.c1 as c1, D1.c2 as c2
               from (select sum(case
                                  when T49296.T49296_ID in (1, 31, 40, 41) then
                                   T49296.AMOUNT * -1
                                  else
                                   0
                                end) as c1,
                            T49495.SEGMENT1 as c2
                       from T49221 T49221,
                            T49495 T49495,
                            T48941 T48941,
                            (select /*这里有160多列*/
                               from T49296) T49296
                      where (T48941.C_D_ID = T49296.B_DATE_D and
                            T48941.C_Y_ID = '2013' and
                            T49221.O_ID = T49296.O_ID and
```

```
                T49296.I_ITEM_ID = T49495.I_ITEM_ID and
                T49296.O_ID = T49495.O_ID and
                (T49221.ATTRIBUTE1 in
                ('0', '01', '02', '03', '04', '05', '06')) and
                T49221.NAME <> 'xxxxx')
          group by T49495.SEGMENT1
         having 0 < sum(case
           when T49296.T49296_ID in
                (1, 31, 40, 41) then
            T49296.AMOUNT * -1
           else
            0
         end)) D1) D1),
SAWITH0 AS
 (select /*sum(T69824.AMOUNT_R) as c1,*/
        ROWNUM AS SN,
        T69824.AMOUNT_R,
        T69824.SHIP_TO_BASE_FLAG,
        T49495.SEGMENT1
   from (select case
                  when (sysdate - sign_date) is null then
                   0
                  else
                   (sysdate - sign_date) / 365
                end as fundation_date,
                /*这里有50多列*/
             from EDW_CUX_INN_INFO_HEADER
            WHERE CURRENT_FLAG = 'Y') T49157,
        T49495 T49495,
        T99532 T99532,
        T69824 T69824
  where (T49157.ORG_ID = T69824.ORG_ID
    and T49495.I_ITEM_ID = T69824.ITEM_ID
    and T49495.O_ID = T69824.ORG_ID
    and T49157.INN_S_NAME = 'xxxxx'
    and T69824.T_L_CODE = 'ZZZZ'
    and T69824.P_FLG = 'N'
    and T69824.RECEIVING_MON = T99532.CAL_MONTH_NAME
    and T99532.C_Y_ID = '2013'
    and substr(T49157.INN_CODE, 1, 1) <> 'H'
    and (T69824.APPROVED_FLAG in ('N', 'R', 'Y'))
```

```
        and (T69824.CANCEL_FLAG in ('N')   or T69824.CANCEL_FLAG is null)
        /*and (T69824.SHIP_TO_BASE_FLAG in (1) or T49495.SEGMENT1 in (select
distinct D1.c1 as c1 from D1))*/
        and substr(T49157.INN_CODE, 1, 1) <> 'T')
        ),
    SAWITH1 AS (
    SELECT sum(AMOUNT_R) AS C1 FROM
    (
    /*注意这里显示的列要全，能唯一标识各行，能有pk列最好，否则union后会丢数据*/
    SELECT *
      FROM sawith0
     WHERE (t69824.ship_to_base_flag IN (1) OR
        t49495.segment1 IN (SELECT DISTINCT d1.c1 AS c1 FROM d1))
    )
    )
     select distinct D1.c1 / 10000 as c1, 'YYYY' as c2
       from SAWITH1 D1
      order by c1;
```

这样我们需要更改的部分只是：

```
SELECT *
  FROM sawith0
 WHERE (t69824.ship_to_base_flag IN (1) OR
     t49495.segment1 IN (SELECT DISTINCT d1.c1 AS c1 FROM d1))
```

这样是不是很好修改了？

14.25 错误的 WITH 改写

WITH 语句虽然比较简单，但也有很多人容易出错。一个可能的原因是更改前没用工具进行对比，结果把两个不同的语句放在 WITH 里合并；另一个可能的原因是不知道为什么用 WITH：

```
SELECT b.scode f_scode,
       b.sname f_sname,
       b.stype f_stype,
       b.mktcode f_mktcode,
       '' f_unit,
       0 f_type,
       a.f_tradeday,
```

```
       a.f20141_20015 f20183_20023,
       d.startday,
       d.endday,
       ''
  FROM (SELECT a.scode, a.f_tradeday, b.tradedate f20141_20015
          FROM (SELECT a.scode, c.year f_tradeday, MIN(a.lowprice) ndata, ''
                  FROM a, c
                 WHERE a.tradedate = c.tdate
                   AND a.mktcode IN (1, 2)
                   AND c.year = to_char(SYSDATE, 'YYYY')
                 GROUP BY a.scode, c.year) a,
               (SELECT a.scode,
                       a.tradedate,
                       c.year     f_tradeday,
                       a.lowprice  ndata
                  FROM a, c
                 WHERE a.tradedate = c.tdate
                   AND a.mktcode IN (1, 2)
                   AND c.year = to_char(SYSDATE, 'YYYY')) b
         WHERE a.scode = b.scode
           AND a.f_tradeday = b.f_tradeday
           AND a.ndata = b.ndata) a,
       sdc_security b,
       (SELECT c.year, MIN(c.tdate) startday, MAX(c.tdate) endday, ''
          FROM c
         GROUP BY c.year) d
 WHERE a.scode = b.scode
   AND a.f_tradeday = d.year
   AND b.stype IN (2, 3);
```

下面是网友用 WITH 改写的语句，他的问题是：为什么改写后的语句运行会变快？

```
WITH temp AS
 (SELECT a.scode, substr(a.t_date, 1, 4) f_t_day, MIN(a.lowprice) ndata, ''
    FROM a
   WHERE a.mktcode IN (1, 2)
     AND substr(a.t_date, 1, 4) = to_char(SYSDATE, 'YYYY')
   GROUP BY a.scode, substr(a.t_date, 1, 4))
SELECT b.scode f_scode,
       b.sname f_sname,
       b.stype f_stype,
       b.mktcode f_mktcode,
```

```
       '' f_unit,
       0 f_type,
       a.f_t_day,
       a.t_date,
       d.startday,
       d.endday,
       ''
  FROM (SELECT a.scode, d.f_t_day, a.t_date
          FROM a, temp d
         WHERE substr(a.t_date, 1, 4) = d.f_t_day
           AND a.mktcode IN (1, 2)
           AND a.lowprice = d.ndata) a,
       sdc_security b,
       (SELECT c.year, MIN(c.tdate) startday, MAX(c.tdate) endday, ''
          FROM c
         GROUP BY c.year) d
 WHERE a.scode = b.scode
   AND a.f_t_day = d.year
   AND b.stype IN (2, 3) ;
```

这个改后的语句只是简单地把一个语句放到了 WITH 里，而且只调用了一次，这种情况一般不会对执行速度产生影响。

我们来对比一下更改前后的语句，如下图所示。

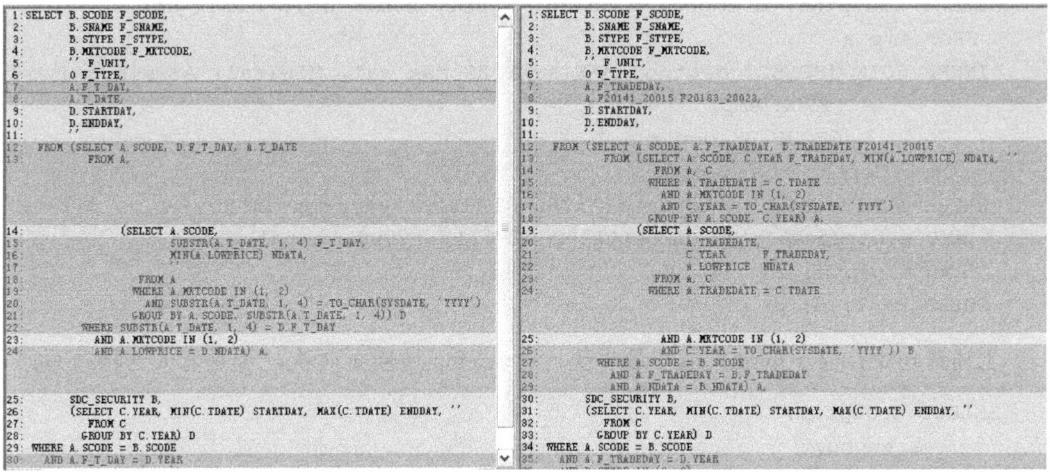

```
 1:SELECT B.SCODE F_SCODE,
 2:       B.SNAME F_SNAME,
 3:       B.STYPE F_STYPE,
 4:       B.MKTCODE F_MKTCODE,
 5:       ''  F_UNIT,
 6:       0 F_TYPE,
 7:       A.F_T_DAY,
 8:       A.T_DATE,
 9:       D.STARTDAY,
10:       D.ENDDAY,
11:       ''
12:  FROM (SELECT A.SCODE, D.F_T_DAY, A.T_DATE
13:          FROM A,
14:               (SELECT A.SCODE,
15:                       SUBSTR(A.T_DATE, 1, 4) F_T_DAY,
16:                       MIN(A.LOWPRICE) NDATA,
17:                       ''
18:                  FROM A
19:                 WHERE A.MKTCODE IN (1, 2)
20:                   AND SUBSTR(A.T_DATE, 1, 4) = TO_CHAR(SYSDATE, 'YYYY')
21:                 GROUP BY A.SCODE, SUBSTR(A.T_DATE, 1, 4)) D
22:         WHERE SUBSTR(A.T_DATE, 1, 4) = D.F_T_DAY
23:           AND A.MKTCODE IN (1, 2)
24:           AND A.LOWPRICE = D.NDATA) A,
25:       SDC_SECURITY B,
26:       (SELECT C.YEAR, MIN(C.TDATE) STARTDAY, MAX(C.TDATE) ENDDAY, ''
27:          FROM C
28:         GROUP BY C.YEAR) D
29: WHERE A.SCODE = B.SCODE
30:   AND A.F_T_DAY = D.YEAR
```

```
 1:SELECT B.SCODE F_SCODE,
 2:       B.SNAME F_SNAME,
 3:       B.STYPE F_STYPE,
 4:       B.MKTCODE F_MKTCODE,
 5:       ''  F_UNIT,
 6:       0 F_TYPE,
 7:       A.F_TRADEDAY,
 8:       A.F20141_20015 F20183_20023,
 9:       D.STARTDAY,
10:       D.ENDDAY,
11:       ''
12:  FROM (SELECT A.SCODE, A.F_TRADEDAY, B.TRADEDATE F20141_20015
13:          FROM (SELECT A.SCODE, C.YEAR F_TRADEDAY, MIN(A.LOWPRICE) NDATA, ''
14:                  FROM A, C
15:                 WHERE A.TRADEDATE = C.TDATE
16:                   AND A.MKTCODE IN (1, 2)
17:                   AND C.YEAR = TO_CHAR(SYSDATE, 'YYYY')
18:                 GROUP BY A.SCODE, C.YEAR) A,
19:               (SELECT A.SCODE,
20:                       A.TRADEDATE,
21:                       C.YEAR      F_TRADEDAY,
22:                       A.LOWPRICE  NDATA
23:                  FROM A, C
24:                 WHERE A.TRADEDATE = C.TDATE
25:                   AND A.MKTCODE IN (1, 2)
26:                   AND C.YEAR = TO_CHAR(SYSDATE, 'YYYY')) B
27:         WHERE A.SCODE = B.SCODE
28:           AND A.F_TRADEDAY = B.F_TRADEDAY
29:           AND A.NDATA = B.NDATA) A,
30:       SDC_SECURITY B,
31:       (SELECT C.YEAR, MIN(C.TDATE) STARTDAY, MAX(C.TDATE) ENDDAY, ''
32:          FROM C
33:         GROUP BY C.YEAR) D
34: WHERE A.SCODE = B.SCODE
35:   AND A.F_TRADEDAY = D.YEAR
```

通过对比可以看到，这完全成了两个不同的语句。除非业务上这两个查询等价，否则仅从语句上看，这个改写是错误的。

我们来看一下原语句应该怎么更改，原语句可改的地方主要就是第一个 FROM 后的内联视图 a，见原语句中的粗体部分。可以看到，这个视图的主要目的是取出 MIN(a.lowprice)所在行的数据，对于这种需求，我们可以使用分析函数来处理：

```
SELECT b.scode, b.f_t_day, b.t_date AS t_date
  FROM (SELECT a.scode,
               a.t_date,
               c.year f_t_day,
               MIN(a.lowprice)  over(PARTITION  BY  a.scode,  c.year)  AS
min_ndata,
               a.lowprice ndata
          FROM a, c
         WHERE a.t_date = c.tdate
           AND a.mktcode IN (1, 2)
           AND c.year = to_char(SYSDATE, 'YYYY')) b
 WHERE min_ndata = ndata
```

这样就只需对 a、c 访问一次即可。改完后用这部分语句替换原内联视图 a 即可。

14.26 错误的分析函数用法

很多人学习完分析函数后，喜欢用分析函数进行改写，下面是一个案例的模拟：

```
SELECT a.deptno, a.empno, a.ename, a.sal, b.min_sal, b.max_sal
  FROM emp a
 INNER JOIN (SELECT deptno, MAX(sal) AS max_sal, MIN(sal) AS min_sal
               FROM emp
              GROUP BY deptno) b
    ON b.deptno = a.deptno
 WHERE a.hiredate >= to_date('1981-01-01', 'yyyy-mm-dd')
   AND a.hiredate < to_date('1982-01-01', 'yyyy-mm-dd')
   AND a.deptno IN (10, 20)
 ORDER BY 1, 4;
```

上述语句中，为了取最大值与最小值，对表 emp 访问了两次，于是有人这样改写：

```
SELECT a.deptno,
       a.empno,
       a.ename,
       a.sal,
       MIN(a.sal) over(PARTITION BY a.deptno) AS min_sal,
```

```
       MAX(a.sal) over(PARTITION BY a.deptno) AS max_sal
  FROM emp a
 WHERE a.hiredate >= to_date('1981-01-01', 'yyyy-mm-dd')
   AND a.hiredate < to_date('1982-01-01', 'yyyy-mm-dd')
   AND a.deptno IN (10, 20)
 ORDER BY 1, 4;
```

使用分析函数来改写没错，但很多人改写的时候都会与这个案例一样，忽略了一个重点：分析函数**只能分析主查询返回的数据**。

这样改写后就由“取全表的最大最小值”变成了取“1981 年之内的最大最小值”数据，范围发生了变化，数据就很可能不准确。

我们来对比一下结果。

更改前：

```
    DEPTNO      EMPNO ENAME             SAL    MIN_SAL    MAX_SAL
---------- ---------- ---------- ---------- ---------- ----------
        10       7782 CLARK            2450       1300       5000
        10       7839 KING             5000       1300       5000
        20       7566 JONES            2975        800       3000
        20       7902 FORD             3000        800       3000

4 rows selected
```

更改后：

```
    DEPTNO      EMPNO ENAME             SAL    MIN_SAL    MAX_SAL
---------- ---------- ---------- ---------- ---------- ----------
        10       7782 CLARK            2450       2450       5000
        10       7839 KING             5000       2450       5000
        20       7566 JONES            2975       2975       3000
        20       7902 FORD             3000       2975       3000

4 rows selected
```

对比上述两组数据，大家可以看到最小值发生了变化，因为两个最小值都没在 1981 年中，所以大家在对语句做更改时一定要注意更改的内容及其可能产生的影响。同时尽可能地多次对比更改前后的数据。

那么这种查询还可以用分析函数更改吗？当然可以，只是需要注意条件应一致，这样就需要先执行分析函数，再使用 HIREDATE 上的条件过滤：

```
SELECT deptno, empno, ename, sal, min_sal, max_sal
  FROM (SELECT a.deptno,
               a.empno,
               a.ename,
               a.sal,
               a.hiredate,
               MIN(a.sal) over(PARTITION BY a.deptno) AS min_sal,
               MAX(a.sal) over(PARTITION BY a.deptno) AS max_sal
          FROM emp a
         WHERE a.deptno IN (10, 20)) a
 WHERE a.hiredate >= to_date('1981-01-01', 'yyyy-mm-dd')
   AND a.hiredate < to_date('1982-01-01', 'yyyy-mm-dd')
 ORDER BY 1, 4;
```

在这个正确的语句中，先在内联视图里用分析函数取得正确的数据，外层再过滤不需要的数据，这样逻辑就与修改前一样了。

14.27 用 LEFT JOIN 优化多个子查询（一）

这是一个通过 dblink 查询的案例，下面来看一下语句及 PLAN（见图）：

```
SELECT a.*, b.rkids
  FROM (SELECT gys.khbh,
               gys.khmc,
               wz.wzzbm,
               wz.wzmbm,
               wz.wzmc,
               wz.wzgg,
               a.sl,
               wz.jldw,
               wz.wzflmbm,
               a.sl * wz.wzflmbm jhje
          FROM wz@dblink wz,
               gys@dblink gys,
               (SELECT m.khbh,
                       d.wzzbm,
                       SUM(CASE m.rkzt WHEN '2' THEN d.xysl ELSE -1 * d.xysl END)
sl
                  FROM m@dblink m, d@dblink d
                 WHERE m.rkid = d.rkid
                   AND m.rkzt IN (2, 3)
```

```sql
                AND m.ssny < '201311'
              GROUP BY m.khbh, d.wzzbm) a
         WHERE a.sl > 0
           AND gys.khbh = a.khbh
           AND wz.wzzbm = a.wzzbm) a,
       (SELECT m.khbh, d.wzzbm, wmsys.wm_concat(m.rkid) rkids
          FROM m@dblink m, d@dblink d
         WHERE m.rkid = d.rkid
           AND m.rkzt = 2
           AND m.ssny < '201311'
           AND m.zxdid IS NULL
           AND (NOT EXISTS (SELECT 1
                              FROM m@dblink m1, d@dblink d1
                             WHERE m1.rkid = d1.rkid
                               AND m1.zxdid = m.rkid
                               AND d1.wzzbm = d.wzzbm
                               AND m1.rkzt = 3) OR
               (SELECT SUM(d1.xysl)
                              FROM m@dblink m1, d@dblink d1
                             WHERE m1.rkid = d1.rkid
                               AND m1.zxdid = m.rkid
                               AND d1.wzzbm = d.wzzbm
                               AND m1.rkzt = 3) < d.xysl)
         GROUP BY m.khbh, d.wzzbm) b
 WHERE a.khbh = b.khbh(+)
   AND a.wzzbm = b.wzzbm(+);
```

```
Plan hash value: 2646510213

---------------------------------------------------------------------------------------------------------
| Id  | Operation            | Name       | Rows  | Bytes | Cost  (%CPU)| Time     | Inst   |IN-OUT|
---------------------------------------------------------------------------------------------------------
|   0 | SELECT STATEMENT     |            |  702K|  1445M|   236  (15)| 00:00:03 |        |      |
|*  1 |  HASH JOIN RIGHT OUTER|           |  702K|  1445M|   236  (15)| 00:00:03 |        |      |
|   2 |   VIEW               |            |     1 |  2018 |   128   (8)| 00:00:02 |        |      |
|   3 |    SORT GROUP BY     |            |     1 |    67 |   128   (8)| 00:00:02 |        |      |
|*  4 |     FILTER           |            |       |       |            |          |        |      |
|   5 |      REMOTE          |            |     1 |    38 |   124   (7)| 00:00:02 |     WN | R->S |
|   6 |      NESTED LOOPS    |            |     2 |    84 |    12   (0)| 00:00:01 |        |      |
|   7 |       REMOTE         | MP_RKDJWZ  |     8 |   128 |     4   (0)| 00:00:01 |     WN | R->S |
|   8 |       REMOTE         | MP_RKDJ    |     1 |    26 |     1   (0)| 00:00:01 |     WN | R->S |
|   9 |        SORT AGGREGATE |           |     1 |    55 |            |          |        |      |
|  10 |         NESTED LOOPS |            |     2 |   110 |    12   (0)| 00:00:01 |        |      |
|  11 |          REMOTE      | MP_RKDJWZ  |     8 |   232 |     4   (0)| 00:00:01 |     WN | R->S |
|  12 |          REMOTE      | MP_RKDJ    |     1 |    26 |     1   (0)| 00:00:01 |     WN | R->S |
|  13 |   VIEW               |            |  702K|   93M|    97  (16)| 00:00:02 |        |      |
|  14 |    REMOTE            |            |       |       |            |          |     WN | R->S |
---------------------------------------------------------------------------------------------------------

Predicate Information (identified by operation id):
---------------------------------------------------

   1 - access("A"."KHBH"="B"."KHBH"(+) AND "A"."WZZBM"="B"."WZZBM"(+))
   4 - filter( NOT EXISTS (SELECT 0 FROM  "A1", "A2" WHERE "M1"."ZXDID"=:B1 AND
              TO_NUMBER("M1"."RKZT")=3 AND "M1"."RKID"="D1"."RKID" AND "D1"."WZZBM"=:B2) OR "D"."XYSL">
              (SELECT SUM("D1"."XYSL") FROM  "A1", "A2" WHERE "M1"."ZXDID"=:B3 AND
              TO_NUMBER("M1"."RKZT")=3 AND "M1"."RKID"="D1"."RKID" AND "D1"."WZZBM"=:B4))
```

这个 PLAN 后面还有其他谓词信息，不过不重要。大家看 Id=4 的位置，在 FILTER 里要访问远端表，而这个地方就是以下两个判断。

① 用反连接子查询排除数据。

```
NOT EXISTS (SELECT 1
                              FROM m@dblink m1, d@dblink d1
                             WHERE m1.rkid = d1.rkid
                               AND m1.zxdid = m.rkid
                               AND d1.wzzbm = d.wzzbm
                               AND m1.rkzt = 3)
```

② 与单行关联子查询中的值进行比较。

```
(SELECT SUM(d1.xysl)
                              FROM m@dblink m1, d@dblink d1
                             WHERE m1.rkid = d1.rkid
                               AND m1.zxdid = m.rkid
                               AND d1.wzzbm = d.wzzbm
                               AND m1.rkzt = 3) < d.xysl
```

这两个判断都访问同样的表，而且其条件也一样，这两个子查询可以先合并为如下语句：

```
(SELECT SUM(d1.xysl) AS xysl, m1.zxdid, d1.wzzbm
  FROM m@dblink m1, d@dblink d1
 WHERE m1.rkid = d1.rkid
   AND m1.rkzt = 3
 GROUP BY m1.zxdid, d1.wzzbm)
```

但在原语句里一个是反连接，一个是有条件半连接子查询，所以合并后的语句不适合再用子查询关联，不过可以把改后的语句作为内联视图来左联：

```
SELECT *
  FROM m@dblink m, d@dblink d
  LEFT JOIN (SELECT SUM(d1.xysl) AS xysl, m1.zxdid, d1.wzzbm
               FROM m@dblink m1, d@dblink d1
              WHERE m1.rkid = d1.rkid
                AND m1.rkzt = 3
              GROUP BY m1.zxdid, d1.wzzbm) m1
    ON (m1.zxdid = m.rkid AND m1.wzzbm = d.wzzbm)
 WHERE (m1.zxdid IS NULL OR nvl(m1.xysl, 0) < d.xysl)
```

这样通过一次关联就达到了前面两个子查询的效果。

我们接着观察原语句，会发现查询由两个大的内联视图 a 与 b 组成，而视图 b 只起一个作用，即取回列“rkids”，而其他条件与内联视图 a 相差不多。所以可以用 CASE WHEN 把视图 b 合并到视图 a 中：

```
SELECT gys.khbh,
       gys.khmc,
       wz.wzzbm,
       wz.wzmbm,
       wz.wzmc,
       wz.wzgg,
       a.sl,
       wz.jldw,
       wz.wzflmbm,
       a.sl * wz.wzflmbm jhje,
       a.rkids
  FROM wz@dblink wz,
       gys@dblink gys,
       (SELECT m.khbh,
               d.wzzbm,
               SUM(CASE m.rkzt WHEN '2' THEN d.xysl ELSE -1 * d.xysl END) sl,
               wmsys.wm_concat(CASE
                                 WHEN (m.rkzt = 2 AND
                                      (m1.zxdid IS NULL OR nvl(m1.xysl, 0) <
d.xysl)) THEN
                                  m.rkid
                               END) AS rkids
          FROM m@dblink m
         INNER JOIN d@dblink d
            ON (m.rkid = d.rkid)
          LEFT JOIN (SELECT SUM(d1.xysl) AS xysl, m1.zxdid, d1.wzzbm
                      FROM m@dblink m1, d@dblink d1
                     WHERE m1.rkid = d1.rkid
                       AND m1.rkzt = 3
                     GROUP BY m1.zxdid, d1.wzzbm) m1
            ON (m1.zxdid = m.rkid AND m1.wzzbm = d.wzzbm)
         WHERE m.rkzt IN (2, 3)
           AND m.ssny < '201311'
         GROUP BY m.khbh, d.wzzbm) a
 WHERE a.sl > 0
   AND gys.khbh = a.khbh
   AND wz.wzzbm = a.wzzbm
```

改后的语句直接走了 HASH JOIN，其运行效率提高了很多。

14.28 用 LEFT JOIN 优化多个子查询（二）

下面是一个实际案例，根据原语句我模拟了部分数据：

```
CREATE TABLE T_ASSET_FILE(asset_code, status, content_status) AS
SELECT 1, 10, 1 FROM DUAL UNION ALL
SELECT 2,  0, 0 FROM DUAL UNION ALL
SELECT 3,  4, 4 FROM DUAL UNION ALL
SELECT 4,  0, 1 FROM DUAL UNION ALL
SELECT 1, 15, 5 FROM DUAL;

CREATE TABLE T_ASSET(resource_id, status, type, create_time) AS
SELECT 1,   3, 0,DATE '2014-01-01' FROM DUAL UNION ALL
SELECT 2, 100, 0,DATE '2014-01-01' FROM DUAL UNION ALL
SELECT 3,  11, 0,DATE '2014-01-01' FROM DUAL UNION ALL
SELECT 4, 100, 0,DATE '2014-01-01' FROM DUAL UNION ALL
SELECT 5, 100, 0,DATE '2014-01-01' FROM DUAL UNION ALL
SELECT 1,   6, 0,DATE '2014-01-01' FROM DUAL;

SELECT COUNT(1) num
  FROM (SELECT t1.*
          FROM t_asset t1
         WHERE 1 = 1
           AND t1.type = 0
           AND (t1.status IN (1, 10, 11, 12, 100) OR
               (EXISTS (SELECT 1
                          FROM t_asset_file b
                         WHERE t1.resource_id = b.asset_code
                           AND t1.status IN (3, 4, 8)
                           AND b.status IN (1, 10, 11, 12))))
           AND (EXISTS (SELECT 1
                         FROM t_asset_file a1
                        WHERE t1.resource_id = a1.asset_code
                          AND (a1.content_status = 1 OR a1.content_status = 4))
OR
                NOT EXISTS (SELECT 1
                              FROM t_asset_file a1
                             WHERE t1.resource_id = a1.asset_code))
```

```
        ORDER BY t1.create_time DESC, t1.resource_id) a;
```

这个语句在子查询里对表 t_asset_file 访问了三次，效率偏低。

我们对上述语句进行如下整理。

① 根据语句的逻辑可以看出：“AND t1.status IN (3, 4, 8)”是对主表的过滤，不应该放在子查询中，应改为：

```
SELECT COUNT(1) num
  FROM (SELECT t1.*
          FROM t_asset t1
         WHERE 1 = 1
           AND t1.type = 0
           AND (t1.status IN (1, 10, 11, 12, 100) OR
               (t1.status IN (3, 4, 8) AND EXISTS
                (SELECT 1
                   FROM t_asset_file b
                  WHERE t1.resource_id = b.asset_code
                    AND b.status IN (1, 10, 11, 12))))
           AND (EXISTS (SELECT 1
                          FROM t_asset_file a1
                         WHERE t1.resource_id = a1.asset_code
                           AND (a1.content_status = 1 OR a1.content_status = 4))
OR
                NOT EXISTS (SELECT 1
                              FROM t_asset_file a1
                             WHERE t1.resource_id = a1.asset_code))
         ORDER BY t1.create_time DESC,
                  t1.resource_id) a;
```

② 三个子查询用到的列及条件，我们可以通过一个语句展示出来：

```
SELECT asset_code,
       MAX(CASE WHEN status IN (1, 10, 11, 12) THEN 1 END) AS status,
       MAX(CASE WHEN (content_status = 1 OR content_status = 4) THEN 1 END)
AS content_status
  FROM t_asset_file
 GROUP BY asset_code
```

三个子查询分别对应上面的各列：

```
status = 1
content_status = 1
```

```
asset_code IS NULL
```

这样三个子查询需要的列就都在其中了，我们再左联这个结果集就很容易达到目的：

```
SELECT COUNT(1) num
  FROM (SELECT t1.*
          FROM t_asset t1
          LEFT JOIN (SELECT asset_code,
                            MAX(CASE WHEN status IN (1, 10, 11, 12) THEN 1 END)
AS status,
                            MAX(CASE WHEN (content_status = 1 OR content_status
= 4) THEN 1 END) AS content_status
                       FROM t_asset_file
                      GROUP BY asset_code) a1
            ON (a1.asset_code = t1.resource_id)
         WHERE 1 = 1
           AND t1.type = 0
           AND (t1.status IN (1, 10, 11, 12, 100) OR
               (t1.status IN (3, 4, 8) AND a1.status = 1))
           AND (a1.content_status = 1 OR a1.asset_code IS NULL)
         ORDER BY t1.create_time DESC, t1.resource_id) a;
```

这样就只需要访问一次表 t_asset_file，而且 PLAN 也比原来好看多了，从 FILTER 变为了 HASH JOIN。

14.29 用 LEFT JOIN 优化多个子查询（三）

我们接着看另一个案例：

```
CREATE OR REPLACE VIEW tmp_mp_rkdj
AS
SELECT 1 AS rkid, 2 AS rkzt, '201310' AS ssny, NULL zxdid,1 AS khbh FROM dual
UNION ALL
SELECT 2 AS rkid, 2 AS rkzt, '201310' AS ssny, NULL zxdid,1 AS khbh FROM dual
UNION ALL
SELECT 3 AS rkid, 2 AS rkzt, '201310' AS ssny, 0 zxdid,1 AS khbh FROM dual
UNION ALL
SELECT 4 AS rkid, 2 AS rkzt, '201310' AS ssny, NULL zxdid,1 AS khbh FROM dual
UNION ALL
SELECT 5 AS rkid, 2 AS rkzt, '201310' AS ssny, NULL xdid,1 AS khbh FROM dual
UNION ALL
```

```
    SELECT 6 AS rkid, 3 AS rkzt, '201310' AS ssny, 1 AS zxdid,1 AS khbh FROM dual
UNION ALL
    SELECT 7 AS rkid, 3 AS rkzt, '201310' AS ssny, 2 AS zxdid,1 AS khbh FROM dual
UNION ALL
    SELECT 8 AS rkid, 3 AS rkzt, '201310' AS ssny, 3 AS zxdid,1 AS khbh FROM dual
UNION ALL
    SELECT 9 AS rkid, 3 AS rkzt, '201310' AS ssny, 4 AS zxdid,1 AS khbh FROM dual;

    CREATE OR REPLACE VIEW tmp_mp_rkdjwz
    AS
    SELECT 1 AS rkid,1 AS wzzbm,1 AS xysl FROM dual UNION ALL
    SELECT 2 AS rkid,1 AS wzzbm,3 AS xysl FROM dual UNION ALL
    SELECT 3 AS rkid,1 AS wzzbm,1 AS xysl FROM dual UNION ALL
    SELECT 4 AS rkid,1 AS wzzbm,1 AS xysl FROM dual UNION ALL
    SELECT 5 AS rkid,1 AS wzzbm,1 AS xysl FROM dual UNION ALL
    SELECT 6 AS rkid,1 AS wzzbm,1 AS xysl FROM dual UNION ALL
    SELECT 6 AS rkid,1 AS wzzbm,1 AS xysl FROM dual UNION ALL
    SELECT 7 AS rkid,1 AS wzzbm,1 AS xysl FROM dual UNION ALL
    SELECT 7 AS rkid,1 AS wzzbm,1 AS xysl FROM dual UNION ALL
    SELECT 8 AS rkid,1 AS wzzbm,1 AS xysl FROM dual UNION ALL
    SELECT 9 AS rkid,1 AS wzzbm,1 AS xysl FROM dual;

    SELECT m.rkid, m.khbh, d.wzzbm
      FROM tmp_mp_rkdj m, tmp_mp_rkdjwz d
     WHERE m.rkid = d.rkid
       AND m.rkzt = 2
       AND m.ssny < '201312'
       AND m.zxdid IS NULL
       AND (NOT EXISTS (SELECT 1
                          FROM tmp_mp_rkdj m1, tmp_mp_rkdjwz d1
                         WHERE m1.rkid = d1.rkid
                           AND m1.zxdid = m.rkid
                           AND d1.wzzbm = d.wzzbm
                           AND m1.ssny < '201312'
                           AND m1.rkzt = 3) OR
            (SELECT SUM(d1.xysl)
                          FROM tmp_mp_rkdj m1, tmp_mp_rkdjwz d1
                         WHERE m1.rkid = d1.rkid
                           AND m1.zxdid = m.rkid
                           AND d1.wzzbm = d.wzzbm
                           AND m1.ssny < '201312'
```

```
                    AND m1.rkzt = 3) < d.xysl);
```

同样，两个子查询只有粗体部分不同，我们可以通过一个子查询同时返回对应的列：

```
SELECT m.zxdid,
       d.wzzbm,
       SUM(d.xysl) AS sum_xysl
  FROM tmp_mp_rkdj  m,
       tmp_mp_rkdjwz d
 WHERE m.rkid = d.rkid
   AND m.ssny < '201312'
   AND rkzt = 3
 GROUP BY m.zxdid, d.wzzbm;
```

前两列对应行一个子查询，而第三列“SUM_XYSL”对应第二个子查询：

```
SELECT m.rkid, m.khbh, d.wzzbm
  FROM tmp_mp_rkdj m
 INNER JOIN tmp_mp_rkdjwz d
    ON (m.rkid = d.rkid)
  LEFT JOIN (SELECT m.zxdid, d.wzzbm, SUM(d.xysl) AS sum_xysl
               FROM tmp_mp_rkdj m, tmp_mp_rkdjwz d
              WHERE m.rkid = d.rkid
                AND m.ssny < '201312'
                AND rkzt = 3
              GROUP BY m.zxdid, d.wzzbm) b
    ON (b.zxdid = m.rkid AND b.wzzbm = d.wzzbm)
 WHERE m.rkzt = 2
   AND m.ssny < '201312'
   AND m.zxdid IS NULL
   AND (b.zxdid IS NULL OR b.sum_xysl < d.xysl);
```

我们还可以尝试进一步修改，因为所有数据均取自 M 和 D 两个表，且条件类似，所以我们可以尝试下 WITH 语句。把相同的部分放 WITH 里，然后再分别增加条件：

```
WITH x0 AS
 (SELECT m.rkid, m.khbh, d.wzzbm, m.rkzt, m.zxdid, d.xysl
    FROM tmp_mp_rkdj m, tmp_mp_rkdjwz d
   WHERE m.rkid = d.rkid
     AND m.ssny < '201312'
     AND m.rkzt IN (2, 3))
SELECT a.rkid, a.khbh, a.wzzbm
  FROM x0 a
```

```
  LEFT JOIN (SELECT zxdid, wzzbm, SUM(xysl) AS sum_xysl
               FROM x0
              WHERE rkzt = 3
              GROUP BY zxdid, wzzbm) b
    ON (b.zxdid = a.rkid AND b.wzzbm = a.wzzbm)
 WHERE a.rkzt = 2
   AND a.zxdid IS NULL
   AND (b.zxdid IS NULL OR sum_xysl < a.xysl);
```

14.30 去掉由 EXISTS 引起的 FILTER

有些数据库不支持(a,b,c) in (select a,b,c from)这种查询方式，于是有人就喜欢把列合并后再用 IN 语句，例如下面的语句：

```
CREATE TABLE T14_30_O AS
SELECT employee_id, first_name, last_name, salary FROM oe.employees;

CREATE TABLE T14_30_F AS
SELECT employee_id, first_name, last_name, salary + ROUND(DBMS_RANDOM.value)
AS salary
  FROM oe.employees;

SELECT *
  FROM t14_30_o o
 WHERE EXISTS (SELECT 1 FROM t14_30_f f WHERE f.employee_id = o.employee_id)
   AND (o.first_name || o.last_name || o. salary) NOT IN
       (SELECT f.first_name || f.last_name || f. salary
          FROM t14_30_f f
         WHERE f.employee_id = o.employee_id);

Plan Hash Value  : 3451605363
-------------------------------------------------------------------------------
| Id  | Operation              | Name       | Rows| Bytes| Cost | Time     |
-------------------------------------------------------------------------------
|   0 | SELECT STATEMENT       |            | 107 | 6955 |  167 | 00:00:02|
| * 1 |   FILTER               |            |     |      |      |         |
| * 2 |    HASH JOIN SEMI      |            | 107 | 6955 |    6 | 00:00:01|
|   3 |     TABLE ACCESS FULL  | T14_30_O   | 107 | 5564 |    3 | 00:00:01|
|   4 |     TABLE ACCESS FULL  | T14_30_F   | 107 | 1391 |    3 | 00:00:01|
| * 5 |    TABLE ACCESS FULL   | T14_30_F   |   1 |   52 |    3 | 00:00:01|
```

```
--------------------------------------------------------------------------------

Predicate Information (identified by operation id):
---------------------------------------------------
* 1 - filter( NOT EXISTS (SELECT 0 FROM "T14_30_F" "F" WHERE "F"."EMPLOYEE_I......
```

该语句的 PLAN 中有一个 FILTER，执行效率不高，经过沟通分析，该语句中 O 与 F 的关系为（1:1）。因此我们可以把语句改为 INNER JOIN：

```
SELECT *
  FROM t14_30_o o
 INNER JOIN t14_30_f f ON (f.employee_id = o.employee_id)
 WHERE (o.first_name || o.last_name || o. salary) <>
       (f.first_name || f.last_name || f. salary);

Plan Hash Value  : 2789209633
--------------------------------------------------------------------------------
| Id  | Operation            | Name     | Rows| Bytes | Cost | Time     |
--------------------------------------------------------------------------------
|   0 | SELECT STATEMENT     |          |   5 |   520 |    6 | 00:00:01 |
| * 1 |  HASH JOIN           |          |   5 |   520 |    6 | 00:00:01 |
|   2 |   TABLE ACCESS FULL  | T14_30_O| 107 |  5564 |    3 | 00:00:01 |
|   3 |   TABLE ACCESS FULL  | T14_30_F| 107 |  5564 |    3 | 00:00:01 |
--------------------------------------------------------------------------------
```

14.31 巧改驱动表提升效率

不同的查询写法，执行的效率可能也不一样，我们来看下这个案例：

```
SELECT COUNT(1)
  FROM t, o
 WHERE o.o_id = t.o_id(+)
   AND o.user = :1
   AND (o.o_id IN (SELECT pm.o_id
                     FROM pm
                    WHERE pm.o_id = o.o_id
                      AND pm.o_pnr = :2) OR
       (o.o_id IN (SELECT pm.o_id
                     FROM pm
                    WHERE pm.o_id = o.o_id
                      AND pm.newpnr = :3)));
```

```
--------------------------------------------------------------------------
| Id  | Operation                    | Name                 | Starts | A-Rows |
--------------------------------------------------------------------------
|   0 | SELECT STATEMENT             |                      |      1 |      1 |
|   1 |  SORT AGGREGATE              |                      |      1 |      1 |
|*  2 |   FILTER                     |                      |      1 |      2 |
|   3 |    NESTED LOOPS OUTER        |                      |      1 |   394K|
|*  4 |     INDEX RANGE SCAN         |IDX_O_ULOG_OID_STIME|      1 |   394K|
|*  5 |     INDEX UNIQUE SCAN        | PK_O_EXT_O_ID        |   394K|   394K|
|*  6 |    TABLE ACCESS BY INDEX ROWID| PM                  |   394K|      2 |
|*  7 |     INDEX RANGE SCAN         | IDX_PNR_TKTORID      |   394K|   394K|
|*  8 |     INDEX RANGE SCAN         | IND_NEWPNR_O_ID      |   394K|      0 |
--------------------------------------------------------------------------

Predicate Information (identified by operation id):
---------------------------------------------------

   2 - filter(( IS NOT NULL OR  IS NOT NULL))
   4 - access("O"."user"='xxx')
   5 - access("O"."O_ID"="T"."O_ID")
   6 - filter("PM"."O_PNR"='xx')
   7 - access("PM"."O_ID"=:B1)
   8 - access("PM"."NEWPNR"='xxx' AND "PM"."O_ID"=:B1)
```

经确认这个语句 PM 的两个子查询中分别只返回了 2 行与 1 行。而驱动表返回 394KB，显然改用 PM 做驱动表更好。所以我们把 PM 部分更改下：

```
SELECT pm.o_id FROM pm WHERE pm.o_pnr = :2
UNION ALL
SELECT pm.o_id FROM pm WHERE pm.newpnr = :3
```

两个子查询合并为 1，我们知道“O.O_ID IN (1) OR O.O_ID IN (2, 3)”与“O.O_ID IN (1, 2, 3)”两种写法是等价的，所以原语句可以改为：

```
SELECT COUNT(1)
  FROM t, o
 WHERE o.o_id = t.o_id(+)
   AND o.user = :1
   AND o.o_id IN (SELECT pm.o_id FROM pm WHERE pm.o_pnr = :2
                  UNION ALL
                  SELECT pm.o_id FROM pm WHERE pm.newpnr = :3)
```

这样就可以用 PM 部分来做驱动表了：

```
-----------------------------------------------------------------------------
| Id  | Operation                        | Name             |Starts|A-Rows|
-----------------------------------------------------------------------------
|   0 | SELECT STATEMENT                 |                  |    1 |    1 |
|   1 |  SORT AGGREGATE                  |                  |    1 |    1 |
|   2 |   NESTED LOOPS OUTER             |                  |    1 |    2 |
|   3 |    NESTED LOOPS                  |                  |    1 |    2 |
|   4 |     VIEW                         | VW_NSO_1         |    1 |    2 |
|   5 |      HASH UNIQUE                 |                  |    1 |    2 |
|   6 |       UNION-ALL                  |                  |    1 |    2 |
|   7 |        TABLE ACCESS BY INDEX ROWID| PM              |    1 |    2 |
|*  8 |         INDEX RANGE SCAN         | IDX_PNRNO        |    1 |    2 |
|*  9 |        INDEX RANGE SCAN          | IND_NEWPNR_O_ID  |    1 |    0 |
|* 10 |     INDEX RANGE SCAN             | IND_O_ID_user    |    2 |    2 |
|* 11 |    INDEX UNIQUE SCAN             | PK_O_EXT_O_ID    |    2 |    2 |
-----------------------------------------------------------------------------
```

需要访问的行数由 394K 减少到 2 行，提高的效率显而易见。

14.32 用分析函数更改反连接

有些语句无法直接变换，要根据需求来重写。原案例用 CUSTOMER 模拟如下：

```
SELECT cust_city_id,cust_year_of_birth,cust_id
  FROM customers f
 WHERE f.country_id = 52770
   AND f.cust_gender = 'F'
   AND NOT EXISTS
  (SELECT *
          FROM customers a
         WHERE a.country_id = 52770
           AND a.cust_city_id = f.cust_city_id
           AND a.cust_year_of_birth < f.cust_year_of_birth);

CUST_CITY_ID CUST_YEAR_OF_BIRTH    CUST_ID
------------ ------------------ ----------
       52318               1918      19382
       51726               1921      28049
       52177               1932      38049
```

```
      ......              ......    ......
      52157               1918      14552
      51802               1929      27049
24 rows selected
```

这个查询的要求返回就是取各组第一个雇员，且该雇员性别为'F'。如下面数据 51053 第一个为“M”，不符合要求，而粗体部分第一个为“F”，符合要求。

```
CUST_CITY_ID CUST_YEAR_OF_BIRTH    CUST_ID CUST_GENDER
------------ ------------------ ---------- -----------
       51053               1921      23217 M
       51053               1924      41218 F
       51053               1924        785 M
       51057               1918      33171 F
       51057               1925      34560 M
       51057               1927      38715 F
       52318               1918      19382 F
       52318               1923      50004 M
       52318               1926       9004 M
       52325               1919      23101 M
       52325               1920      49440 F
       52325               1924      30590 M
```

因此我们可以先标识各组的第一行：

```
SELECT cust_city_id,
       cust_year_of_birth,
       cust_id,
       cust_gender,
       rank() over(PARTITION BY cust_city_id ORDER BY cust_year_of_birth) AS
seq
  FROM customers f
 WHERE country_id = 52770;

CUST_CITY_ID CUST_YEAR_OF_BIRTH    CUST_ID CUST_GENDER        SEQ
------------ ------------------ ---------- ----------- ----------
       51053               1921      23217 M                    1
       51053               1924        785 M                    2
       51053               1924      41218 F                    2
       ......              ......    ......                 ......
```

然后再进行判断：

```
SELECT cust_city_id, cust_year_of_birth, cust_id
  FROM (SELECT cust_city_id,
               cust_year_of_birth,
               cust_id,
               cust_gender,
               rank()    over(PARTITION    BY    cust_city_id    ORDER    BY
cust_year_of_birth) AS seq
          FROM customers f
         WHERE country_id = 52770)
 WHERE cust_gender = 'F'
   AND seq = 1;
```

14.33 集合判断

有时我们会遇到集合判断的问题，比如我们想看哪些学生选完了所有的课程：

```
CREATE TABLE TAKE (SNO, CNO) AS
SELECT 1,'CS112' FROM DUAL UNION ALL
SELECT 1,'CS113' FROM DUAL UNION ALL
SELECT 1,'CS114' FROM DUAL UNION ALL
SELECT 2,'CS112' FROM DUAL UNION ALL
SELECT 3,'CS112' FROM DUAL UNION ALL
SELECT 3,'CS114' FROM DUAL UNION ALL
SELECT 4,'CS112' FROM DUAL UNION ALL
SELECT 4,'CS113' FROM DUAL UNION ALL
SELECT 5,'CS113' FROM DUAL UNION ALL
SELECT 6,'CS113' FROM DUAL UNION ALL
SELECT 6,'CS114' FROM DUAL;

CREATE TABLE COURSES (CNO, COURSE, CREDIT) AS
SELECT 'CS112','PHYSICS', 4 FROM DUAL UNION ALL
SELECT 'CS113','CALCULUS',4 FROM DUAL UNION ALL
SELECT 'CS114','HISTORY', 4 FROM DUAL;
```

我们来尝试实现这个需求：

```
SELECT a.sno,
       c.course
  FROM take a
 INNER JOIN courses c ON c.cno = a.cno
 ORDER BY a.sno, c.cno;
```

```
       SNO COURSE
---------- --------
         1 PHYSICS
         1 CALCULUS
         1 HISTORY
         2 PHYSICS
         3 PHYSICS
         3 HISTORY
         4 PHYSICS
         4 CALCULUS
         5 CALCULUS
         6 CALCULUS
         6 HISTORY

11 rows selected
```

返回了关联数据，但显然还不符合我们的需求，因为我们发现三门课程：

```
SELECT COUNT(*) FROM courses;

  COUNT(*)
----------
         3
```

只有选对了这三门课程的才符合条件，所以要修正我们的查询：

```
SELECT a.sno,
       COUNT(c.course)
  FROM take a
 INNER JOIN courses c ON c.cno = a.cno
 GROUP BY a.sno
HAVING COUNT(*) = (SELECT COUNT(*) FROM courses);
```

集合判断比我们前面的需求多了一个数量的判断。

14.34　相等集合判断

我们把上节的需求改变一点，查看哪些学生的选课与教师的授课完全一样。

```
CREATE TABLE TEACH (TNO, CNO) AS
SELECT 'CHOI' ,'CS112' FROM DUAL UNION ALL
```

```
SELECT 'CHOI' ,'CS113' FROM DUAL UNION ALL
SELECT 'CHOI' ,'CS114' FROM DUAL UNION ALL
SELECT 'POMEL','CS113' FROM DUAL UNION ALL
SELECT 'MAYER','CS112' FROM DUAL UNION ALL
SELECT 'MAYER','CS114' FROM DUAL;
```

学生“1”与“MAYER”的集合就不一样，因为学生多了一门。这个案例与上节类似但两个集合的条数都要返回。为了方便查询，我们先处理下数据，返回集合的数量：

```
SELECT tno,
       cno,
       COUNT(*) over(PARTITION BY tno) AS cnt
  FROM teach;

TNO   CNO          CNT
----- ----- ----------
CHOI  CS112          3
CHOI  CS113          3
CHOI  CS114          3
MAYER CS112          2
MAYER CS114          2
POMEL CS113          1

6 rows selected
```

这样我们就可以直接比较了。

```
SELECT sno, tno, cnt
  FROM (SELECT a.sno,
               b.tno,
               COUNT(*) AS cnt,
               a.cnt AS cnt1,
               b.cnt AS cnt2
          FROM (SELECT sno,
                       cno,
                       COUNT(*) over(PARTITION BY sno) AS cnt
                  FROM take) a
         INNER JOIN (SELECT tno,
                           cno,
                           COUNT(*) over(PARTITION BY tno) AS cnt
                      FROM teach) b ON (b.cno = a.cno AND a.cnt = b.cnt)
         GROUP BY a.sno, b.tno, a.cnt, b.cnt)
```

```
WHERE cnt = cnt1
ORDER BY 1;
```

两个集合相同，有两个方面要比较：值一样，数量一样。比如集合内有三个值，则应有三个值相等。

14.35 用分析函数改写最值过滤条件

这是一个典型的取最大值的查询，语句中对 BILUNGS 访问了两次：

```
SELECT emp_name, SUM(h1.bill_hrs * b1.bill_rate) AS totalcharges
  FROM consultants c1, billings b1, hoursworked h1
 WHERE c1.emp_id = b1.emp_id
   AND c1.emp_id = h1.emp_id
   AND bill_date = (SELECT MAX(bill_date)
                      FROM billings b2
                     WHERE b2.emp_id = c1.emp_id
                       AND b2.bill_date <= h1.work_date)
   AND h1.work_date >= b1.bill_date
 GROUP BY emp_name;
```

通过这个语句可以分析需求，对主查询返回的每一组“billings.emp_id, hoursworked.work_date”，返回 billings.bill_date 最大值所在的行。这个需求分析是要点，搞清楚这一点后，分析函数就好写了，根据“billings.emp_id, hoursworked.work_date”分组，按 billings.bill_date 降序生成序号，序号为 1 的就是我们需要的数据：

```
SELECT b.emp_name, a.totalcharges
  FROM (SELECT emp_id, SUM(bill_rate * bill_hrs) AS totalcharges
          FROM (SELECT b1.bill_rate,
                       b1.emp_id,
                       h1.bill_hrs,
                       rank() over(PARTITION BY b1.emp_id, h1.work_date ORDER
BY b1.bill_date DESC) AS sn
                  FROM billings b1, hoursworked h1
                 WHERE b1.emp_id = h1.emp_id
                   AND h1.work_date >= b1.bill_date)
         WHERE sn = 1
         GROUP BY emp_id) a
 INNER JOIN consultants b ON b.emp_id = a.emp_id;
```

这种情景下使用 rank 或 dense_rank 是为了在有多个最值的情况下可以正确地返回多条记录。

14.36 用树形查询找指定级别的数据

本例是模拟一个网友的需求，现有 emp 表，以及用以下语句建立的级别表：

```
CREATE TABLE emp_level AS
SELECT empno,LEVEL AS lv FROM emp START WITH mgr IS NULL
CONNECT BY (PRIOR empno) = mgr;
```

如下所示，7876 级别路径为(7876:ADAMS:4)→(7788:SCOTT:3)→**(7566:JONES:2)**，要求找出其对应上级级别为 2（7566）的数据。

```
     EMPNO ENAME             MGR         LV
---------- ---------- ---------- ----------
      7839 KING                           1
      7566 JONES            7839          2
      7788 SCOTT            7566          3
      7876 ADAMS            7788          4
      7902 FORD             7566          3
```

因为给出 empno 的级别未知（在这个示例中可能是 3 级或 4 级），所以用 JOIN 语句不好写，而用树形查询就比较简单，可以先把整个树形数据取出：

```
SELECT a.empno,a.ename,a.mgr,b.lv
  FROM emp a
  LEFT JOIN emp_level b ON (b.empno = a.empno)
-- WHERE b.lv = 2
 START WITH a.empno = 7876
CONNECT BY ((PRIOR a.mgr) = a.empno AND (PRIOR b.lv) > 2);

     EMPNO ENAME             MGR         LV
---------- ---------- ---------- ----------
      7876 ADAMS            7788          4
      7788 SCOTT            7566          3
      7566 JONES            7839          2
3 rows selected
```

我们前面说过，树形查询里的 WHERE 是对树形查询结果的过滤，所以再加上“WHERE

b.lv = 2”就可以了：

```
SELECT a.empno, a.ename, b.lv
  FROM emp a
  LEFT JOIN emp_level b ON (b.empno = a.empno)
 WHERE b.lv = 2
 START WITH a.empno = 7876
CONNECT BY ((PRIOR a.mgr) = a.empno AND (PRIOR b.lv) > 2);

     EMPNO ENAME              LV
---------- ---------- ----------
      7566 JONES               2
1 row selected
```

14.37　行转列与列转行

行转为列后可以进行列间的计算，列转为行后可以进行行间汇总，所以灵活地运用行列转换可以解决很多需求的难题，下面是一个网友发的需求原图。

销售盈利表：如图

门店	品牌	销量	收入
门店 1	品牌 1	2	8
门店 1	品牌 2	3	6
门店 1	品牌 3	2	10
门店 2	品牌 1	1	4
门店 2	品牌 2	4	8
门店 2	品牌 3	4	20
门店 3	品牌 1	3	12
门店 3	品牌 2	2	4
门店 3	品牌 3	1	5

需求—销售盈利报表如下：困难点需求是费用合计

品牌	门店			
	门店 1	门店 2	门店 3	合计
销量合计	**7**	**9**	**6**	**22**
品牌 1	2	1	3	**6**
品牌 2	3	4	2	**9**
品牌 3	2	4	1	**7**
收入合计	**24**	**32**	**21**	**77**
品牌 1	8	4	12	**24**
品牌 2	6	8	4	**18**
品牌 3	10	20	5	**35**
费用合计	**24*(7/22)**	**24*(9/22)**	**24*(6/22)**	
品牌 1	求费用合计备注：门店 1 费用合计=门店 1 销量合计/销量总合计*门店 1 收入合计；门店 2 费用合计=门店 2 销量合计/销量总合计*门店 1 收入合计；门店 3 费用合计=门店 3 销量合计/销量总合计*门店 1 收入合计；			
品牌 2				
品牌 3				

我们先来生成案例用的数据：

```
DROP TABLE T14_37
/
create  table  T14_37  (a  varchar2(30),b  varchar2(30),c  varchar2(30),d
varchar2(30) );
insert into T14_37 values('门店1','品牌1','2','8');
insert into T14_37 values('门店1','品牌2','3','6');
insert into T14_37 values('门店1','品牌3','2','10');
insert into T14_37 values('门店2','品牌1','1','4');
insert into T14_37 values('门店2','品牌2','4','8');
insert into T14_37 values('门店2','品牌3','4','20');
insert into T14_37 values('门店3','品牌1','3','12');
insert into T14_37 values('门店3','品牌2','2','4');
insert into T14_37 values('门店3','品牌3','1','5');
/
```

因各门店是分行显示的，而销量与收入则分列显示，均与需求数据相反，所以要对数据先做“行转列”操作，并进行计算，再进行列转行后把数据展示出来。

```
WITH t1 AS
/*1. 行转列*/
 (SELECT GROUPING(t.b) AS gp_b,
         t.b AS 品牌,
         SUM(decode(t.a, '门店1', t.c)) AS 销量_门店1,
         SUM(decode(t.a, '门店2', t.c)) AS 销量_门店2,
         SUM(decode(t.a, '门店3', t.c)) AS 销量_门店3,
         SUM(t.c) AS 销量_合计,
         SUM(decode(t.a, '门店1', t.d)) AS 收入_门店1,
         SUM(decode(t.a, '门店2', t.d)) AS 收入_门店2,
         SUM(decode(t.a, '门店3', t.d)) AS 收入_门店3,
         SUM(t.d) AS 收入_合计
    FROM t14_37 t
   GROUP BY ROLLUP(t.b)
   ORDER BY 1 DESC,
            2)
/*2. 列转行*/
SELECT decode(gp_b, 1, '销量合计', 品牌) AS 品牌,
       销量_门店1 AS 门店1,
       销量_门店2 AS 门店2,
       销量_门店3 AS 门店3,
       销量_合计 AS 合计
  FROM t1
UNION ALL
```

```
SELECT decode(gp_b, 1, '收入合计', 品牌) AS 品牌,
       收入_门店1 AS 门店1,
       收入_门店2 AS 门店2,
       收入_门店3,
       收入_合计 AS 合计
  FROM t1
UNION ALL
SELECT decode(gp_b, 1, '费用合计', 品牌) AS 品牌,
       round(销量_门店1 * 收入_门店1 / 销量_合计, 2) AS 门店1,
       round(销量_门店2 * 收入_门店1 / 销量_合计, 2) AS 门店2,
       round(销量_门店3 * 收入_门店1 / 销量_合计, 2) AS 门店3,
       收入_合计 AS 合计
  FROM t1;

品牌              门店1       门店2      门店3      合计
---------- ---------- ---------- ---------- ----------
销量合计             7          9          6         22
品牌1                2          1          3          6
品牌2                3          4          2          9
品牌3                2          4          1          7
收入合计            24         32         21         77
品牌1                8          4         12         24
品牌2                6          8          4         18
品牌3               10         20          5         35
费用合计          7.64       9.82       6.55         77
品牌1             2.67       1.33          4         24
品牌2                2       2.67       1.33         18
品牌3             2.86       5.71       1.43         35

12 rows selected.
```

虽然 Oracle 提供了行列转换函数 PIVOT 与 UNPIVOT，但对复杂的行列转换还是用以前的方法容易实现。

14.38　UPDATE、ROW_NUMBER 与 MERGE

一名网友想用 ROW_NUMBER 来更改主键值，但会报错，想问什么原因。下面来模拟该网友的操作。

首先建立测试用表如下：

```
DROP TABLE T14_38 PURGE;
CREATE TABLE T14_38 AS SELECT * FROM emp WHERE deptno = 10;
ALTER TABLE T14_38 ADD CONSTRAINTS pk_T14_38 PRIMARY KEY(empno);
```

要求按雇佣时间排序重新生成 empno 的数据（1、2、3…）：

```
UPDATE t14_38 a
   SET a.empno =
       (SELECT row_number() over(ORDER BY b.hiredate) empno
          FROM t14_38 b
         WHERE b.empno = a.empno);

ORA-00001: unique constraint (TEST.PK_T14_38) violated
```

这种更新方式让笔者想起了“SQL 解惑 2”中“谜题 56‘旅馆房间号’”的语句，当然，那也是一个错误的语句。

```
UPDATE hotel SET room_nbr = (floor_nbr * 100) + row_number() over(PARTITION BY floor_nbr);

ORA-30483: window  functions are not allowed here
```

我们回到正题，为了形象地说明在运行 UPDATE 时发生了什么问题，我们可以先把 pk_T14_38 去掉。

```
ALTER TABLE T14_38 DROP CONSTRAINTS pk_T14_38;
UPDATE t14_38 a
   SET a.empno =
       (SELECT row_number() over(ORDER BY b.hiredate) empno
          FROM t14_38 b
         WHERE b.empno = a.empno);
SELECT empno,ename FROM t14_38;

     EMPNO ENAME
---------- ----------
         1 CLARK
         1 KING
         1 MILLER

3 rows selected
```

可以看到，UPDATE 之后的 empno 都是 1，这是因为这个语句的后面因“b.empno = a.empno”条件限制 ROW_NUMBER 的部分是逐行执行的，既然只有一行数据，那么返回的当然也只有 1。找到原因就容易解决了，如果仍用 UPDATE，就需要把子查询嵌套一层：

```
UPDATE t14_38 a
   SET a.empno =
       (SELECT new_no
          FROM (SELECT row_number() over(ORDER BY b.hiredate) new_no
                  FROM t14_38 b) b
         WHERE b.rowid = a.rowid);
SELECT empno, ename, hiredate FROM t14_38 ORDER BY 3;

     EMPNO ENAME      HIREDATE
---------- ---------- ----------
         1 CLARK      1981-06-09
         2 KING       1981-11-17
         3 MILLER     1982-01-23

3 rows selected
```

只是这种方式需要多次扫描子查询，只适用于数据量少的情况。

```
Plan hash value: 319757160

------------------------------------------------------------------------------
| Id | Operation         | Name | Starts | E-Rows | A-Rows | A-Time |Buffers |
------------------------------------------------------------------------------
|  0 | UPDATE STATEMENT |       |    1 |       |     0 |00:00:00.01 |     20 |
|  1 |  UPDATE          |T14_38|  1|          |     0 |00:00:00.01 |     20 |
|  2 |   TABLE ACCESS FULL|T14_38|1 |    3 |     3 |00:00:00.01 |      3 |
|* 3 |   VIEW            |      |    3 |    3 |     3 |00:00:00.01 |      9 |
|  4 |    WINDOW SORT    |      |    3 |    3 |     9 |00:00:00.01 |      9 |
|  5 |     TABLE ACCESS FULL| T14_38|  3 | 3 |9 |00:00:00.01 |      9 |
------------------------------------------------------------------------------
```

我们可以改用 MERGE：

```
MERGE INTO t14_38 a
USING (SELECT b.rowid AS rid,
              row_number() over(ORDER BY b.hiredate) AS empno
         FROM t14_38 b) b
ON (b.rowid = a.rowid)
WHEN MATCHED THEN
  UPDATE SET a.empno = b.empno;
```

```
SELECT empno, ename, hiredate FROM t14_38 ORDER BY 3;

     EMPNO ENAME      HIREDATE
---------- ---------- -----------
         1 CLARK      1981-06-09
         2 KING       1981-11-17
         3 MILLER     1982-01-23
3 rows selected

Plan hash value: 3725389202

-------------------------------------------------------------------------------------------
| Id | Operation                   | Name  |Starts |E-Rows |A-Rows |   A-Time    | Buffers |
-------------------------------------------------------------------------------------------
|  0 | MERGE STATEMENT             |       |     1 |       |     0 |00:00:00.01 |       7 |
|  1 |  MERGE                      |T14_38 |     1 |       |     0 |00:00:00.01 |       7 |
|  2 |   VIEW                      |       |     1 |       |     3 |00:00:00.01 |       4 |
|  3 |    NESTED LOOPS             |       |     1 |     3 |     3 |00:00:00.01 |       4 |
|  4 |     VIEW                    |       |     1 |     3 |     3 |00:00:00.01 |       3 |
|  5 |      WINDOW SORT            |       |     1 |     3 |     3 |00:00:00.01 |       3 |
|  6 |       TABLE ACCESS FULL     |T14_38 |     1 |     3 |     3 |00:00:00.01 |       3 |
|  7 |     TABLE ACCESS BY USER ROWID|T14_38|    3 |     1 |     3 |00:00:00.01 |       1 |
-------------------------------------------------------------------------------------------
```

这时只需要一次就可以，注意对比两个 PLAN 的 Starts。

14.39 一个 UPDATE 语句的优化

学习了 MERGE 后，一看到 UPDATE 语句，很多人要改写为 MERGE。没有关联更新的 UPDATE 语句并不需要改为 MERGE，我们来看下案例:

```
CREATE TABLE T14_39_M(ID,CODE1,CODE2,END_DATE)AS
SELECT rownum,
       lpad(ceil(LEVEL / 3), 8, '0'),
       substr(round(dbms_random.value * 1000), -2),
       SYSDATE + (dbms_random.value * 100 - 50)
  FROM dual
CONNECT BY LEVEL <= 150000;

CREATE TABLE T14_39_N(ID,CODE1,status) AS
```

```
SELECT rownum AS id,
       lpad(LEVEL, 8, '0'),
       0 AS status
  FROM dual
CONNECT BY LEVEL <= 50000;

UPDATE T14_39_N a
   SET a.status = -1
 WHERE EXISTS (SELECT 1
         FROM (SELECT m.CODE1, COUNT(*) cnt
                 FROM T14_39_M m, T14_39_N n
                WHERE m.END_DATE >= trunc(SYSDATE - 1)
                  AND m.CODE2 = substr(n.CODE1, -2, 2)
                  AND m.CODE1 = n.CODE1
                GROUP BY m.CODE1
               HAVING COUNT(*) >= 1) b
        WHERE a.CODE1 = b.CODE1);

Plan Hash Value  : 2735340165

-----------------------------------------------------------------------------------
| Id  | Operation                  | Name      | Rows  | Bytes   | Cost | Time     |
-----------------------------------------------------------------------------------
|   0 | UPDATE STATEMENT           |           |   576 |   28224 |  455 | 00:00:06 |
|   1 |   UPDATE                   | T14_39_N  |       |         |      |          |
| * 2 |    HASH JOIN RIGHT SEMI    |           |   576 |   28224 |  455 | 00:00:06 |
|   3 |     VIEW                   |           |   576 |   10368 |  411 | 00:00:05 |
| * 4 |      FILTER                |           |       |         |      |          |
|   5 |       SORT GROUP BY        |           |   576 |   29376 |  411 | 00:00:05 |
| * 6 |        HASH JOIN           |           |   576 |   29376 |  410 | 00:00:05 |
|   7 |         TABLE ACCESS FULL| T14_39_N  | 44715 |  804870 |   44 | 00:00:01 |
| * 8 |         TABLE ACCESS FULL| T14_39_M  | 57580 | 1900140 |  178 | 00:00:03 |
|   9 |     TABLE ACCESS FULL      | T14_39_N  | 44715 | 1386165 |   44 | 00:00:01 |
-----------------------------------------------------------------------------------

Predicate Information (identified by operation id):
------------------------------------------
* 2 - access("A"."CODE1"="B"."CODE1")
* 4 - filter(COUNT(*)>=1)
* 6 - access("M"."CODE2"=SUBSTR("N"."CODE1",-2,2) AND "M"."CODE1"="N"."CODE1")
```

```
* 8 - filter("M"."END_DATE">=TRUNC(SYSDATE@!-1))
```

我们来分析下这个语句，里面有两个条件：

```
                  AND m.CODE2 = substr(n.CODE1, -2, 2)
                  AND m.CODE1 = n.CODE1
```

因为“M.CODE1 = N.CODE1”，所以我们可以把上面的“N.CODE1”改为“M.CODE1”，则语句变为：

```
UPDATE T14_39_N a
   SET a.status = -1
 WHERE EXISTS (SELECT 1
          FROM (SELECT m.CODE1, COUNT(*) cnt
                  FROM T14_39_M m, T14_39_N n
                 WHERE m.END_DATE >= trunc(SYSDATE - 1)
                  AND m.CODE2 = substr(m.CODE1, -2, 2)
                  AND m.CODE1 = n.CODE1
                 GROUP BY m.CODE1
                HAVING COUNT(*) >= 1) b
         WHERE a.CODE1 = b.CODE1);

Plan Hash Value  : 17982423

-------------------------------------------------------------------------------------
| Id  | Operation                 | Name       | Rows  | Bytes   | Cost | Time     |
-------------------------------------------------------------------------------------
|   0 | UPDATE STATEMENT          |            |   579 |   28371 |  266 | 00:00:04 |
|   1 |   UPDATE                  | T14_39_N   |       |         |      |          |
| * 2 |    HASH JOIN RIGHT SEMI   |            |   579 |   28371 |  266 | 00:00:04 |
|   3 |     VIEW                  |            |   579 |   10422 |  222 | 00:00:03 |
| * 4 |      FILTER               |            |       |         |      |          |
|   5 |       SORT GROUP BY       |            |   579 |   29529 |  222 | 00:00:03 |
| * 6 |        HASH JOIN          |            |   579 |   29529 |  221 | 00:00:03 |
| * 7 |         TABLE ACCESS FULL | T14_39_M   |   579 |   19107 |  176 | 00:00:03 |
|   8 |         TABLE ACCESS FULL | T14_39_N   | 44715 |  804870 |   44 | 00:00:01 |
|   9 |     TABLE ACCESS FULL     | T14_39_N   | 44715 | 1386165 |   44 | 00:00:01 |
-------------------------------------------------------------------------------------

Predicate Information (identified by operation id):
------------------------------------------
* 2 - access("A"."CODE1"="B"."CODE1")
```

```
* 4 - filter(COUNT(*)>=1)
* 6 - access("M"."CODE1"="N"."CODE1")
* 7 - filter("M"."CODE2"=SUBSTR("M"."CODE1",-2,2) AND "M"."END_DATE">=TRUNC
(SYSDATE@!-1))
```

通过上面的 PLAN 可以看到，更改后我们就可以在 JOIN 之前过滤掉无效的数据。

我们再看条件“COUNT(*) >= 1”，这个条件是多余的，因为既然有数据返回，那肯定不会是“COUNT(*) <= 0”，所以我们去掉这个条件：

```
UPDATE t14_39_n a
   SET a.status = -1
 WHERE EXISTS (SELECT 1
         FROM (SELECT m.code1
                 FROM t14_39_m m,
                      t14_39_n n
                WHERE m.end_date >= trunc(SYSDATE - 1)
                  AND m.code2 = substr(m.code1, -2, 2)
                  AND m.code1 = n.code1
                GROUP BY m.code1) b
        WHERE a.code1 = b.code1);
```

现在可以看到最内层的 n 除了关联一次，没有其他作用，而在外层有一个重复的关联条件。所以，可把这个 n 去掉，并去掉一个嵌套：

```
UPDATE t14_39_n a
   SET a.status = -1
 WHERE a.code1 IN (SELECT m.code1
                     FROM t14_39_m m
                    WHERE m.end_date >= trunc(SYSDATE - 1)
                      AND m.code2 = substr(m.code1, -2, 2));

Plan Hash Value  : 2567424660

Plan Hash Value  : 2567424660

---------------------------------------------------------------------------------
| Id  | Operation               | Name     | Rows | Bytes  |Cost | Time     |
---------------------------------------------------------------------------------
|   0 | UPDATE STATEMENT        |          |  539 |  34496 | 221 | 00:00:03 |
|  1 |   UPDATE                |T14_39_N|      |        |     |          |
| * 2 |    HASH JOIN RIGHT SEMI|          |  539 |  34496 | 221 | 00:00:03 |
```

```
| * 3 |    TABLE ACCESS FULL |T14_39_M|  579 |  19107 | 176 | 00:00:03 |
|   4 |    TABLE ACCESS FULL |T14_39_N|44715 |1386165 |  44 | 00:00:01 |
-----------------------------------------------------------------------

Predicate Information (identified by operation id):
---------------------------------------------------

* 2 - access("A"."CODE1"="M"."CODE1")
* 3 - filter("M"."CODE2"=SUBSTR("M"."CODE1",-2,2) AND "M"."END_DATE">
=TRUNC(SYSDATE@!-1))
```

通过 PLAN 可以看到，两个过滤条件在 HASH JOIN 之前就执行了，效率提高了很多。

14.40 自定义函数对速度的影响

经常会在查询语句中发现自定义函数，下面我们来看下自定义函数会对查询有什么影响，首先建立模拟环境：

```
CREATE TABLE CUSTOMERS AS SELECT * FROM SH.CUSTOMERS;
CREATE INDEX IDX_CUSTOMERS ON CUSTOMERS(COUNTRY_ID);

CREATE OR REPLACE FUNCTION f_count_obj(p_country_id VARCHAR2)
  RETURN NUMBER AS
  v_count NUMBER;
BEGIN
  SELECT COUNT(*)
    INTO v_count
    FROM customers e26856649_1
   WHERE country_id = p_country_id;
  RETURN v_count;
END;
/

SELECT country_id, cust_first_name, f_count_obj(country_id) AS cnt
  FROM customers
 WHERE country_id IN (52778, 52772);

4049 rows selected.
```

我们建立了函数，并在查询中调用，返回 4049 行，来看下函数内语句的 PLAN：

```
PLAN_TABLE_OUTPUT
```

```
--------------------------------------------------------------------------
SQL_ID  55x5t37rtuwpa, child number 0
--------------------------------------
SELECT COUNT(*) FROM CUSTOMERS E26856649_1 WHERE COUNTRY_ID = :B1

Plan hash value: 2792939239

--------------------------------------------------------------------------
| Id  | Operation          | Name           | Starts | E-Rows | A-Rows |
--------------------------------------------------------------------------
|   0 | SELECT STATEMENT   |                |   4049 |        |   4049 |
|   1 |  SORT AGGREGATE    |                |   4049 |      1 |   4049 |
|*  2 |   INDEX RANGE SCAN| IDX_CUSTOMERS |   4049 |   2010 |   8197K|
--------------------------------------------------------------------------

Predicate Information (identified by operation id):
---------------------------------------------------

   2 - access("COUNTRY_ID"=TO_NUMBER(:B1))
```

通过该 PLAN 可以看出，该函数执行了 4049 次，也就是一行执行一次。而该案例中 COUNTRY_ID 的值只有两个，在这种参数值较少的情况下，如果无法去掉函数我们可以加一个参数：

```
CREATE OR REPLACE FUNCTION f_count_obj2(p_country_id VARCHAR2)
  RETURN NUMBER DETERMINISTIC AS
  v_count NUMBER;
BEGIN
  SELECT
   COUNT(*)
    INTO v_count
    FROM customers e26856649_2
   WHERE country_id = p_country_id;
  RETURN v_count;
END;
/
```

再次执行查询并查看 PLAN：

```
PLAN_TABLE_OUTPUT
--------------------------------------------------------------------------
SQL_ID  15g7hnqbtavdb, child number 0
```

```
----------------------------------------
SELECT COUNT(*) FROM CUSTOMERS E26856649_2 WHERE COUNTRY_ID = :B1

Plan hash value: 2792939239

-----------------------------------------------------------------------------
| Id  | Operation          | Name          | Starts | E-Rows | A-Rows |
-----------------------------------------------------------------------------
|   0 | SELECT STATEMENT   |               |    272 |        |    272 |
|   1 |  SORT AGGREGATE    |               |    272 |      1 |    272 |
|*  2 |   INDEX RANGE SCAN| IDX_CUSTOMERS |    272 |   2010 |   550K|
-----------------------------------------------------------------------------

Predicate Information (identified by operation id):
---------------------------------------------------

   2 - access("COUNTRY_ID"=TO_NUMBER(:B1))
```

可以看到参数“DETERMINISTIC”有一定的作用，可以使函数的执行次数减少。当然如果函数简单且条件允许，最好去掉参数，直接改用语句代替：

```
SELECT o.country_id,
       o.cust_first_name,
       (SELECT COUNT(*) FROM customers t WHERE t.country_id = o.country_id)
AS cnt
  FROM customers o
 WHERE country_id IN (52778, 52772)
/
select * from table(dbms_xplan.display_cursor(null,0,'iostats last note'))
/
Plan hash value: 2638415113

------------------------------------------------------------------------------------
| Id  | Operation                      | Name          |Starts | E-Rows | A-Rows |
------------------------------------------------------------------------------------
|   0 | SELECT STATEMENT               |               |     1 |        |   4049 |
|   1 |  SORT AGGREGATE                |               |     2 |      1 |      2 |
|*  2 |   INDEX RANGE SCAN             |IDX_CUSTOMERS|     2 |    737 |   4049 |
|   3 |  INLIST ITERATOR               |               |     1 |        |   4049 |
|   4 |   TABLE ACCESS BY INDEX ROWID|CUSTOMERS|     2 |   5091 |   4049 |
|*  5 |    INDEX RANGE SCAN            |IDX_CUSTOMERS|     2 |    295 |   4049 |
------------------------------------------------------------------------------------
```

去掉函数，直接用函数内的语句来代替后，这个语句只执行了**两次**。

14.41　纠结的 MERGE 语句

网友发来语句及 PLAN，问能不能把 BUFFER SORT 去掉。我们来模拟下这个案例：

```
CREATE TABLE T14_41_A AS
SELECT department_id AS deptno,
       department_name AS dname,
       0 AS dept_cnt,
       0 AS salary,
       '20130101' AS b_date,
       round(dbms_random.value) AS state
  FROM oe.departments;

CREATE TABLE T14_41_B AS
SELECT department_id AS deptno,
       '20130101' AS b_date,
       COUNT(*) AS dept_cnt,
       SUM(salary) AS salary
  FROM oe.employees
 GROUP BY department_id;

MERGE INTO t14_41_a a
USING (SELECT t.deptno, t.dept_cnt, t.salary
         FROM t14_41_b t,
              t14_41_a t1
        WHERE t1.b_date = '20130101'
          AND t.b_date = '20130101'
          AND t1.state = 0
        GROUP BY t.deptno, t.dept_cnt, t.salary) ng
ON (ng.deptno = a.deptno)
WHEN MATCHED THEN
  UPDATE
     SET a.dept_cnt = ng.dept_cnt,
         a.salary   = ng.salary
   WHERE a.b_date = '20130101';

Plan Hash Value  : 3402881867
```

```
------------------------------------------------------------------------
|Id   | Operation                    | Name     |Rows|Bytes|Cost| Time     |
------------------------------------------------------------------------
|   0 | MERGE STATEMENT              |          |120 |13800| 19 | 00:00:01 |
|   1 |  MERGE                       |T14_41_A|     |     |    |          |
|   2 |   VIEW                       |          |    |     |    |          |
| * 3 |    HASH JOIN                 |          |120 |15600| 19 | 00:00:01 |
|   4 |     TABLE ACCESS FULL        |T14_41_A| 27 |2457 |  3 | 00:00:01 |
|   5 |     VIEW                     |          |120 |4680 | 16 | 00:00:01 |
|   6 |      SORT GROUP BY           |          |120 |8640 | 16 | 00:00:01 |
|   7 |       MERGE JOIN CARTESIAN|          |120 |8640 | 15 | 00:00:01 |
| * 8 |        TABLE ACCESS FULL     |T14_41_A| 10 | 230 |  3 | 00:00:01 |
|   9 |        BUFFER SORT           |          | 12 | 588 | 13 | 00:00:01 |
|* 10 |         TABLE ACCESS FULL    |T14_41_B| 12 | 588 |  1 | 00:00:01 |
------------------------------------------------------------------------
```

其实这个案例的要点不在于上面的 BUFFER SORT，而在于子查询里只用到了 T 表的信息，而 T1 的作用可以忽略不计。这也是产生笛卡儿的原因：

```
SELECT t.deptno, t.dept_cnt, t.salary
  FROM t14_41_b t,
       t14_41_a t1
 WHERE t1.b_date = '20130101'
   AND t.b_date = '20130101'
   AND t1.state = 0
 GROUP BY t.deptno, t.dept_cnt, t.salary
```

经确认，这里确实应该增加一个关联条件，于是原语句变为：

```
MERGE INTO t14_41_a a
USING (SELECT t.deptno, t.dept_cnt, t.salary
         FROM t14_41_b t,
              t14_41_a t1
        WHERE t1.b_date = '20130101'
          AND t.b_date = '20130101'
          AND t1.state = 0
          AND t1.deptno = t.deptno
        GROUP BY t.deptno, t.dept_cnt, t.salary) ng
ON (ng.deptno = a.deptno)
WHEN MATCHED THEN
  UPDATE
     SET a.dept_cnt = ng.dept_cnt,
```

```
    a.salary    = ng.salary
 WHERE a.b_date = '20130101';
```

同样，经过确认 DEPTNO 为 T1 的唯一列。该查询对应的原始 UPDATE 应该为：

```
UPDATE t14_41_a a
   SET (a.dept_cnt, a.salary) =
       (SELECT t.dept_cnt, t.salary
          FROM t14_41_b t
         WHERE t.deptno = a.deptno
           AND t.b_date = '20130101')
 WHERE a.b_date = '20130101'
   AND a.state = 0
   AND EXISTS (SELECT t.dept_cnt, t.salary
          FROM t14_41_b t
         WHERE t.deptno = a.deptno
           AND t.b_date = '20130101');
```

这种语句改写时，T1 不需要放在子查询中：

```
MERGE INTO (SELECT *
              FROM t14_41_a a
             WHERE a.b_date = '20130101'
               AND a.state = 0) a
USING (SELECT t.deptno, t.dept_cnt, t.salary
         FROM t14_41_b t
        WHERE t.b_date = '20130101'
        GROUP BY t.deptno, t.dept_cnt, t.salary) ng
ON (ng.deptno = a.deptno)
WHEN MATCHED THEN
  UPDATE
     SET a.dept_cnt = ng.dept_cnt,
         a.salary   = ng.salary;

Plan Hash Value  : 2402672604

------------------------------------------------------------------------------
| Id  | Operation             | Name     |Rows |Bytes |Cost | Time     |
------------------------------------------------------------------------------
|   0 | MERGE STATEMENT       |          |   4 |  300 |   7 | 00:00:01 |
|   1 |  MERGE                |T14_41_A|   |      |     |          |
|   2 |   VIEW                |          |     |      |     |          |
| * 3 |    HASH JOIN          |          |   4 |  520 |   7 | 00:00:01 |
```

```
| * 4 |      TABLE ACCESS FULL  |T14_41_A| 10 |  910 |   3 | 00:00:01 |
|   5 |      VIEW               |        | 12 |  468 |   4 | 00:00:01 |
|   6 |       SORT GROUP BY     |        | 12 |  588 |   4 | 00:00:01 |
| * 7 |        TABLE ACCESS FULL|T14_41_B| 12 |  588 |   3 | 00:00:01 |
-----------------------------------------------------------------------
```

语句对了，“BUFFER SORT”也没了。

14.42 用 CASE WHEN 去掉 UNION ALL

下面这个语句有点长，因取值条件及分类汇总方式不同，用了三个 UNION ALL 语句来组合数据。

```
explain plan for select case when substr(a.dept_id,1,4)='0101' then '0101'
                    when substr(a.dept_id,1,4)='0102' then '0102'
                    when substr(a.dept_id,1,4)='0103' then '0103'
                    when substr(a.dept_id,1,4)='0104' then '0104'
                    when substr(a.dept_id,1,4)='0105' then '0105'
                    when substr(a.dept_id,1,4)='0106' then'0106'end dept,
    a.dept_id dept_id,nvl((select dept.c_dept_name from infor_dept dept where
dept.c_dept_id = a.dept_id),'合计') as c_dept_name,
    sum(m2013) m2013,sum(ps2013) ps2013,sum(sl2013) sl2013,
    sum(vm2013) vm2013,sum(vps2013) vps2013,sum(vrs2013) rs2013, sum(vsl2013)
vsl2013,
    sum(m201311)m201311,sum(ps201311)   ps201311,sum(rs201311)   rs201311,
sum(sl201311) sl201311,
    sum(m201313)  m201313,sum(ps201313)   ps201313,sum(rs201313)   rs201313,
sum(sl201313) sl201313,
    sum(m201312)  m201312,sum(ps201312)   ps201312,sum(rs201312)   rs201312,
sum(sl201312)  sl201312,
    sum(m2012) m2012,sum(ps2012) ps2012,sum(sl2012) sl2012,
    sum(vm2012) vm2012,sum(vps2012) vps2012,sum(vrs2012) vrs2012, sum(vsl2012)
vsl2012 ,
    sum(m201211)  m201211,sum(ps201211)   ps201211,sum(rs201211)   rs201211,
sum(sl201211) sl201211,
    sum(m201213)  m201213,sum(ps201213)   ps201213,sum(rs201213)   rs201213,
sum(sl201213)  sl201213,
    sum(m201212)  m201212,sum(ps201212)   ps201212,sum(rs201212)   rs201212,
sum(sl201212)  sl201212
```

```
  from (
   select  /*+ index(s I_BI_XY) */ substr(s.c_dept_id,1,6) as dept_id ,
   sum(n_m+n_de_discc_b)   m2013,count(distinct   s.c_detail_id)  ps2013,
sum(s.n_num) sl2013,
   sum(decode(s.c_s_type,'01',(s.n_m+s.n_de_discc_b))) vm2013,
   count( distinct decode(s.c_s_type,'01',s.c_detail_id))vps2013 ,
   count( distinct decode(s.c_s_type,'01',s.c_cust_id)) vrs2013,
   sum(decode(s.c_s_type,'01',s.n_num)) vsl2013,
   sum(decode(s.c_v_type,'11',(s.n_m+s.n_de_discc_b))) m201311,
   count( distinct decode(s.c_v_type,'11',s.c_detail_id)) ps201311,
   count( distinct decode(s.c_v_type,'11',s.c_cust_id)) rs201311,
   sum(decode(s.c_v_type,'11',s.n_num)) sl201311,
   sum(decode(s.c_v_type,'13',(s.n_m+s.n_de_discc_b))) m201313,
   count( distinct decode(s.c_v_type,'13',s.c_detail_id)) ps201313,
   count( distinct decode(s.c_v_type,'13',s.c_cust_id)) rs201313,
   sum(decode(s.c_v_type,'13',s.n_num)) sl201313,
   sum(decode(s.c_v_type,'12',(s.n_m+s.n_de_discc_b))) m201312,
   count( distinct decode(s.c_v_type,'12',s.c_detail_id)) ps201312,
   count( distinct decode(s.c_v_type,'12',s.c_cust_id)) rs201312,
   sum(decode(s.c_v_type,'12',s.n_num)) sl201312,
   0  m2012,0 ps2012,0 sl2012,
   0  vm2012,0 vps2012 ,0  vrs2012,0  vsl2012,
   0  m201211,0 ps201211,0  rs201211,0  sl201211,
   0  m201213,0  ps201213,0  rs201213,0  sl201213,
   0  m201212,0  ps201212,0  rs201212,0  sl201212
   from bi s
   where s.d_retail_time>=to_date('20131101','yyyymmdd')
   and s.d_retail_time<to_date('20131201','yyyymmdd')
   and s.c_dept_id like '01%'
   group by substr(s.c_dept_id,1,6)
   union all
   select  /*+ index(s I_BI_XY) */ substr(s.c_dept_id,1,6) as dept_id ,
   0  m2013,0 ps2013,0 sl2013,
   0  vm2013,0  vps2013  ,0  vrs2013,0  vsl2013,
   0  m201311,0  ps201311,0  rs201311,0  sl201311,
   0 m201313,0  ps201313,0 rs201313,0 sl201313,
   0 m201312,0 ps201312,0 rs201312,0 sl201312,
   sum(n_m+n_de_discc_b)   m2012,count(distinct   s.c_detail_id)   ps2012,
sum(s.n_num) sl2012,
   sum(decode(s.c_s_type,'01',(s.n_m+s.n_de_discc_b))) vm2012,
```

```
count( distinct decode(s.c_s_type,'01',s.c_detail_id))vps2012 ,
count( distinct decode(s.c_s_type,'01',s.c_cust_id)) vrs2012,
sum(decode(s.c_s_type,'01',s.n_num)) vsl2012,
sum(decode(s.c_v_type,'11',(s.n_m+s.n_de_discc_b))) m201211,
count( distinct decode(s.c_v_type,'11',s.c_detail_id)) ps201211,
count( distinct decode(s.c_v_type,'11',s.c_cust_id)) rs201211,
sum(decode(s.c_v_type,'11',s.n_num)) sl201211,
sum(decode(s.c_v_type,'13',(s.n_m+s.n_de_discc_b))) m201213,
count( distinct decode(s.c_v_type,'13',s.c_detail_id)) ps201213,
count( distinct decode(s.c_v_type,'13',s.c_cust_id)) rs201213,
sum(decode(s.c_v_type,'13',s.n_num)) sl201213,
sum(decode(s.c_v_type,'12',(s.n_m+s.n_de_discc_b))) m201212,
count( distinct decode(s.c_v_type,'12',s.c_detail_id)) ps201212,
count( distinct decode(s.c_v_type,'12',s.c_cust_id)) rs201212,
sum(decode(s.c_v_type,'12',s.n_num)) sl201212
from  bi           s
where s.d_retail_time>=to_date('20121101','yyyymmdd')
and s.d_retail_time<to_date('20121201','yyyymmdd')
and s.c_dept_id like '01%'
group by substr(s.c_dept_id,1,6)
) a
group by rollup (case when substr(a.dept_id,1,4)='0101' then '0101'
                      when substr(a.dept_id,1,4)='0102' then '0102'
                      when substr(a.dept_id,1,4)='0103' then '0103'
                      when substr(a.dept_id,1,4)='0104' then '0104'
                      when substr(a.dept_id,1,4)='0105' then '0105'
                      when  substr(a.dept_id,1,4)='0106' then '0106'end  ,
a.dept_id )
union all
select case when substr(a.dept_id,1,2)='02' then '02'end dept,
a.dept_id dept_id,nvl((select dept.c_dept_name from infor_dept dept where
dept.c_dept_id = a.dept_id),'合计') as c_dept_name,
sum(m2013) m2013,sum(ps2013) ps2013,sum(sl2013) sl2013,
sum(vm2013) vm2013,sum(vps2013) vps2013,sum(vrs2013) vrs2013, sum(vsl2013)
vsl2013,
sum(m201311)  m201311,sum(ps201311)  ps201311,sum(rs201311)  rs201311,
sum(sl201311) sl201311,
sum(m201313)  m201313,sum(ps201313)  ps201313,sum(rs201313)  rs201313,
sum(sl201313) sl201313,
sum(m201312)  m201312,sum(ps201312)  ps201312,sum(rs201312)  rs201312,
```

```
sum(sl201312)  sl201312,
   sum(m2012) m2012,sum(ps2012) ps2012,sum(sl2012) sl2012,
   sum(vm2012) vm2012,sum(vps2012) vps2012,sum(vrs2012) vrs2012, sum(vsl2012)
vsl2012 ,
   sum(m201211)   m201211,sum(ps201211)   ps201211,sum(rs201211)   rs201211,
sum(sl201211) sl201211,
   sum(m201213)   m201213,sum(ps201213)   ps201213,sum(rs201213)   rs201213,
sum(sl201213)  sl201213,
   sum(m201212)   m201212,sum(ps201212)   ps201212,sum(rs201212)   rs201212,
sum(sl201212)  sl201212
    from (
   select  /*+ index(s I_BI_XY) */ substr(s.c_dept_id,1,6) as dept_id ,
   sum(n_m+n_de_discc_b)    m2013,count(distinct    s.c_detail_id)   ps2013,
sum(s.n_num) sl2013,
   sum(decode(s.c_s_type,'01',(s.n_m+s.n_de_discc_b))) vm2013,
   count( distinct decode(s.c_s_type,'01',s.c_detail_id))vps2013 ,
   count( distinct decode(s.c_s_type,'01',s.c_cust_id)) vrs2013,
   sum(decode(s.c_s_type,'01',s.n_num)) vsl2013,
   sum(decode(s.c_v_type,'11',(s.n_m+s.n_de_discc_b))) m201311,
   count( distinct decode(s.c_v_type,'11',s.c_detail_id)) ps201311,
   count( distinct decode(s.c_v_type,'11',s.c_cust_id)) rs201311,
   sum(decode(s.c_v_type,'11',s.n_num)) sl201311,
   sum(decode(s.c_v_type,'13',(s.n_m+s.n_de_discc_b))) m201313,
   count( distinct decode(s.c_v_type,'13',s.c_detail_id)) ps201313,
   count( distinct decode(s.c_v_type,'13',s.c_cust_id)) rs201313,
   sum(decode(s.c_v_type,'13',s.n_num)) sl201313,
   sum(decode(s.c_v_type,'12',(s.n_m+s.n_de_discc_b))) m201312,
   count( distinct decode(s.c_v_type,'12',s.c_detail_id)) ps201312,
   count( distinct decode(s.c_v_type,'12',s.c_cust_id)) rs201312,
   sum(decode(s.c_v_type,'12',s.n_num)) sl201312,
   0  m2012,0 ps2012,0 sl2012,
   0 vm2012,0 vps2012 ,0  vrs2012,0  vsl2012,
   0  m201211,0  ps201211,0  rs201211,0  sl201211,
   0  m201213,0  ps201213,0  rs201213,0  sl201213,
   0  m201212,0  ps201212,0  rs201212,0  sl201212
   from bi        s
   where s.d_retail_time>=to_date('20131101','yyyymmdd')
   and s.d_retail_time<to_date('20131201','yyyymmdd')
   and s.c_dept_id like '02%'
   group by substr(s.c_dept_id,1,6)
```

```
    union all
    select  /*+ index(s I_BI_XY) */ substr(s.c_dept_id,1,6) as dept_id ,
    0 m2013,0 ps2013,0 sl2013,
    0 vm2013,0  vps2013 ,0 vrs2013,0  vsl2013,
    0 m201311,0 ps201311,0 rs201311,0 sl201311,
    0 m201313,0 ps201313,0 rs201313,0 sl201313,
    0 m201312,0 ps201312,0 rs201312,0 sl201312,
    sum(n_m+n_de_discc_b)    m2012,count(distinct    s.c_detail_id)    ps2012,
sum(s.n_num) sl2012,
    sum(decode(s.c_s_type,'01',(s.n_m+s.n_de_discc_b))) vm2012,
    count( distinct decode(s.c_s_type,'01',s.c_detail_id))vps2012 ,
    count( distinct decode(s.c_s_type,'01',s.c_cust_id)) vrs2012,
    sum(decode(s.c_s_type,'01',s.n_num)) vsl2012,
    sum(decode(s.c_v_type,'11',(s.n_m+s.n_de_discc_b))) m201211,
    count( distinct decode(s.c_v_type,'11',s.c_detail_id)) ps201211,
    count( distinct decode(s.c_v_type,'11',s.c_cust_id)) rs201211,
    sum(decode(s.c_v_type,'11',s.n_num)) sl201211,
    sum(decode(s.c_v_type,'13',(s.n_m+s.n_de_discc_b))) m201213,
    count( distinct decode(s.c_v_type,'13',s.c_detail_id)) ps201213,
    count( distinct decode(s.c_v_type,'13',s.c_cust_id)) rs201213,
    sum(decode(s.c_v_type,'13',s.n_num)) sl201213,
    sum(decode(s.c_v_type,'12',(s.n_m+s.n_de_discc_b))) m201212,
    count( distinct decode(s.c_v_type,'12',s.c_detail_id)) ps201212,
    count( distinct decode(s.c_v_type,'12',s.c_cust_id)) rs201212,
    sum(decode(s.c_v_type,'12',s.n_num)) sl201212
    from  bi              s
    where s.d_retail_time>=to_date('20121101','yyyymmdd')
    and s.d_retail_time<to_date('20121201','yyyymmdd')
    and s.c_dept_id like '02%'
    group by substr(s.c_dept_id,1,6)
    ) a
    group by rollup (case when substr(a.dept_id,1,2)='02' then '02'end   ,
a.dept_id )
    union all
    select case when substr(a.dept_id,1,2)='03' then '03'end dept,
    a.dept_id dept_id,nvl((select dept.c_dept_name from infor_dept dept where
dept.c_dept_id = a.dept_id),'合计') as c_dept_name,
    sum(m2013) m2013,sum(ps2013) ps2013,sum(sl2013) sl2013,
    sum(vm2013) vm2013,sum(vps2013) vps2013,sum(vrs2013) vrs2013, sum(vsl2013)
vsl2013 ,
```

```
    sum(m201311)  m201311,sum(ps201311)  ps201311,sum(rs201311)  rs201311,
sum(sl201311) sl201311,
    sum(m201313)  m201313,sum(ps201313)  ps201313,sum(rs201313)  rs201313,
sum(sl201313)  sl201313,
    sum(m201312)  m201312,sum(ps201312)  ps201312,sum(rs201312) rs201312,
sum(sl201312)  sl201312,
    sum(m2012) m2012,sum(ps2012) ps2012,sum(sl2012) sl2012,
    sum(vm2012) vm2012,sum(vps2012) vps2012,sum(vrs2012) vrs2012, sum(vsl2012)
vsl2012,
    sum(m201211)  m201211,sum(ps201211)  ps201211,sum(rs201211)  rs201211,
sum(sl201211) sl201211,
    sum(m201213)  m201213,sum(ps201213)  ps201213,sum(rs201213)  rs201213,
sum(sl201213)  sl201213,
    sum(m201212)  m201212,sum(ps201212)  ps201212,sum(rs201212)  rs201212,
sum(sl201212)  sl201212
     from (
    select  /*+ index(s I_BI_XY) */ s.c_dept_id as dept_id ,
    sum(n_m+n_de_discc_b)   m2013,count(distinct   s.c_detail_id)  ps2013,
sum(s.n_num) sl2013,
    sum(decode(s.c_s_type,'01',(s.n_m+s.n_de_discc_b))) vm2013,
    count( distinct decode(s.c_s_type,'01',s.c_detail_id))vps2013 ,
    count( distinct decode(s.c_s_type,'01',s.c_cust_id)) vrs2013,
    sum(decode(s.c_s_type,'01',s.n_num)) vsl2013,
    sum(decode(s.c_v_type,'11',(s.n_m+s.n_de_discc_b))) m201311,
    count( distinct decode(s.c_v_type,'11',s.c_detail_id)) ps201311,
    count( distinct decode(s.c_v_type,'11',s.c_cust_id)) rs201311,
    sum(decode(s.c_v_type,'11',s.n_num)) sl201311,
    sum(decode(s.c_v_type,'13',(s.n_m+s.n_de_discc_b))) m201313,
    count( distinct decode(s.c_v_type,'13',s.c_detail_id)) ps201313,
    count( distinct decode(s.c_v_type,'13',s.c_cust_id)) rs201313,
    sum(decode(s.c_v_type,'13',s.n_num)) sl201313,
    sum(decode(s.c_v_type,'12',(s.n_m+s.n_de_discc_b))) m201312,
    count( distinct decode(s.c_v_type,'12',s.c_detail_id)) ps201312,
    count( distinct decode(s.c_v_type,'12',s.c_cust_id)) rs201312,
    sum(decode(s.c_v_type,'12',s.n_num)) sl201312,
    0  m2012,0 ps2012,0 sl2012,
    0  vm2012,0 vps2012 ,0  vrs2012,0  vsl2012,
    0  m201211,0  ps201211,0  rs201211,0  sl201211,
    0  m201213,0  ps201213,0  rs201213,0  sl201213,
    0  m201212,0  ps201212,0  rs201212,0  sl201212
```

```
    from bi              s
    where s.d_retail_time>=to_date('20131101','yyyymmdd')
    and s.d_retail_time<to_date('20131201','yyyymmdd')
    and s.c_dept_id like '03%'
    group by s.c_dept_id
    union all
    select  /*+ index(s I_BI_XY) */ s.c_dept_id as dept_id ,
    0  m2013,0 ps2013,0 sl2013,
    0  vm2013,0  vps2013 ,0  vrs2013,0  vsl2013,
    0  m201311,0  ps201311,0  rs201311,0  sl201311,
    0 m201313,0  ps201313,0 rs201313,0 sl201313,
    0 m201312,0 ps201312,0 rs201312,0 sl201312,
    sum(n_m+n_de_discc_b)    m2012,count(distinct    s.c_detail_id)    ps2012,
sum(s.n_num) sl2012,
    sum(decode(s.c_s_type,'01',(s.n_m+s.n_de_discc_b))) vm2012,
    count( distinct decode(s.c_s_type,'01',s.c_detail_id))vps2012 ,
    count( distinct decode(s.c_s_type,'01',s.c_cust_id)) vrs2012,
    sum(decode(s.c_s_type,'01',s.n_num)) vsl2012,
    sum(decode(s.c_v_type,'11',(s.n_m+s.n_de_discc_b))) m201211,
    count( distinct decode(s.c_v_type,'11',s.c_detail_id)) ps201211,
    count( distinct decode(s.c_v_type,'11',s.c_cust_id)) rs201211,
    sum(decode(s.c_v_type,'11',s.n_num)) sl201211,
    sum(decode(s.c_v_type,'13',(s.n_m+s.n_de_discc_b))) m201213,
    count( distinct decode(s.c_v_type,'13',s.c_detail_id)) ps201213,
    count( distinct decode(s.c_v_type,'13',s.c_cust_id)) rs201213,
    sum(decode(s.c_v_type,'13',s.n_num)) sl201213,
    sum(decode(s.c_v_type,'12',(s.n_m+s.n_de_discc_b))) m201212,
    count( distinct decode(s.c_v_type,'12',s.c_detail_id)) ps201212,
    count( distinct decode(s.c_v_type,'12',s.c_cust_id)) rs201212,
    sum(decode(s.c_v_type,'12',s.n_num)) sl201212
    from  bi             s
    where s.d_retail_time>=to_date('20121101','yyyymmdd')
    and s.d_retail_time<to_date('20121201','yyyymmdd')
    and s.c_dept_id like '03%'
    group by s.c_dept_id
    ) a
    group by rollup (case when substr(a.dept_id,1,2)='03' then '03'end    ,
a.dept_id );
```

这个语句主要部分的 PLAN 如下图所示。

```
------------------------------------------------------------------------------------------------------------
|   0 | SELECT STATEMENT                |          | 3930K| 1880M|      | 1094K (85)| 03:38:49 |
|   1 |  UNION-ALL                      |          |      |      |      |           |          |
|   2 |   SORT GROUP BY ROLLUP          |          |  553K|  264M|      |  167K  (1)| 00:33:32 |
|   3 |    VIEW                         |          |  553K|  264M|      |  167K  (1)| 00:33:32 |
|   4 |     UNION-ALL                   |          |      |      |      |           |          |
|   5 |      SORT GROUP BY              |          |  276K|   15M|   23M| 18320  (1)| 00:03:40 |
|   6 |       TABLE ACCESS BY INDEX ROWID| bi      |  292K|   16M|      | 14233  (1)| 00:02:51 |
|*  7 |        INDEX SKIP SCAN          | I_BI_XY  | 10339 |     |      |  9603  (1)| 00:01:56 |
|   8 |      SORT GROUP BY              |          |  276K|   15M|   23M|  149K  (1)| 00:29:52 |
|   9 |       TABLE ACCESS BY INDEX ROWID| bi      |  292K|   16M|      |  145K  (1)| 00:29:03 |
|* 10 |        INDEX RANGE SCAN         | I_BI_XY  |  292K|      |      | 14157  (1)| 00:02:50 |
|  11 |   SORT GROUP BY ROLLUP          |          | 2679K| 1282M|      |  721K  (1)| 02:24:16 |
|  12 |    VIEW                         |          | 2679K| 1282M|      |  720K  (1)| 02:24:12 |
|  13 |     UNION-ALL                   |          |      |      |      |           |          |
|  14 |      SORT GROUP BY              |          | 1339K|   76M|  114M| 52499  (1)| 00:10:30 |
|  15 |       TABLE ACCESS BY INDEX ROWID| bi      | 1416K|   81M|      | 32701  (1)| 00:06:33 |
|* 16 |        INDEX SKIP SCAN          | I_BI_XY  | 50068 |     |      | 10277  (1)| 00:02:04 |
|  17 |      SORT GROUP BY              |          | 1339K|   76M|  114M|  668K  (1)| 02:13:42 |
|  18 |       TABLE ACCESS BY INDEX ROWID| bi      | 1416K|   81M|      |  648K  (1)| 02:09:44 |
|* 19 |        INDEX RANGE SCAN         | I_BI_XY  | 1416K|      |      | 14157  (1)| 00:02:50 |
|  20 |   SORT GROUP BY ROLLUP          |          |  697K|  333M|      |  205K  (1)| 00:41:03 |
|  21 |    VIEW                         |          |  697K|  333M|      |  205K  (1)| 00:41:02 |
|  22 |     UNION-ALL                   |          |      |      |      |           |          |
|  23 |      SORT GROUP BY              |          |  348K|   19M|   29M| 20594  (1)| 00:04:08 |
|  24 |       TABLE ACCESS BY INDEX ROWID| bi      |  368K|   21M|      | 15442  (1)| 00:03:06 |
|* 25 |        INDEX SKIP SCAN          | I_BI_XY  | 13035 |     |      |  9603  (1)| 00:01:56 |
|  26 |      SORT GROUP BY              |          |  348K|   19M|   29M|  184K  (1)| 00:36:55 |
|  27 |       TABLE ACCESS BY INDEX ROWID| bi      |  368K|   21M|      |  179K  (1)| 00:35:53 |
|* 28 |        INDEX RANGE SCAN         | I_BI_XY  |  368K|      |      | 14157  (1)| 00:02:50 |
------------------------------------------------------------------------------------------------------------
```

这个语句虽然很长，但通过 PLAN 来看反而更清晰，其架构是 UNION ALL 中嵌套了 UNION ALL：

```
SELECT xxx FROM (SELECT xxx FROM bi s UNION ALL SELECT xxx FROM bi s) a
UNION ALL
SELECT xxx FROM (SELECT xxx FROM bi s UNION ALL SELECT xxx FROM bi s) a
UNION ALL
SELECT xxx FROM (SELECT xxx FROM bi s UNION ALL SELECT xxx FROM bi s) a;
```

所以，第一步就是要搞清楚几个 UNION ALL 的区别，可以先忽略对结果影响不大的无关列，只保留原语句中粗体字部分：

```
SELECT CASE
         WHEN substr(a.dept_id, 1, 4) = '0101' THEN
          '0101'
         WHEN substr(a.dept_id, 1, 4) = '0102' THEN
          '0102'
         WHEN substr(a.dept_id, 1, 4) = '0103' THEN
          '0103'
         WHEN substr(a.dept_id, 1, 4) = '0104' THEN
          '0104'
         WHEN substr(a.dept_id, 1, 4) = '0105' THEN
          '0105'
         WHEN substr(a.dept_id, 1, 4) = '0106' THEN
          '0106'
       END dept,
```

```
       a.dept_id dept_id,
       nvl((SELECT dept.c_dept_name
             FROM infor_dept dept
            WHERE dept.c_dept_id = a.dept_id),
           '合计') AS c_dept_name,
       /*这里有很多列*/
       NULL
  FROM (SELECT /*+ index(s I_BI_XY) */
         substr(s.c_dept_id, 1, 6) AS dept_id,
         /*2013 的很多列*/
         NULL
          FROM bi s
         WHERE s.d_retail_time >= to_date('20131101', 'yyyymmdd')
           AND s.d_retail_time < to_date('20131201', 'yyyymmdd')
           AND s.c_dept_id LIKE '01%'
         GROUP BY substr(s.c_dept_id, 1, 6)
        UNION ALL
        SELECT /*+ index(s I_BI_XY) */
         substr(s.c_dept_id, 1, 6) AS dept_id,
         /*2012 的很多列*/
         NULL
          FROM bi s
         WHERE s.d_retail_time >= to_date('20121101', 'yyyymmdd')
           AND s.d_retail_time < to_date('20121201', 'yyyymmdd')
           AND s.c_dept_id LIKE '01%'
         GROUP BY substr(s.c_dept_id, 1, 6)) a
 GROUP BY ROLLUP(CASE
                   WHEN substr(a.dept_id, 1, 4) = '0101' THEN
                    '0101'
                   WHEN substr(a.dept_id, 1, 4) = '0102' THEN
                    '0102'
                   WHEN substr(a.dept_id, 1, 4) = '0103' THEN
                    '0103'
                   WHEN substr(a.dept_id, 1, 4) = '0104' THEN
                    '0104'
                   WHEN substr(a.dept_id, 1, 4) = '0105' THEN
                    '0105'
                   WHEN substr(a.dept_id, 1, 4) = '0106' THEN
                    '0106'
                 END,
                 a.dept_id)
UNION ALL
SELECT CASE
```

```
          WHEN substr(a.dept_id, 1, 2) = '02' THEN
           '02'
        END dept,
        a.dept_id dept_id,
        nvl((SELECT dept.c_dept_name
               FROM infor_dept dept
              WHERE dept.c_dept_id = a.dept_id),
             '合计') AS c_dept_name,
        /*这里有很多列*/
        NULL
   FROM (SELECT /*+ index(s I_BI_XY) */
          substr(s.c_dept_id, 1, 6) AS dept_id,
          /*2013 的很多列*/
          NULL
           FROM bi s
          WHERE s.d_retail_time >= to_date('20131101', 'yyyymmdd')
            AND s.d_retail_time < to_date('20131201', 'yyyymmdd')
            AND s.c_dept_id LIKE '02%'
          GROUP BY substr(s.c_dept_id, 1, 6)
         UNION ALL
         SELECT /*+ index(s I_BI_XY) */
          substr(s.c_dept_id, 1, 6) AS dept_id,
          /*2012 的很多列*/
          NULL
           FROM bi s
          WHERE s.d_retail_time >= to_date('20121101', 'yyyymmdd')
            AND s.d_retail_time < to_date('20121201', 'yyyymmdd')
            AND s.c_dept_id LIKE '02%'
          GROUP BY substr(s.c_dept_id, 1, 6)) a
  GROUP BY ROLLUP(CASE
                    WHEN substr(a.dept_id, 1, 2) = '02' THEN
                     '02'
                  END,
                  a.dept_id)
 UNION ALL
 SELECT CASE
          WHEN substr(a.dept_id, 1, 2) = '03' THEN
           '03'
        END dept,
        a.dept_id dept_id,
        nvl((SELECT dept.c_dept_name
               FROM infor_dept dept
              WHERE dept.c_dept_id = a.dept_id),
```

```
         '合计') AS c_dept_name,
      /*这里有很多列*/
      NULL
  FROM (SELECT /*+ index(s I_BI_XY) */
        s.c_dept_id AS dept_id,
        /*2013 的很多列*/
        NULL
         FROM bi s
        WHERE s.d_retail_time >= to_date('20131101', 'yyyymmdd')
          AND s.d_retail_time < to_date('20131201', 'yyyymmdd')
          AND s.c_dept_id LIKE '03%'
        GROUP BY s.c_dept_id
       UNION ALL
       SELECT /*+ index(s I_BI_XY) */
        s.c_dept_id AS dept_id,
        /*2012 的很多列*/
        NULL
         FROM bi s
        WHERE s.d_retail_time >= to_date('20121101', 'yyyymmdd')
          AND s.d_retail_time < to_date('20121201', 'yyyymmdd')
          AND s.c_dept_id LIKE '03%'
        GROUP BY s.c_dept_id) a
 GROUP BY ROLLUP(CASE
                   WHEN substr(a.dept_id, 1, 2) = '03' THEN
                    '03'
                 END,
                 a.dept_id);
```

虽然还是比较长，但比原来的语句清晰多了，这个查询内层的 UNION ALL 分别取 2012 年及 2013 年的数据，然后合并。因为分类方式（见里面的 c_dept_id）不同，所以又分成三部分，然后再次进行 UNION ALL 操作，使其成为一个结果。

遇到这种语句时，通常可以尝试用 WITH 语句，但 WITH 语句在过滤性较高的情形下才能提高效率。在这个查询中达不到这个要求，因为笔者建议网友改用 WITH 后效果不理想，而且运行更慢。

第二个思路关键在于原查询里外层的三个 UNION ALL。我们刚刚说了是因为对 c_dept_id 取值的不同而分成了三个部分，所以可以尝试用 CASE WHEN 语句把三个语句合并成一个，把 WHERE 中的条件合并，查询中不同的部分用 WITH 处理：

```
SELECT /*3.02 与 03 部分各合并为一个部门，01 要细分为 6 个部门*/
       CASE
```

```
            WHEN substr(a.dept_id, 1, 2) = '02' THEN
             '02'
            WHEN substr(a.dept_id, 1, 2) = '03' THEN
             '03'
            WHEN substr(a.dept_id, 1, 4) = '0101' THEN
             '0101'
            WHEN substr(a.dept_id, 1, 4) = '0102' THEN
             '0102'
            WHEN substr(a.dept_id, 1, 4) = '0103' THEN
             '0103'
            WHEN substr(a.dept_id, 1, 4) = '0104' THEN
             '0104'
            WHEN substr(a.dept_id, 1, 4) = '0105' THEN
             '0105'
            WHEN substr(a.dept_id, 1, 4) = '0106' THEN
             '0106'
          END dept,
          a.dept_id dept_id,
          nvl((SELECT dept.c_dept_name
                FROM infor_dept dept
               WHERE dept.c_dept_id = a.dept_id),
              '合计') AS c_dept_name,
          "这里有很多列"
     FROM (SELECT /*+ index(s I_BI_XY) */
            /*2. c_dept_id LIKE '03%' 使用的 c_dept_id，而其他两个用 substr */
            CASE
              WHEN s.c_dept_id LIKE '03%' THEN
               s.c_dept_id
              ELSE
               substr(s.c_dept_id, 1, 6)
            END AS dept_id,
            "2013 的很多列"
             FROM bi s
            WHERE s.d_retail_time >= to_date('20131101', 'yyyymmdd')
              AND s.d_retail_time < to_date('20131201', 'yyyymmdd')
              AND (s.c_dept_id LIKE '01%' OR s.c_dept_id LIKE '02%' OR
                  s.c_dept_id LIKE '03%')
            GROUP BY substr(s.c_dept_id, 1, 6)
           UNION ALL
           SELECT /*+ index(s I_BI_XY) */
            CASE
```

```
          WHEN s.c_dept_id LIKE '03%' THEN
           s.c_dept_id
          ELSE
           substr(s.c_dept_id, 1, 6)
        END AS dept_id,
        "2012 的很多列"
         FROM bi s
        WHERE s.d_retail_time >= to_date('20121101', 'yyyymmdd')
          AND s.d_retail_time < to_date('20121201', 'yyyymmdd')
          /*1. where 语句中不同的条件合并在一起 */
          AND (s.c_dept_id LIKE '01%' OR s.c_dept_id LIKE '02%' OR s.c_dept_id
LIKE '03%')
        GROUP BY substr(s.c_dept_id, 1, 6)) a
    GROUP BY ROLLUP(CASE
                      WHEN substr(a.dept_id, 1, 2) = '02' THEN
                       '02'
                      WHEN substr(a.dept_id, 1, 2) = '03' THEN
                       '03'
                      WHEN substr(a.dept_id, 1, 4) = '0101' THEN
                       '0101'
                      WHEN substr(a.dept_id, 1, 4) = '0102' THEN
                       '0102'
                      WHEN substr(a.dept_id, 1, 4) = '0103' THEN
                       '0103'
                      WHEN substr(a.dept_id, 1, 4) = '0104' THEN
                       '0104'
                      WHEN substr(a.dept_id, 1, 4) = '0105' THEN
                       '0105'
                      WHEN substr(a.dept_id, 1, 4) = '0106' THEN
                       '0106'
                    END,
                    a.dept_id)
```

大家可以对比一下，我们改动的主要就是三个地方，这样就可以节约近 2/3 的时间。根据网友的反馈，这种改写方式效果显著。至此，优化完成。

14.43　不恰当的 WITH 及标量子查询

在使用一个方法之前，知道它的用处及优缺点是很重要的，否则会犯一些不必要的错误。

```
 WITH wzxfl AS
  (SELECT *
     FROM (SELECT c.用户号,
                  df.总数量,
                  row_number() over(PARTITION BY c.类型 ORDER BY df.总数量 DESC)
AS 排名
             FROM customer c,
                  (SELECT d.用户号, nvl(SUM(d.总数量), '0') 总数量
                     FROM t_money d
                    WHERE d.mon >= 201301 AND d.mon <= 201309
                    GROUP BY d.用户号) df
            WHERE c.用户号 = df.用户号
              AND c.用户类型 IN ('10', '11', '20')) cc
    WHERE cc.排名 <= 3000)
 SELECT c.用户号,
        MAX(c.用户),
        MAX(c.地址),
        MAX(c.col11),
        MAX(h.总数量) 总数量13,
        MAX(h.排名) 排名,
        (SELECT SUM(d.总金额) FROM t_money d WHERE d.用户号 = c.用户号 AND d.mon
>= 201301 AND d.mon <= 201307 GROUP BY d.用户号) as 总金额13,
        (SELECT SUM(d.总数量) FROM t_money d WHERE d.用户号 = c.用户号 AND d.mon
>= 201201 AND d.mon <= 201207 GROUP BY d.用户号) as 总数量12,
        (SELECT SUM(d.总金额) FROM t_money d WHERE d.用户号 = c.用户号 AND d.mon
>= 201201 AND d.mon <= 201207 GROUP BY d.用户号) as 总金额12
   FROM customer c, wzxfl h
  WHERE c.用户号 = h.用户号
  GROUP BY c.用户号;
```

可以看到，写这个查询的人会用 WITH、标量子查询，还会使用分析函数。但具体怎么用并没有明确的思路。

首先我们看下 2013 年的两个数据：

```
                  (SELECT d.用户号, nvl(SUM(d.总数量), '0') 总数量
                     FROM t_money d
                    WHERE d.mon >= 201301 AND d.mon <= 201309
                    GROUP BY d.用户号) df
```

```
        (SELECT SUM(d.总金额) FROM t_money d WHERE d.用户号 = c.用户号 AND d.mon
>= 201301 AND d.mon <= 201307 GROUP BY d.用户号) as 总金额13,
```

因为第二个语句需要的行在第一个语句中已返回，所以我们只需要一个语句就可以了：

```
SELECT d.用户号,
       nvl(SUM(d.总数量), 0) 总数量,
       SUM(CASE WHEN mon <= 201307 THEN d.总金额 END) AS 总金额
  FROM t_money d
 WHERE d.mon >= 201301
   AND d.mon <= 201309
 GROUP BY d.用户号
```

再看另外两个标量子查询：

```
        (SELECT SUM(d.总数量) FROM t_money d WHERE d.用户号 = c.用户号 AND d.mon
>= 201201 AND d.mon <= 201207 GROUP BY d.用户号) as 总数量12,
        (SELECT SUM(d.总金额) FROM t_money d WHERE d.用户号 = c.用户号 AND d.mon
>= 201201 AND d.mon <= 201207 GROUP BY d.用户号) as 总金额12
```

条件一致，所以可合并为一个内联视图，然后通过关联取数：

```
SELECT d.用户号, SUM(d.总数量) AS 总数量, SUM(d.总金额) AS 总金额
  FROM t_money d
 WHERE d.mon >= 201201
   AND d.mon <= 201207
 GROUP BY d.用户号
```

而 CUSTOMER，我们可以只访问一次，取出所有信息：

```
SELECT c.*,
       df.总数量,
       df.总金额,
       row_number() over(PARTITION BY c.类型 ORDER BY df.总数量 DESC) AS 排名
  FROM customer c,
       (...) df
 WHERE c.用户号 = df.用户号
   AND c.用户类型 IN ('10', '11', '20')
```

这样，最终语句如下：

```
SELECT df13.用户号,
       df13.用户,
       df13.地址,
```

```
       df13.col11,
       df13.总数量,
       df13.排名,
       nvl(df13.总金额, 0) ,
       nvl(df12.总数量, 0) ,
       nvl(df12.总金额, 0)
  FROM (SELECT *
          FROM (SELECT c.*,
                       df.总数量,
                       df.总金额,
                       row_number() over(PARTITION BY c.类型 ORDER BY df.总数
量 DESC) AS 排名
                  FROM customer c,
                       (SELECT d.用户号,
                               nvl(SUM(d.总数量), 0) 总数量,
                               SUM(CASE WHEN mon <= 201307 THEN d.总金额 END) AS
总金额
                          FROM t_money d
                         WHERE d.mon >= 201301
                           AND d.mon <= 201309
                         GROUP BY d.用户号) df
                 WHERE c.用户号 = df.用户号
                   AND c.用户类型 IN ('10', '11', '20')) cc
         WHERE cc.排名 <= 3000) df13
  LEFT JOIN (SELECT d.用户号,
                    SUM(d.总数量) AS 总数量,
                    SUM(d.总金额) AS 总金额
               FROM t_money d
              WHERE d.mon >= 201201
                AND d.mon <= 201207
              GROUP BY d.用户号) df12 ON df12.用户号 = df13.用户号
```

14.44　用分析函数加"行转列"来优化标量子查询

分析函数不是 Oracle 的专利，SQL Server 中也有，来看下面的案例：

```
SELECT *
  FROM (SELECT userid,
               username,
               COUNT(userid) AS usercount,
```

```
            (CASE
             WHEN (COUNT(userid)) -
                   (SELECT COUNT(1)
                      FROM dbo.t1 AS c
                     WHERE userid = a.userid
                       AND state IN (0, 2)
                       AND createtime BETWEEN '2013.12.07 00:00:00.000' AND
'2013.12.19 23:59:59.999') <= 0 THEN
               0
             ELSE
              ((SELECT COUNT(*)
                  FROM dbo.t1 AS b
                 WHERE NOT EXISTS
                 (SELECT id FROM dbo.t2 WHERE oldtaskid = b.taskid)
                   AND (b.state = 1 OR b.state = 6)
                   AND b.userid = a.userid
                   AND createtime BETWEEN '2013.12.07 00:00:00.000' AND
                       '2013.12.19 23:59:59.999') / (COUNT(userid)) -
              (SELECT COUNT(1)
                  FROM dbo.t1 AS c
                 WHERE userid = a.userid
                   AND state IN (0, 2))) * 100
           END) AS correctrate,
           row_number() over(ORDER BY a.userid DESC) rownum
      FROM dbo.t1 AS a
     WHERE NOT EXISTS (SELECT id FROM dbo.t2 WHERE oldtaskid = a.taskid)
       AND createtime BETWEEN '2013.12.07 00:00:00.000' AND '2013.12.19
23:59:59.999'
     GROUP BY userid, username) AS z
 WHERE rownum BETWEEN 41 AND 60
```

下面按 Oracle 的优化思路进行修改。

这个查询对 t1 在标量子查询里访问了好几次，而且 state 和 createtime 条件各不相同，显示改为 LEFT JOIN 不合适。对这种情况，我们可以用分析函数通过 CASE WHEN 及嵌套后的过滤条件来得到不同的值，这样可以减少 t1 的扫描次数。

我们由最大范围开始一步步处理。

① 全表，因为全表计算次数时多了条件“state IN (0, 2)”，所以要放在 CASE WHEN 里。

```
SELECT COUNT(1) FROM dbo.t1 AS c WHERE userid = a.userid AND state IN (0,
```

```
2))
```

改为：

```
    WITH x1 AS
     (SELECT COUNT(CASE WHEN state IN (0, 2) THEN userid END) over(PARTITION BY
userid) AS ct2,
             userid,
             username,
             taskid,
             state,
             createtime
       FROM t1)
```

② 按时间过滤之后的计数：

```
    SELECT COUNT(1)
      FROM dbo.t1 AS c
     WHERE userid = a.userid
       AND state IN (0, 2)
       AND createtime BETWEEN '2013.12.07 00:00:00.000' AND '2013.12.19
23:59:59.999'
```

改为：

```
    x2 AS
     (SELECT COUNT(CASE WHEN state IN (0, 2) THEN userid END) over(PARTITION BY
userid) AS ct1,
             x1.*
       FROM x1
      WHERE createtime BETWEEN '2013.12.07 00:00:00.000' AND '2013.12.19
23:59:59.999')
```

剩余的计数与主查询范围一致：

```
    WITH x1 AS
     (SELECT COUNT(CASE WHEN state IN (0, 2) THEN userid END) over(PARTITION BY
userid) AS ct2,
             userid,
             username,
             taskid,
             state,
             createtime
       FROM t1),
```

```
x2 AS
 (SELECT COUNT(CASE WHEN state IN (0, 2) THEN userid END) over(PARTITION BY
userid) AS ct1,
        x1.*
   FROM x1
  WHERE createtime BETWEEN '2013.12.07 00:00:00.000' AND '2013.12.19
23:59:59.999')
SELECT *
  FROM (SELECT userid,
               username,
               COUNT(userid) AS usercount,
               (CASE
                 WHEN (COUNT(userid)) - MAX(a.ct1) <= 0 THEN
                  0
                 ELSE
                  (COUNT(CASE
                           WHEN state IN (1, 6) THEN
                            userid
                         END) / (COUNT(userid)) - MAX(a.ct2)) * 100
               END) AS correctrate,
               row_number() over(ORDER BY a.userid DESC) AS rn
          FROM x2 a
         WHERE NOT EXISTS (SELECT id FROM t2 WHERE oldtaskid = a.taskid)
         GROUP BY userid, username) z
 WHERE rn BETWEEN 41 AND 60
```

当然，这种方法在 SQL Server 中的效率如何还不得而知。

14.45 用分析函数处理问题

本案例的模拟数据如下：

```
DROP TABLE T14_15 PURGE;
CREATE TABLE t14_15(comdate,transdate,amount) AS
SELECT DATE '2013-01-31',DATE '2013-01-01',1  FROM dual UNION ALL
SELECT DATE '2013-01-31',DATE '2013-01-02',2  FROM dual UNION ALL
SELECT DATE '2013-02-28',DATE '2013-02-01',11 FROM dual UNION ALL
SELECT DATE '2013-02-28',DATE '2013-02-02',12 FROM dual;
/*
comdate -- 每月最后一天
```

```
transdate -- 每天的日期
amount-- 交易金额
要求查出:
每天的日期、
交易金额、
本月每日平均交易金额、
上月每日平均交易金额
表里存的是一天一条记录
*/
```

用标量子查询实现这个需求并不难:

```
SELECT comdate,
       transdate,
       amount,
       (SELECT AVG(b.amount) FROM t14_15 b WHERE b.comdate = a.comdate) AS
本月日均,
       (SELECT AVG(b.amount) FROM t14_15 b WHERE b.comdate = add_months
(a.comdate, -1)) AS 上月日均
  FROM t14_15 a
 ORDER BY 2;
```

只是这种写法运行起来可能会慢。

而用分析函数可以很容易地取出本月日均值:

```
SELECT transdate AS 日期,
       amount AS 交易金额,
       AVG(amount) over(PARTITION BY comdate) AS 本月日均
  FROM t14_15;

日期              交易金额      本月日均
---------- ---------- ----------
2013-01-01          1        1.5
2013-01-02          2        1.5
2013-02-01         11       11.5
2013-02-02         12       11.5

4 rows selected.
```

问题就在于怎么得到上月的数据，因为不是滑动开窗，所以 over(order by xx range)的方法在这里不适用。

下面一步步地进行操作。首先生成序号：

```
SELECT transdate AS 日期,
       amount AS 交易金额,
       AVG(amount) over(PARTITION BY comdate) AS 本月日均,
       /*按月分组，按日期排序，取出当前行在本月的序号*/
       row_number() over(PARTITION BY comdate ORDER BY transdate) AS seq
  FROM t14_15;

日期             交易金额      本月日均          SEQ
---------- ---------- ---------- ----------
2013-01-01          1        1.5          1
2013-01-02          2        1.5          2
2013-02-01         11       11.5          1
2013-02-02         12       11.5          2

4 rows selected.
```

我们知道，可以用 lag 取前面的数据，而 lag 的第二个参数指定了取前面第几行。这样就可以用 lag(,seq)取出对应的信息：

```
SELECT 日期,
       交易金额,
       本月日均,
       /*按内层取出的序号前移就是上一个月的数据*/
       lag(本月日均, seq) over(ORDER BY 日期) AS 上月日均
  FROM (SELECT transdate AS 日期,
               amount AS 交易金额,
               AVG(amount) over(PARTITION BY comdate) AS 本月日均,
               /*按月分组，按日期排序，取出当前行在本月的序号*/
               row_number() over(PARTITION BY comdate ORDER BY transdate) AS
seq
          FROM t14_15);

日期             交易金额      本月日均      上月日均
---------- ---------- ---------- ----------
2013-01-01          1        1.5
2013-01-02          2        1.5
2013-02-01         11       11.5        1.5
2013-02-02         12       11.5        1.5

4 rows selected.
```

14.46 用列转行改写 A 表多列关联 B 表同列

原语句如下：

```
SELECT gcc.segment1,
       ffv1.DESCRIPTION,
       gcc.segment3,
       ffv3.DESCRIPTION,
       gcc.segment2,
       ffv2.DESCRIPTION,
       gcc.segment4,
       ffv4.DESCRIPTION,
       gcc.segment5,
       ffv5.DESCRIPTION,
       gcc.segment6,
       ffv6.DESCRIPTION,
       gcc.segment7,
       gbb.period_name,
       gbb.period_net_dr - gbb.period_net_cr b_amount
  FROM apps.gl_balances          gbb,
       apps.gl_code_combinations gcc,
       apps.fnd_flex_values_vl   ffv1,
       apps.fnd_flex_values_vl   ffv2,
       apps.fnd_flex_values_vl   ffv3,
       apps.fnd_flex_values_vl   ffv4,
       apps.fnd_flex_values_vl   ffv5,
       apps.fnd_flex_values_vl   ffv6,
       apps.fnd_flex_value_sets  ffvs1,
       apps.fnd_flex_value_sets  ffvs2,
       apps.fnd_flex_value_sets  ffvs3,
       apps.fnd_flex_value_sets  ffvs4,
       apps.fnd_flex_value_sets  ffvs5,
       apps.fnd_flex_value_sets  ffvs6
 WHERE gbb.period_name = '2014-01'
   AND gbb.actual_flag = 'B'
   AND gbb.template_id IS NULL
   and gbb.currency_code = 'CNY'
   and gbb.code_combination_id = gcc.code_combination_id
   and ffv1.FLEX_VALUE = gcc.segment1
```

```
    and ffv2.FLEX_VALUE = gcc.segment2
    and ffv3.FLEX_VALUE = gcc.segment3
    and ffv4.FLEX_VALUE = gcc.segment4
    and ffv5.FLEX_VALUE = gcc.segment5
    and ffv6.FLEX_VALUE = gcc.segment6
    and ffv1.FLEX_VALUE_SET_ID = ffvs1.flex_value_set_id
    and ffvs1.flex_value_set_name = 'JI_COA_COM'
    and ffv2.FLEX_VALUE_SET_ID = ffvs2.flex_value_set_id
    and ffvs2.flex_value_set_name = 'JI_COA_CST'
    and ffv3.FLEX_VALUE_SET_ID = ffvs3.flex_value_set_id
    and ffvs3.flex_value_set_name = 'JI_COA_ACC'
    and ffv4.FLEX_VALUE_SET_ID = ffvs4.flex_value_set_id
    and ffvs4.flex_value_set_name = 'JI_COA_BRD'
    and ffv5.FLEX_VALUE_SET_ID = ffvs5.flex_value_set_id
    and ffvs5.flex_value_set_name = 'JI_COA_PRJ'
    and ffv6.FLEX_VALUE_SET_ID = ffvs6.flex_value_set_id
    and ffvs6.flex_value_set_name = 'JI_COA_ICP'
    and gbb.period_net_dr - gbb.period_net_cr <> 0
order by 1, 3;
```

PLAN 在这里省略，读者可以看笔者的博客（http://blog.csdn.net/jgmydsai/article/details/17580337）。

这里对 fnd_flex_values_vl 和 fnd_flex_value_sets 分别关联了 6 次，而且执行计划走的都是 NESTED LOOP。

有没有办法减少关联次数呢？通过观察，我们可以对 gl_code_combinations 做列转行。把几个 segment 列转为一列。这样再与两个 fnd 表关联时就可以只关联一次了。

数据都提出来后，再用 CASE WHEN 和 GROUP BY 做“行转列”，还原所需数据。

改后的语句如下：

```
WITH gcc0 AS
 (SELECT rownum AS sn,
         gcc.segment1,
         gcc.segment2,
         gcc.segment3,
         gcc.segment4,
         gcc.segment5,
         gcc.segment6,
         gcc.segment7,
```

```
        gbb.period_name,
        gbb.period_net_dr - gbb.period_net_cr b_amount
    FROM apps.gl_balances gbb, apps.gl_code_combinations gcc
   WHERE gbb.period_name = '2014-01'
     AND gbb.actual_flag = 'B'
     AND gbb.template_id IS NULL
     AND gbb.currency_code = 'CNY'
     AND gbb.code_combination_id = gcc.code_combination_id
     AND gbb.period_net_dr <> gbb.period_net_cr),
gcc AS
 (SELECT sn, flex_value_set_name, segment0, segment7, period_name, b_amount
  FROM gcc0
  unpivot(segment0 FOR flex_value_set_name IN(segment1 AS 'JI_COA_COM',
                                               segment2 AS 'JI_COA_CST',
                                               segment3 AS 'JI_COA_ACC',
                                               segment4 AS 'JI_COA_BRD',
                                               segment5 AS 'JI_COA_PRJ',
                                               segment6 AS 'JI_COA_ICP')))
SELECT MAX(CASE gcc.flex_value_set_name WHEN 'JI_COA_COM' THEN gcc.segment0
END) AS segment1,
       MAX(CASE gcc.flex_value_set_name WHEN 'JI_COA_CST' THEN gcc.segment0
END) AS segment1,
       MAX(CASE gcc.flex_value_set_name WHEN 'JI_COA_ACC' THEN gcc.segment0
END) AS segment1,
       MAX(CASE gcc.flex_value_set_name WHEN 'JI_COA_BRD' THEN gcc.segment0
END) AS segment1,
       MAX(CASE gcc.flex_value_set_name WHEN 'JI_COA_PRJ' THEN gcc.segment0
END) AS segment1,
       MAX(CASE gcc.flex_value_set_name WHEN 'JI_COA_ICP' THEN gcc.segment0
END) AS segment1,

       MAX(CASE    gcc.flex_value_set_name    WHEN    'JI_COA_COM'    THEN
ffv.description END) AS des1,
       MAX(CASE    gcc.flex_value_set_name    WHEN    'JI_COA_CST'    THEN
ffv.description END) AS des2,
       MAX(CASE    gcc.flex_value_set_name    WHEN    'JI_COA_ACC'    THEN
ffv.description END) AS des3,
       MAX(CASE    gcc.flex_value_set_name    WHEN    'JI_COA_BRD'    THEN
ffv.description END) AS des4,
       MAX(CASE    gcc.flex_value_set_name    WHEN    'JI_COA_PRJ'    THEN
ffv.description END) AS des5,
```

```
       MAX(CASE    gcc.flex_value_set_name    WHEN    'JI_COA_ICP'    THEN
ffv.description END) AS des6,
       MAX(gcc.segment7) AS segment7,
       MAX(gcc.period_name) AS period_name,
       MAX(gcc.b_amount) AS b_amount
  FROM gcc, apps.fnd_flex_values_vl ffv, apps.fnd_flex_value_sets ffvs
 WHERE ffv.flex_value = gcc.segment0
   AND ffv.flex_value_set_id = ffvs.flex_value_set_id
   AND ffvs.flex_value_set_name = gcc.flex_value_set_name
 GROUP BY gcc.sn
HAVING COUNT (*) = 6
```

当然，优化方式不止改写这一种思路。

这种改写方式增加了拆分再合并的成本，减少了两个 fnd 表的访问次数。

是否用这种方式需要进行权衡，看是多次关联的成本大还是拆分再合并的成本大。比如，在这个语句中还可以采取增加提示，让 GBB GCC 走 HASH JOIN。

14.47 用分析函数改写最值语句

下面是模拟的一个实际案例：

```
SELECT a.deptno, a.min_no, mi.ename AS min_n, a.max_no, ma.ename AS max_n
  FROM (SELECT deptno, MIN(empno) AS min_no, MAX(empno) AS max_no
          FROM emp
         GROUP BY deptno) a
 INNER JOIN emp mi ON (mi.deptno = a.deptno AND mi.empno = a.min_no)
 INNER JOIN emp ma ON (ma.deptno = a.deptno AND ma.empno = a.max_no)
 ORDER BY deptno;

  DEPTNO     MIN_NO MIN_N          MAX_NO MAX_N
--------- ---------- ---------- ---------- ----------
       10       7782 CLARK           7934 MILLER
       20       7369 SMITH           7902 FORD
       30       7499 ALLEN           7900 JAMES

3 rows selected.
```

对这种查询的改写，可以使用 max() keep(dense_rank firs/last order by xxx)来完成：

```
SELECT deptno,
       MIN(empno) AS min_no,
       MAX(ename) keep(dense_rank FIRST ORDER BY empno) AS min_n,
       MAX(empno) AS max_no,
       MAX(ename) keep(dense_rank LAST ORDER BY empno) AS max_n
  FROM emp
 GROUP BY deptno
 ORDER BY deptno;
```

或许你会注意到笔者在取最小值时仍然用了 max(ename)，这是因为在这个查询中 keep()里的子句保证了返回的只有一行数据，而且这行数据的 ename 本身就是最小值，所以前面的聚合函数使用 max 或 min 结果都一样。

需要注意的是，如果 keep()子句返回多行，这种改写就不可行：

```
SELECT a.deptno,a.min_sal,mi.ename,a.max_sal,ma.ename FROM
(SELECT deptno, MIN(sal) AS min_sal, MAX(sal) AS max_sal
  FROM emp
 GROUP BY deptno
 )a
 INNER JOIN emp mi ON mi.deptno = a.deptno AND mi.sal = a.min_sal
 INNER JOIN emp ma ON ma.deptno = a.deptno AND ma.sal = a.max_sal
ORDER BY 1;

    DEPTNO    MIN_SAL ENAME         MAX_SAL ENAME
---------- ---------- ---------- ---------- ----------
        10       1300 MILLER           5000 KING
        20        800 SMITH            3000 SCOTT
        20        800 SMITH            3000 FORD
        30        950 JAMES            2850 BLAKE

4 rows selected
```

如果使用 first 语句，部门 20 就只能保留一行：

```
SELECT deptno,
       MIN(sal) AS min_sal,
       MIN(ename) keep(dense_rank FIRST ORDER BY sal) AS min_n,
       MAX(sal) AS max_sal,
       MAX(ename) keep(dense_rank LAST ORDER BY sal) AS min_n
  FROM emp
 GROUP BY deptno;
```

```
    DEPTNO    MIN_SAL MIN_N         MAX_SAL MIN_N
---------- ---------- ---------- ---------- ----------
        10       1300 MILLER           5000 KING
        20        800 SMITH            3000 SCOTT
        30        950 JAMES            2850 BLAKE

3 rows selected
```

可以看到，少了 FORD，因为前面的 max(ename)在这里保留了其中的最大值"SCOTT"。这种情况只能用自关联。

```
WITH x0 AS
 (SELECT deptno,
         sal,
         ename,
         MIN(sal) over(PARTITION BY deptno) AS min_sal,
         MAX(sal) over(PARTITION BY deptno) AS max_sal
   FROM emp)
SELECT a.deptno, a.min_sal, a.ename AS min_n, b.max_sal, b.ename AS max_n
  FROM x0 a, x0 b
 WHERE a.deptno = b.deptno
   AND a.sal = a.min_sal
   AND b.sal = b.max_sal
 GROUP BY a.deptno, a.min_sal, a.ename, b.max_sal, b.ename;
```

因为最小值和最大值都有重复值时会产生笛卡儿积的现象，所以要去重。前面不用分析函数，取 sal 最值的原查询语句也一样，要加去重。

14.48 多列关联的半连接与索引

经常见到有人把列合并后再进行半连接，这种方式的运行效率很不好，我们下面来模拟一个案例：

```
CREATE TABLE T14_48 AS
SELECT ename, job, sal,comm FROM emp WHERE job = 'CLERK';
CREATE INDEX idx_emp_ename ON emp(ename);
```

其合并后半连接的语句如下：

```
SELECT empno, ename, job, sal, deptno
```

```
  FROM emp
 WHERE (ename || job || sal) IN (SELECT ename || job || sal FROM t14_48);

Plan Hash Value  : 4149681951

----------------------------------------------------------------------------
| Id  | Operation              | Name   | Rows | Bytes | Cost | Time     |
----------------------------------------------------------------------------
|   0 | SELECT STATEMENT       |        |    1 |    52 |    6 | 00:00:01 |
| * 1 |   HASH JOIN SEMI       |        |    1 |    52 |    6 | 00:00:01 |
|   2 |    TABLE ACCESS FULL   | EMP    |   14 |   350 |    3 | 00:00:01 |
|   3 |    TABLE ACCESS FULL   | T14_48 |    4 |   108 |    3 | 00:00:01 |
----------------------------------------------------------------------------
```

这样的语句无法利用我们刚建的索引。

在不影响返回结果的情况下，我们应该把“||”去掉：

```
SELECT empno, ename, job, sal, deptno
  FROM emp
 WHERE (ename, job, sal) IN (SELECT ename, job, sal FROM t14_48);

Plan Hash Value  : 1716775884

------------------------------------------------------------------------------------
| Id | Operation                     |Name          |Rows |Bytes |Cost | Time     |
------------------------------------------------------------------------------------
|  0 | SELECT STATEMENT              |              |   4 |  208 |   6 | 00:00:01|
|  1 |   NESTED LOOPS                |              |   4 |  208 |   6 | 00:00:01|
|  2 |    NESTED LOOPS               |              |   4 |  208 |   6 | 00:00:01|
|  3 |     SORT UNIQUE               |              |   4 |  108 |   3 | 00:00:01|
|  4 |      TABLE ACCESS FULL        |T14_48        |   4 |  108 |   3 | 00:00:01|
|* 5 |     INDEX RANGE SCAN          |IDX_EMP_ENAME |   1 |      |   0 | 00:00:01|
|* 6 |    TABLE ACCESS BY INDEX ROWID|EMP           |   1 |   25 |   1 | 00:00:01|
------------------------------------------------------------------------------------
```

这时就可以正常使用索引。

14.49　巧用分析函数优化自关联

经常看到用自关联过滤数据的查询，这种查询常常可以改写为分析函数，下面就是模拟其中的一个案例：

```
DROP TABLE T14_49 PURGE;
CREATE TABLE t14_49 AS
SELECT '2' AS col1 ,'4' AS col2 FROM dual UNION ALL
SELECT '1' AS col1 ,'5' AS col2 FROM dual UNION ALL
SELECT '1' AS col1 ,'5' AS col2 FROM dual UNION ALL
SELECT '2' AS col1 ,'5' AS col2 FROM dual UNION ALL
SELECT '3' AS col1 ,'3' AS col2 FROM dual UNION ALL
SELECT '12' AS col1, '16' AS col2 FROM dual UNION ALL
SELECT '11' AS col1 ,'15' AS col2 FROM dual UNION ALL
SELECT '13' AS col1 ,'13' AS col2 FROM dual UNION ALL
SELECT '12' AS col1 ,'17' AS col2 FROM dual;
```

要求返回 col1 到 col2 间的最大区间，原语句如下：

```
SELECT to_char(lengthb(col2), 'FM000') || chr(0) num_length,
       col1,
       col2
  FROM t14_49
 WHERE NOT EXISTS (SELECT 1
                     FROM t14_49 a
                     WHERE a.col1 <= t14_49.col1
                      AND a.col2 >= t14_49.col2
                      AND (t14_49.col1 != a.col1 OR t14_49.col2 != a.col2)
                      AND lengthb(a.col1) = lengthb(t14_49.col1));

NUM_LENGTH COL1 COL2
---------- ---- ----
001        1    5
001        1    5
002        11   15
002        12   17

4 rows selected
```

这是常见的写法，其进行速度也比较慢。

其执行计划如下：

```
Plan Hash Value  : 2051222178

-----------------------------------------------------------------------
```

```
| Id  | Operation             | Name   | Rows | Bytes | Cost | Time     |
-------------------------------------------------------------------------
|   0 | SELECT STATEMENT      |        |    1 |     6 |   12 | 00:00:01 |
| * 1 |   FILTER              |        |      |       |      |          |
|   2 |    TABLE ACCESS FULL  | T14_49 |    9 |    54 |    3 | 00:00:01 |
| * 3 |    TABLE ACCESS FULL  | T14_49 |    1 |     6 |    3 | 00:00:01 |
-------------------------------------------------------------------------

Predicate Information (identified by operation id):
------------------------------------------
* 1 - filter( NOT EXISTS (SELECT 0 FROM "T14_49" "A" WHERE "A"."COL1"<=:B1
AND "A"."COL2">=:B2 AND ("A"."COL1"<>:B3 OR "A"."COL2"<>:B4) AND
LENGTHB("A"."COL1")=LENGTHB(:B5)))
* 3 - filter("A"."COL1"<=:B1 AND "A"."COL2">=:B2 AND ("A"."COL1"<>:B3 OR
"A"."COL2"<>:B4) AND LENGTHB("A"."COL1")=LENGTHB(:B5))
```

见上面粗体部分，这是一个自关联，进行了 FILTER 操作，而且 JOIN 列是不等连接，占用了大量的资源。

一般的思路可能是改为 LEFT JOIN。我们来看一下 PLAN。

```
SELECT to_char(lengthb(t14_49.col2), 'FM000') || chr(0) num_length,
t14_49.col1, t14_49.col2
  FROM t14_49
  LEFT JOIN t14_49 a
    ON (a.col1 <= t14_49.col1 AND a.col2 >= t14_49.col2 AND
       (t14_49.col1 != a.col1 OR t14_49.col2 != a.col2) AND
       lengthb(a.col1) = lengthb(t14_49.col1))
 WHERE a.col1 IS NULL;

Plan Hash Value  : 1725089856

-------------------------------------------------------------------------
| Id  | Operation              | Name   |Rows | Bytes | Cost | Time     |
-------------------------------------------------------------------------
|   0 | SELECT STATEMENT       |        |   1 |     9 |   30 | 00:00:01 |
| * 1 |   FILTER               |        |     |       |      |          |
|   2 |    NESTED LOOPS OUTER  |        |   1 |     9 |   30 | 00:00:01 |
|   3 |     TABLE ACCESS FULL  |T14_49  |   9 |    54 |    3 | 00:00:01 |
|   4 |     VIEW               |        |   1 |     3 |    3 | 00:00:01 |
| * 5 |      TABLE ACCESS FULL |T14_49  |   1 |     6 |    3 | 00:00:01 |
-------------------------------------------------------------------------
```

```
Predicate Information (identified by operation id):
---------------------------------------------------

* 1 - filter("A"."COL1" IS NULL)
* 5 - filter("A"."COL1"<="T14_49"."COL1" AND "A"."COL2">="T14_49"."COL2"
AND          LENGTHB("A"."COL1")=LENGTHB("T14_49"."COL1")             AND
("T14_49"."COL1"<>"A"."COL1" OR "T14_49"."COL2"<>"A"."COL2"))
```

因为有不等连接在内，仍然无法获得较好的执行计划，这种方式对性能的提升显然不大。

那么如何处理呢？我们来分步考虑一下。

```
SELECT lengthb(col1) lb,
       col1,
       col2,
       /*按长度分组，按 col1 排序，累计取 col2 的最大值*/
       MAX(col2) over(PARTITION BY lengthb(col1) ORDER BY col1) AS max_col2
  FROM t14_49
 ORDER BY 1, 2;

        LB COL1 COL2 MAX_COL2
---------- ---- ---- ---------
         1 1    5    5
         1 1    5    5
         1 2    4    5
         1 2    5    5
         1 3    3    5
         2 11   15   15
         2 12   16   17
         2 12   17   17
         2 13   13   17

9 rows selected
```

可以看到，我们只要加上条件 col2>=max_col2，就可以得到当前重复范围的最大值，加条件后的结果如下：

```
SELECT a.*
  FROM (SELECT lengthb(col1) lb,
               col1,
               col2,
```

```
                /*按长度分组，按 col1 排序，累计取 col2 的最大值*/
                MAX(col2) over(PARTITION BY lengthb(col1) ORDER BY col1) AS
max_col2
          FROM t14_49) a
   /*增加条件，取范围截止值*/
    WHERE col2 >= max_col2
    ORDER BY 1, 2;

        LB COL1 COL2 MAX_COL2
---------- ---- ---- --------
         1 1    5    5
         1 1    5    5
         1 2    5    5
         2 11   15   15
         2 12   17   17
   5 rows selected
```

至此，这个数据与目标很接近了。对比前面的数据可以看到，多了“2～5”这一条数据。这是因为我们要取的是最大范围，而“2～5”包含在“1～5”中，所以还要对起止范围进行处理。这里仍然要用到分析函数。

```
   SELECT *
     FROM (
         /*按截止时间分组，对起始时间排序，生成序号，因可能有重复数据，这里用了 rank*/
         SELECT rank() over(PARTITION BY col2 ORDER BY col1) AS seq, a.*
           FROM (SELECT lengthb(col1) lb,
                        col1,
                        col2,
                        /*按长度分组，按 col1 排序，累计取 col2 的最大值*/
                        MAX(col2) over(PARTITION BY lengthb(col1) ORDER BY col1)
AS max_col2
                   FROM t14_49) a
         /*增加条件，取范围截止值*/
          WHERE col2 >= max_col2)
   /*序号为 1 的，也就是最小起始时间*/
    WHERE seq = 1;

                 SEQ         LB COL1 COL2 MAX_COL2
-------------------- ---------- ---- ---- --------
                   1          2 11   15   15
                   1          2 12   17   17
```

```
                    1           1 1     5     5
                    1           1 1     5     5

4 rows selected
```

下面来看一下 PLAN。

```
Plan Hash Value  : 2375061956

--------------------------------------------------------------------------
| Id  | Operation                  |Name  |Rows |Bytes |Cost | Time      |
--------------------------------------------------------------------------
|   0 | SELECT STATEMENT           |      |    9 |  315 |   5 | 00:00:01 |
| * 1 |   VIEW                     |      |    9 |  315 |   5 | 00:00:01 |
| * 2 |    WINDOW SORT PUSHED RANK|      |    9|  198 |   5 | 00:00:01 |
| * 3 |     VIEW                   |      |    9|  198 |   4 | 00:00:01 |
|   4 |      WINDOW SORT           |      |    9|   54 |   4 | 00:00:01 |
|   5 |       TABLE ACCESS FULL    |T14_49|    9 |   54 |   3 | 00:00:01 |
--------------------------------------------------------------------------

Predicate Information (identified by operation id):
------------------------------------------
* 1 - filter("SEQ"=1)
* 2 - filter(RANK() OVER ( PARTITION BY "COL2" ORDER BY "COL1")<=1)
* 3 - filter("COL2">="MAX_COL2")
```

至此，去掉了不等连接的自关联。

14.50 纠结的 UPDATE 语句

不是所有的 UPDATE 语句都要用 MERGE 来改写，如下面的案例：

```
update k
   set k.flag = 1
 where id in
       (select c.id
          from k c
         where c.month = '201312'
           and c.qty = 0
           and not exists
         (select m.ename
```

```
                from (select n.ename, count(1) cs
                       from k n
                      where n.month = '201312'
                        and n.eclass in ('A', 'B')
                      group by n.ename) m
               where m.cs > 1
                 and m.ename = c.ename)
union all
select b.id
  from k b
 where b.month = '201312'
   and b.qty is null
   and not exists
 (select a.ename
                from (select t.ename, count(1) cs
                       from k t
                      where t.month = '201312'
                        and t.eclass in ('A', 'B')
                      group by t.ename) a
               where a.cs > 1
                 and a.ename = b.ename));
```

```
(select c.id
   from k c
  where c.month = '201312'
    and c.qty = 0
    and not exists
  (select m.ename
          from (select n.ename, count(1) cs
                  from k n
                 where n.month = '201312'
                   and n.eclass in ('A', 'B')
                 group by n.ename) m
         where m.cs > 1
           and m.ename = c.ename)
```

```
select b.id
  from k b
 where b.month = '201312'
   and b.qty is null
   and not exists
 (select a.ename
         from (select t.ename, count(1) cs
                 from k t
                where t.month = '201312'
                  and t.eclass in ('A', 'B')
                group by t.ename) a
        where a.cs > 1
          and a.ename = b.ename));
```

可以看到，上面的 UNION ALL 语句中有区别的也就两个条件“k.qty = 0”与“k.qty IS NULL”，我们把 OR 拆分为 UNION 或 UNION ALL 是为了能使用索引，但这里的 IS NULL 显然不能走索引。所以首先合并成一个语句“nvl(k.qty, 0) = 0”：

```
SELECT c.id
  FROM k c
 WHERE c.month = '201312'
   AND nvl(c.qty, 0) = 0
   AND NOT EXISTS (SELECT m.ename
```

```
        FROM (SELECT n.ename, COUNT(1) cs
                FROM k n
               WHERE n.month = '201312'
                 AND n.eclass IN ('A', 'B')
               GROUP BY n.ename) m
       WHERE m.cs > 1
         AND m.ename = c.ename)
```

这个查询语句中的 t1.id 是主键，其意思也就是：取按 ename 分组汇总后没有重复值的行。而这种需求用分析函数处理就是：

```
UPDATE k c
   SET c.flag = 1
 WHERE ROWID IN (SELECT rid
                   FROM (SELECT ROWID AS rid,
                                qty,
                                COUNT(CASE
                                        WHEN eclass IN ('A', 'B') THEN
                                         eclass
                                      END) over(PARTITION BY ename) AS cs
                           FROM k x
                          WHERE x.month = '201312')
                  WHERE nvl(qty, 0) = 0
                    AND cs <= 1);
```

至此，一个纠结的更新语句精简并改写完成。

这种语句一般是需求没理清楚，一步一步凑条件形成的，那么在写完语句达到需求后，不妨再重新整理一遍思路，这样就能写出精简实用的语句。

14.51　巧用 JOIN 条件合并 UNION ALL 语句

下面这个语句是同一个表用不同的条件过滤后的合集：

```
SELECT
 MSI.*
  FROM INV.MSI@LINK MSI
 WHERE 1 = 1
   AND MSI.FLAG = 'Y'
   AND MSI.O_ID IN (170, 572, 953, 242, 240, 1052, 1131)
   AND MSI.LAST_UPDATE_DATE BETWEEN (DATE '2012-1-1') AND (DATE '2013-1-1')
```

```
    AND NOT EXISTS (SELECT NULL
           FROM INV.MSI   B,
                APPS.HAO
          WHERE B.O_ID = HAO.O_ID
            AND MSI.SEGMENT1 = B.SEGMENT1
            AND HAO.ATTRIBUTE1 = MSI.O_ID)
UNION ALL
SELECT
 MSI.*
  FROM INV.MSI@LINK MSI
 WHERE 1 = 1
   AND MSI.FLAG = 'N'
   AND MSI.O_ID IN (170, 572, 953, 242, 240, 1052, 1131)
   AND MSI.LAST_UPDATE_DATE BETWEEN (DATE '2012-1-1') AND (DATE '2013-1-1')
   AND EXISTS (SELECT NULL
          FROM APPS.MI@LINK MI
         WHERE 1 = 1
           AND MI.INVENTORY_ITEM_ID = MSI.INVENTORY_ITEM_ID
           AND MI.O_ID = MSI.O_ID)
   AND NOT EXISTS (SELECT NULL
          FROM INV.MSI            B,
               APPS.HAO
         WHERE B.O_ID = HAO.O_ID
           AND MSI.SEGMENT1 = B.SEGMENT1
           AND HAO.ATTRIBUTE1 = MSI.O_ID);
```

对上述语句可以用 PL/SQL 进行格式化后，再用工具对比 UNION ALL 前后部分的语句，如下图所示。

```
SELECT
 MSI.*
  FROM INV.MSI@LINK MSI
 WHERE 1 = 1
   AND MSI.FLAG = 'Y'
   AND MSI.O_ID IN (170, 572, 953, 242, 240, 1052, 1131)
   AND MSI.LAST_UPDATE_DATE BETWEEN (DATE '2012-1-1') AND
   AND NOT EXISTS (SELECT NULL
          FROM INV.MSI   B,
               APPS.HAO
         WHERE B.O_ID = HAO.O_ID
           AND MSI.SEGMENT1 = B.SEGMENT1
           AND HAO.ATTRIBUTE1 = MSI.O_ID)
```

```
SELECT
 MSI.*
  FROM INV.MSI@LINK MSI
 WHERE 1 = 1
   AND MSI.FLAG = 'N'
   AND MSI.O_ID IN (170, 572, 953, 242, 240, 1052, 1131)
   AND MSI.LAST_UPDATE_DATE BETWEEN (DATE '2012-1-1') AND
   AND EXISTS (SELECT NULL
          FROM APPS.MI@LINK MI
         WHERE 1 = 1
           AND MI.INVENTORY_ITEM_ID = MSI.INVENTORY_ITEM_I
           AND MI.O_ID = MSI.O_ID)
   AND NOT EXISTS (SELECT NULL
          FROM INV.MSI            B,
               APPS.HAO
         WHERE B.O_ID = HAO.O_ID
           AND MSI.SEGMENT1 = B.SEGMENT1
           AND HAO.ATTRIBUTE1 = MSI.O_ID);
```

两个语句的区别就是用粗体字标出的部分，对于第二个结果集里粗体部分的子查询，可以改为 JOIN 语句。为了后面便于合并，下面先改写为 LEFT JOIN 的方式：

```
SELECT msi.*
  FROM inv.msi@link msi
  LEFT JOIN apps.mi@link mi ON (mi.inventory_item_id = msi.inventory_item_id
AND mi.o_id = msi.o_id)
 WHERE 1 = 1
   AND msi.flag = 'N'
   AND mi.inventory_item_id IS NOT NULL
   AND msi.o_id IN (170, 572, 953, 242, 240, 1052, 1131)
   AND msi.last_update_date BETWEEN (DATE '2012-1-1') AND (DATE '2013-1-1')
   AND EXISTS (SELECT NULL
          FROM apps.mi@link mi
         WHERE 1 = 1
           AND mi.inventory_item_id = msi.inventory_item_id
           AND mi.o_id = msi.o_id)
   AND NOT EXISTS (SELECT NULL
          FROM inv.msi b, apps.hao
         WHERE b.o_id = hao.o_id
           AND msi.segment1 = b.segment1
           AND hao.attribute1 = msi.o_id)
```

因为已询问过,"MI.INVENTORY_ITEM_ID,MI.O_ID"两列唯一,所以可直接用 JOIN。

注意，前面介绍过 LEFT JOIN 加"AND mi.inventory_item_id IS NOT NULL"这种方式等价于 INNER JOIN。

那么现在不同的部分就是粗体标识的两个条件，进一步把 UNION ALL 的两个语句合并就是：

```
SELECT a.*
  FROM (SELECT msi.*
          FROM inv.msi@link msi,
          LEFT   JOIN   apps.mi@link   mi   ON   (mi.inventory_item_id   =
msi.inventory_item_id AND mi.o_id = msi.o_id)
         WHERE msi.o_id IN (170, 572, 953, 242, 240, 1052, 1131)
           AND  msi.last_update_date  BETWEEN  (DATE  '2012-1-1')  AND  (DATE
'2013-1-1')
           AND (msi.flag = 'Y' OR (msi.flag = 'N' AND mi.inventory_item_id IS
NOT NULL))
        ) a,
       (SELECT b.segment1, hao.attribute1
```

```
         FROM apps.hao,
              inv.msi b
        WHERE b.o_id = hao.o_id
      ) b
 WHERE a.segment1 = b.segment1(+)
   AND b.segment1 IS NULL
   AND a.o_id = b.attribute1(+)
   AND b.attribute1 IS NULL;
```

msi.flag = 'Y'为 UNION ALL 之前的条件。

msi.flag = 'N' AND mi.inventory_item_id IS NOT NULL 等价 UNION ALL 之后的条件。

其中 mi.inventory_item_id IS NOT NULL 等价于 EXISTS()。

14.52 用分析函数去掉 NOT IN

常常有些半连接及反连接中主表与子查询访问的是同一个表，也就是自关联，而有些自关联所用的过滤条件用分析函数也可以得到：

```
SELECT CUSTOMER.C_CUST_ID, CARD.TYPE CARD.N_ALL_MONEY
  FROM YD_VIP.CARD
 WHERE CARD.C_CUST_ID NOT IN
      (SELECT C_CUST_ID
         FROM YD_VIP.CARD
        WHERE TYPE IN ('11', '12', '13', '14')
          AND FLAG = '1')
   AND CARD.TYPE IN ('11', '12', '13', '14')
   AND CARD.FLAG = 'F';
```

这个语句中主查询与子查询内的大部分条件一样。为了便于分析，我们用示例库中的表来模拟：

```
SELECT a.cust_income_level, a.cust_id, a.cust_first_name, a.cust_last_name
  FROM sh.customers a
 WHERE a.cust_city = 'Aachen'
   AND a.cust_income_level NOT IN
      (SELECT b.cust_income_level
         FROM sh.customers b
        WHERE b.cust_city = 'Celle');
```

```
Plan Hash Value  : 1516663318

------------------------------------------------------------------------
| Id  | Operation              |Name      |Rows | Bytes | Cost | Time     |
------------------------------------------------------------------------
|   0 | SELECT STATEMENT       |          |   1 |    74 |  810 | 00:00:10 |
| * 1 |  HASH JOIN ANTI NA     |          |   1 |    74 |  810 | 00:00:10 |
| * 2 |   TABLE ACCESS FULL    |CUSTOMERS |  90 |  3870 |  405 | 00:00:05 |
| * 3 |   TABLE ACCESS FULL    |CUSTOMERS |  90 |  2790 |  405 | 00:00:05 |
------------------------------------------------------------------------
```

因为看到条件一样，很多人倾向于改为 WITH 语句：

```
WITH c AS
 (SELECT a.cust_income_level,
         a.cust_id,
         a.cust_first_name,
         a.cust_last_name,
         a.cust_city
    FROM sh.customers a
   WHERE a.cust_city IN ('Aachen', 'Celle')
  )
SELECT *
  FROM c a
 WHERE a.cust_city = 'Aachen'
   AND a.cust_income_level NOT IN
       (SELECT b.cust_income_level FROM c b WHERE b.cust_city = 'Celle');

Execution Plan
----------------------------------------------------------
Plan hash value: 826501625

-------------------------------------------------------------------------------
| Id | Operation                  | Name                      | Rows | Bytes |Cost(%CPU)|
-------------------------------------------------------------------------------
|  0 | SELECT STATEMENT           |                           |  179 | 20585 | 409   (1)|
|  1 |  TEMP TABLE TRANSFORMATION |                           |      |       |          |
|  2 |   LOAD AS SELECT           |SYS_TEMP_0FD9D6653_F2AE2   |      |       |          |
|* 3 |    TABLE ACCESS FULL       | CUSTOMERS                 |  179 |  9129 | 405   (1)|
|* 4 |   HASH JOIN RIGHT ANTI NA  |                           |  179 | 20585 |   4   (0)|
|* 5 |    VIEW                    |                           |  179 |  6086 |   2   (0)|
|  6 |     TABLE ACCESS FULL      |SYS_TEMP_0FD9D6653_F2AE2   |  179 |  9129 |   2   (0)|
```

```
|* 7 |    VIEW             |                          | 179 | 14499 |   2  (0)|
|  8 |     TABLE ACCESS FULL |SYS_TEMP_0FD9D6653_F2AE2| 179 |  9129 |   2  (0)|
--------------------------------------------------------------------------------

Predicate Information (identified by operation id):
---------------------------------------------------

   3 - filter("A"."CUST_CITY"='Aachen' OR "A"."CUST_CITY"='Celle')
   4 - access("A"."CUST_INCOME_LEVEL"="B"."CUST_INCOME_LEVEL")
   5 - filter("B"."CUST_CITY"='Celle')
   7 - filter("A"."CUST_CITY"='Aachen')

Statistics
----------------------------------------------------------
          2  recursive calls
          8  db block gets
       1465  consistent gets
          1  physical reads
        576  redo size
       1003  bytes sent via SQL*Net to client
        519  bytes received via SQL*Net from client
          2  SQL*Net roundtrips to/from client
          0  sorts (memory)
          0  sorts (disk)
          3  rows processed
```

只有提取 WITH 结果比直接取原数据用时少的时候，用 WITH 才有优化效果，否则因为 WITH 要读写数据，反而可能会更慢。所以有必要多了解一种改写方式：

```
SELECT a.cust_income_level,
       a.cust_id,
       a.cust_first_name,
       a.cust_last_name,
       MIN(cust_city) over(PARTITION BY cust_income_level) AS min_city,
       MAX(cust_city) over(PARTITION BY cust_income_level) AS max_city
  FROM sh.customers a
 WHERE a.cust_city IN ('Aachen', 'Celle')
   AND ROWNUM <=3;

CUST_INCOME_LEVEL CUST_ID CUST_FIRST_NAME CUST_LAST_NAME MIN_CITY MAX_CITY
-------------------- ---------- --------------- ---------------- ---------
```

```
D:   70,000 - 89,999        23678 Angie    Lauderdale         Aachen     Celle
D:   70,000 - 89,999        22788 Angie    Player             Aachen     Celle
H: 150,000 - 169,999        22790 Anand    Drumm              Aachen     Aachen

3 rows selected.
```

可以看到，MAX_CITY＝"Aachen"的行就是需要的数据：

```
SELECT a.cust_income_level, a.cust_id, a.cust_first_name, a.cust_last_name
  FROM (SELECT a.cust_income_level,
               a.cust_id,
               a.cust_first_name,
               a.cust_last_name,
               MAX(cust_city)  over(PARTITION  BY  cust_income_level)  AS
max_city
          FROM sh.customers a
         WHERE a.cust_city IN ('Aachen', 'Celle')) a
 WHERE max_city = 'Aachen';

CUST_INCOME_LEVEL        CUST_ID CUST_FIRST_NAME CUST_LAST_NAME
-------------------- ---------- --------------- --------------
A: Below 30,000             324 Brooke          Sanford
L: 300,000 and above      47870 Yuri            Chang
L: 300,000 and above       6870 Boyd            Leigh

3 rows selected.
```

这样就去掉了 NOT IN，只访问 customers 一次就能得到所需的结果，这时的 PLAN 如下：

```
Plan Hash Value  : 3113798517

-------------------------------------------------------------------------
| Id  | Operation            | Name     |Rows | Bytes | Cost | Time     |
-------------------------------------------------------------------------
|   0 | SELECT STATEMENT     |          | 179 | 14499 |  406 | 00:00:05 |
| * 1 |   VIEW               |          | 179 | 14499 |  406 | 00:00:05 |
|   2 |    WINDOW SORT       |          | 179 |  9129 |  406 | 00:00:05 |
| * 3 |     TABLE ACCESS FULL|CUSTOMERS| 179 |  9129 |  405 | 00:00:05 |
-------------------------------------------------------------------------

Predicate Information (identified by operation id):
```

```
---------------------------------------------------
 * 1 - filter("MAX_CITY"='Aachen')
 * 3 - filter("A"."CUST_CITY"='Aachen' OR "A"."CUST_CITY"='Celle')
```

14.53 读懂查询中的需求之裁剪语句

有时语句经过多人的修改之后，维护语句的人也不知道查询的目的是什么，如果你能读懂查询语句，通过语句分析需求，对优化也有很大的帮助：

```
SELECT id
  FROM (SELECT a.id, COUNT(b.id) cnt
          FROM a, b
         WHERE a.id = b.cid(+)
           AND a.status = 0
         GROUP BY a.id
        HAVING COUNT(*) <= (SELECT MIN(COUNT(*))
                              FROM b
                             WHERE cid IN
                                   (SELECT id FROM a WHERE status != 1)
                             GROUP BY cid)
         ORDER BY cnt, id)
 WHERE rownum < 2;
```

上述语句中，a.id、b.id 是主键，a.status 只有两个值 0 和 1。

因为 a.id 是主键，粗体代码部分的半连接可以直接改为 INNER JOIN：

```
SELECT id
  FROM (SELECT a.id, COUNT(b.id) cnt
          FROM a, b
         WHERE a.id = b.cid(+)
           AND a.status = 0
         GROUP BY a.id
        HAVING COUNT(*) <= (SELECT MIN(COUNT(b.id))
                              FROM b
                             INNER JOIN a ON a.id = b.cid
                             WHERE a.status = 0
                             GROUP BY b.cid)
         ORDER BY cnt, id)
 WHERE rownum < 2;
```

通过“count(*) <= ()”语句可以分析到，这个语句的子查询是要找 count(b.id) group by a.id 的最小值。

那么去掉“count(*) <= (xxxxx)”呢？

```
SELECT id
  FROM (SELECT a.id, COUNT(b.id) cnt
          FROM a, b
         WHERE a.id = b.cid(+)
           AND a.status = 0
         GROUP BY a.id
         ORDER BY cnt, id)
 WHERE rownum < 2;
```

仍然是取最小值，所以“count(*) <= ()”是多余的，只用最后显示的这个查询就可以。

14.54 去掉 FILTER 里的 EXISTS 之活学活用

在大部分情况下，如果 FILTER 里出现了 EXISTS、IN 这些子查询，都要对语句进行改写，例如下列语句：

```
SELECT /*+ first_rows */
 t0.ani AS col_0_0_, COUNT(t0.id) AS col_1_0_
  FROM t0
 WHERE (t0.task_id IS NOT NULL)
   AND ((t0.type > 1 OR t0.type < 1) AND
       t0.dbdt > current_timestamp - (8 / 24) AND
       (t0.ani IN ('列表1') OR concat('0', t0.ani) IN ('列表1')) OR
       t0.type = 1 AND
       (EXISTS
        (SELECT /*+ no_unnest */
           t1.id
            FROM t1
           WHERE t1.id = t0.lead_interaction_id
             AND t1.begin_date >= to_date('2014-08-08 00:00:00', 'yyyy-MM-dd
HH24:mi:ss')
             AND t1.begin_date <= to_date('2014-08-08 23:59:59', 'yyyy-MM-dd
HH24:mi:ss'))) AND
       (t0.ani IN ('列表1', '列表2') OR
       '0' || t0.ani IN ('列表1', '列表2', '列表3')) AND
```

```
        (t0.acdgroup IN ('列表 4')))
  GROUP BY t0.ani;
```

从上述语句中，很明显地看出这个 EXISTS 子句肯定会在 FILTER 中，原因在此不详述。

在更改之前，先看看这个语句的其他问题。

① 第一个 hint “first_rows”，我们可以看到这个语句是一个分组汇总，很明显，只有返回所有的数据后才能汇总，而这个提示的意思是优先返回前几行，这是矛盾的。

② 提示语句 “no_unnest”，是不展开的意思，而其目的是想要去掉 FILTER，也就是要展开，这又是一个矛盾。

③ 这个查询里加了很多括号，我们知道，加括号是为了对条件分组，括号内的语句要先执行，问题是这个查询里的括号大部分都是加在单个判断条件上的，而对于 OR 连接的两个条件很少处理，所以这个查询里还存在逻辑错误。

由上面的分析可以看出，给出这个语句的人学习了很多优化方法，但没有理解其中的原理，只是生搬硬套，这样得出的结果显然不对。因此，希望读者在学习时不要贪多，能灵活运用一种远比同时使用多种不熟悉的方法获得的效率更高。

若要去掉这个 FILTER，有以下两种方法。

① 改写成 UNION 或 UNION ALL，但看到这个语句复杂的逻辑，笔者决定放弃这个想法。

② 可以把 EXISTS 改为 LEFT JOIN（之所以不改为 INNER JOIN，是因为其中有很多 OR 组合，而不是 AND），即 t0 LEFT JOIN t1，并把 “t1.id IS NOT NULL” 放在原 EXISTS 的位置：

```
SELECT t0.ani AS col_0_0_, COUNT(t0.id) AS col_1_0_
  FROM t0 t0
  LEFT JOIN (SELECT t1.id
              FROM t1
             WHERE   t1.begin_date   >=   to_date('2014-08-08   00:00:00',
'yyyy-MM-dd HH24:mi:ss')
               AND   t1.begin_date   <=   to_date('2014-08-08   23:59:59',
'yyyy-MM-dd HH24:mi:ss')) t1
    ON (t1.id = t0.lead_interaction_id)
 WHERE (t0.task_id IS NOT NULL)
```

```
  AND ((t0.type > 1 OR t0.type < 1) AND
      t0.dbdt > current_timestamp - (8 / 24) AND
      (t0.ani IN ('列表1') OR concat('0', t0.ani) IN ('列表1')) OR
      t0.type = 1 AND t1.id IS NOT NULL AND
      (t0.ani IN ('列表1', '列表2') OR
      '0' || t0.ani IN ('列表1', '列表2', '列表3')) AND
      (t0.acdgroup IN ('列表4')))
GROUP BY t0.ani;
```